高等学校交通运输与工程类专业教材建设委员会规划教材

结构振动与稳定理论

周勇军　任　伟　主　编
宋一凡　主　审

人民交通出版社股份有限公司
北　京

内 容 提 要

本书是土木工程、道路桥梁与渡河工程专业本科生的专业基础课教材,主要介绍了结构振动分析方法和结构稳定理论等方面的基础知识。全书共分两篇9章,第一篇包括1~5章,为结构振动部分;第二篇包括第6~9章,为结构稳定部分。

本书可作为土木工程、道路桥梁与渡河工程专业本科生的教学用书,也可供研究生、工程技术人员和科研工作者参考。

图书在版编目(CIP)数据

结构振动与稳定理论 / 周勇军,任伟主编. — 北京:
人民交通出版社股份有限公司,2020.12
ISBN 978-7-114-16922-9

Ⅰ. ①结… Ⅱ. ①周… ②任… Ⅲ. ①结构振动②结构稳定性 Ⅳ. ①O327②O317

中国版本图书馆 CIP 数据核字(2020)第 213999 号

高等学校交通运输与工程类专业教材建设委员会规划教材
Jiegou Zhendong yu Wending Lilun

书　　名:	结构振动与稳定理论
著 作 者:	周勇军　任　伟
责任编辑:	卢俊丽
责任校对:	刘　芹
责任印制:	张　凯
出版发行:	人民交通出版社股份有限公司
地　　址:	(100011)北京市朝阳区安定门外外馆斜街3号
网　　址:	http://www.ccpcl.com.cn
销售电话:	(010)59757973
总 经 销:	人民交通出版社股份有限公司发行部
经　　销:	各地新华书店
印　　刷:	北京虎彩文化传播有限公司
开　　本:	787×1092　1/16
印　　张:	12
字　　数:	274 千
版　　次:	2020 年 12 月　第 1 版
印　　次:	2023 年 2 月　第 2 次印刷
书　　号:	ISBN 978-7-114-16922-9
定　　价:	40.00 元

(有印刷、装订质量问题的图书由本公司负责调换)

前言

结构振动分析和结构稳定计算都属于结构力学或结构分析的范畴，在以往的教学中一般都放在结构力学(下)课程中讲授。近年来，随着结构理论研究深入和工程技术的发展，结合国家重大工程建设需要，结构振动和结构稳定的重要性大大提升，将结构振动和稳定理论的教学内容从结构力学中分离出来，并结合工程实践，作为一门专业基础课程或限定选修课程非常必要。

本书共分9章，前5章主要介绍结构动力学基本原理及分析方法，后4章为结构稳定基本理论。第1章主要介绍结构振动的一般概念及结构运动方程的建立；第2~4章分别介绍单自由度、多自由度和无限自由度体系的振动问题；第5章主要介绍工程实际中常用的结构振动近似计算方法；第6章主要介绍结构稳定的一般概念及分析方法；第7章主要介绍弹性压杆稳定临界荷载的计算方法；第8章主要介绍有缺陷受压杆件的稳定计算；第9章主要介绍组合压杆的稳定计算。各章之后附有一定数量的思考题和练习题，并附有答案，供读者练习。书中带*部分是选学内容，可按不同专业和学时取舍。

本书配套了数字资源。数字资源包括各章PPT教案、工程实例及习题参考答案，以图片、动画、文字等形式提供给读者，可供教师上课和学生学习之用。这些资源放在封二(封面背面)的二维码中，扫描后即可观看。

本书第一篇由长安大学周勇军教授编写，第二篇由长安大学任伟副教授编写，全书由周勇军教授统稿，长安大学宋一凡教授主审。长安大学李宇副教授、张景峰副教授、景媛博士、院素静博士提供了数字课件制作帮助，研究生王俊、郑学松、任笑、万俊彪、胡宇等进行了文字编排及插图工作，本教材得到了长安大学“十三五”规划教材项目的资助，人民交通出版社股份有限公司卢俊丽编辑为本教材的出版付出了辛勤的劳动，长安大学贺拴海教授、赵煜教授对全书进行了指导并提出了宝贵意见，一并表示感谢。还要感谢为本书内容做出直接或间接贡献的同事、研究生，由于数量太多，无法一一列出他们的名字。

由于编者业务水平有限，书中难免有缺点和不足之处，恳请读者批评指正。

编　者

2020年2月

目录

第1篇　结构振动

第 2 篇 结构稳定

PART1 第1篇

结 构 振 动

第1章

结构动力学概述

振动是自然界最普遍的现象之一，大至宇宙，小至原子粒子，无不存在着振动。人类本身也离不开振动：心脏的搏动，耳膜和声带的振动等。工程中的振动更比比皆是，例如，建筑结构和桥梁在风或地震荷载下的振动，机械系统运行中所产生的振动，刀具切削过程中的振动，飞机机翼的颤振等。各个不同领域中的振动现象虽然各具特色，但有着共同的客观规律。

工程结构上作用着各种各样的荷载，当荷载的大小、方向和作用点都不随时间变化，或者虽有变化，但加载过程很缓慢，以至于这种变化可以忽略时，习惯上称作用在结构上的这种荷载为**静力荷载**(Static load)。静力荷载不使结构的质量产生加速度，也就可以忽略惯性力的影响。而结构在有些荷载作用下会产生不可忽视的加速度，从而在结构上产生必须考虑的**惯性力**(Inertial force)，这种荷载被称为**动力荷载**(Dynamic load)。动力荷载是大小、方向以及作用位置随时间发生变化的任意荷载。

在动力荷载作用下，结构将发生振动现象，由动力荷载引起的结构内力、位移、应力、应变等量值将随时间发生变化，因而动力荷载作用下的分析与静力荷载作用下的分析有所不同，两者的主要差别在于是否考虑惯性力的影响。与结构的静力分析相比，结构动力分析要更加复杂和困难。结构动力问题具有随时间变化的性质，结构的动力响应(包括位移、速度、加速度等)不仅与荷载(随时间变化)有关，而且还与结构的刚度分布、质量分布以及能量耗散等有关。

在实际工程结构分析中需要考虑的是那些变化剧烈、动力作用明显的荷载，以及受这些荷载作用时结构所产生的振动现象，例如机械设备运转时产生的振动、由打桩机锤击引起的地基振动、地震作用引起的结构振动、风力作用引起大跨径桥梁和高耸建筑结构的振动等。这种振动可能引起结构的局部疲劳损伤,甚至完全破坏。例如,1940 年 11 月美国华盛顿州的塔科马海峡大桥,由于风致振动而坍塌;2008 年 5 月我国汶川大地震时,大量的建筑结构和桥梁在地震作用下毁坏。

[**上述内容配有数字资源,请扫描封二(封面背面)的二维码,免费观看**]。

研究结构在动力荷载作用下响应规律的学科称为**结构动力学**,也称为**结构振动力学**。结构动力学着重研究结构在动力荷载下的响应,如位移、内力、速度、加速度的时间历程等。结构动力学探讨结构振动现象的机理,阐明结构振动的基本规律,也为解决实际结构工程中可能产生的振动问题(如结构抗风、减震、隔震措施)等提供理论依据。

结构动力学研究的主要目的是掌握结构振动的基本理论和分析方法,研究在动力荷载作用下结构的位移和内力等量值随时间变化的规律,为工程设计提供理论依据,使设计的结构能够在动力荷载作用下满足强度、刚度和稳定性的要求(如桥梁抗震、减震设计等),同时也可以应用结构振动理论去识别结构参数(如索力测量、结构健康监测等)。

1.1 结构动力学的基本概念

如果结构受到外部因素干扰发生振动,而在以后的振动过程中不再受外部干扰作用,这种振动就称为**自由振动**(Free vibration);若在振动过程中还不断受到外部激振力作用,则称为**强迫振动**(Forced vibration)。研究强迫振动是结构动力分析的一项根本任务。然而,结构在强迫振动时各截面的最大内力和位移都与结构自由振动时的频率和振动形式密切相关,因而寻求自振频率和振动形式(统称自由振动特性)就成为研究结构振动的前提。本篇将首先讨论结构的自由振动特性,然后讨论结构的强迫振动响应。

1.1.1 结构动力学中的荷载

在结构工程中,动力荷载按其变化规律可分为如下几种:

(1)**周期荷载**。随时间按一定规律改变大小的周期性荷载,例如船舶中螺旋桨产生的作用于船体的推力。其中按正弦(或余弦)规律改变大小的荷载称为简谐周期荷载,例如具有旋转部件的机器在等速运转时其偏心质量产生的荷载。

(2)**冲击荷载**。快速将全部量值施加于结构而作用时间很短即瞬时消失的荷载。例如打桩机的桩锤对桩的冲击、车轮对轨道接头的撞击、爆炸产生的冲击波对结构的冲击等。

(3)**突加荷载**。在一瞬间施加于结构上并继续留在结构上的荷载。例如采用吊装方式进行桥梁跨中合龙就属于这种荷载。这种荷载包括对结构的突然加载和突然卸载。

(4)**移动荷载**。例如快速通过桥梁的列车、汽车等。

(5)**随机荷载**。这种荷载的变化极不规则,在任一时刻的数值无法预测,其变化规律不能用确定的函数表达,只能用概率的方法寻求其统计规律。例如风力的脉动作用、波浪对码头和桥墩的拍击、地震对建筑结构的激振作用。

以上前四种荷载为**确定性荷载**,即荷载的变化是时间的确定性函数,最后一种荷载为**非确定性荷载**,即荷载随时间的变化具有不确定性或边界不清晰。典型动力荷载形式如图 1-1 所示。

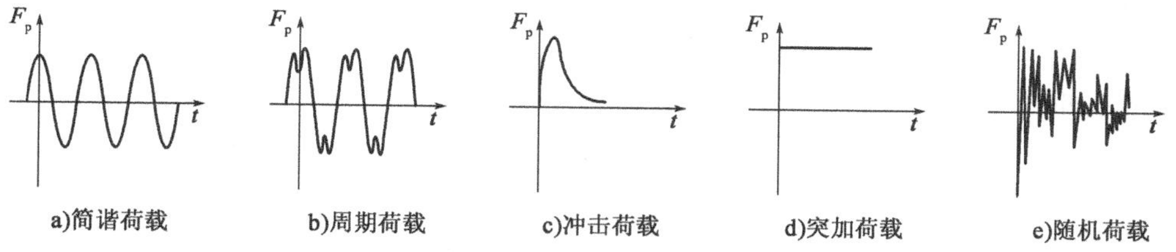

图 1-1 动力荷载形式示意图

1.1.2 结构体系的自由度

在动力荷载作用下,结构将发生变形而产生振动,在振动过程中,结构上凡有质量的地方都将产生惯性力,因此,必须确定每一质量的独立的位移参数,以便确定结构在动力荷载作用下的位移和内力。把结构在振动过程中任一时刻确定全部质量位置所需要的独立参数的数目,称为结构体系振动的**自由度**(Degree of freedom)。

对于图 1-2a)所示结构,在绝对刚性的杆件上附有三个集中质量,如果作为平面问题处理,它们的位置只需杆件的转角 α 便能确定,因此,结构为一个自由度体系,或称为**单自由度体系**(Single degree-of-freedom system)。又如图 1-2b)所示,简支梁上附加有三个集中质量,如果忽略梁本身的质量,又不考虑梁的轴向变形和质量的转动,则尽管梁的变形曲线可以有无限多种形式,但其上三个质点的位置却只需由挠度 y_1,y_2,y_3 就可以确定,因而其自由度为 3。又如图 1-2c)所示刚架,虽然只有一个集中质点,但其位置需要水平位移 y_1 和竖向位移 y_2 两个独立参数才能确定,因此自由度为 2。自由度数目大于 1 的结构称为**多自由度体系**(Multi-degree of freedom system)。

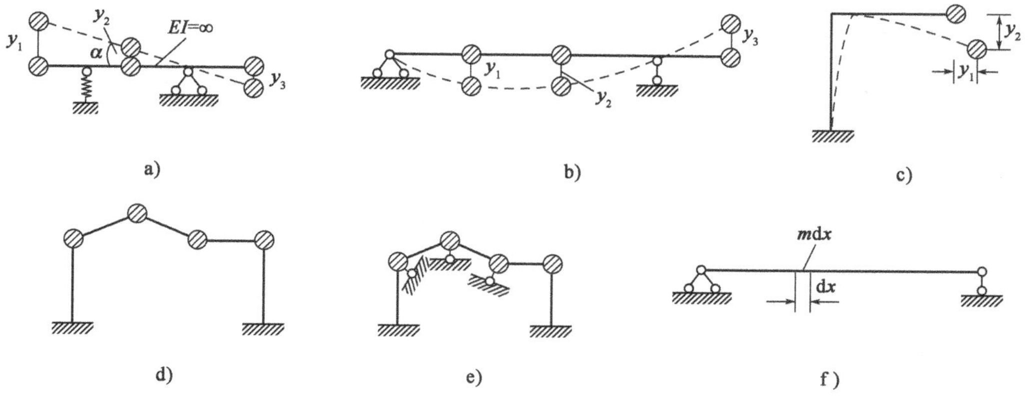

图 1-2 自由度示意图

在确定刚架的自由度时,仍引用受弯直杆忽略轴向变形、任意两点间距离保持不变的假定。根据这个假定并加入最少数量的链杆以限制刚架上所有质点的位置,则该刚架的自由度数目即等于所加入链杆的数目。例如图 1-2d)所示刚架上虽有 4 个集中质点,但只需加入 3 根链杆便可限制其全部质点的位置[图 1-2e)],故其自由度为 3。当然,自由度是随计算要求的精确度不同而有所改变的。如果考虑到质点的转动惯性,则相应还要增加控制转动的约束,才能确定自由度。一般来说,结构的自由度越多,计算结果就越能反映结构的实际动力性能。

结构的自由度不完全取决于结构上集中质量的数目，与结构是静定的还是超静定无关，正确的方法应该是根据确定质点所在位置的独立位移参数的数目来判定。例如图 1-2a)、b)所示平面结构都有 3 个集中质量，但图 1-2a)有 1 个自由度，图 1-2b)有 3 个自由度，图 1-2c)所示平面结构虽然只有 1 个集中质量，但却具有 2 个自由度。同样是静定结构，图 1-2b)和图 1-2c)的自由度不一样。此外，当结构自由度确定时，描述结构自由度的参数却可以不一样，如图 1-2a)所示，单自由度体系既可以用 α 表示，也可以用 y_1 或 y_2 或 y_3 表示。

以上是对于具有离散质点的情况而言的。但是，在实际结构中，质量的分布总是比较复杂的，除了有较大的集中质量外，一般还会有连续分布的质量。例如图 1-2f)所示的梁，其分布质量集度为 m，此时，可看作无穷多个 $m\mathrm{d}x$ 的集中质量，所以它是无限自由度体系，当然，完全按实际结构进行计算，情况会变得很复杂，同时计算工作量也就越大。因此，我们常常针对某些具体问题，采用一定的简化措施，把实际结构简化为单个或多个自由度体系进行计算。

1.2 结构动力学原理

如前所述，结构动力分析的首要目的是计算已知结构在随时间变化荷载作用下的位移-时间过程，描述动力位移的数学表达式称为结构的运动方程，而这些运动方程的解就提供了所求的位移过程。

动力体系运动方程的建立，是整个分析过程中最基础也是最重要（有时是最困难的）的方面。在本书里，将用 4 种不同的动力学原理建立这些方程，研究不同问题时，每种方法都各有其优点。

1.2.1 达朗贝尔原理

1）单质点达朗贝尔原理

任何动力体系的运动方程都可用牛顿第二运动定律表示，即任何质量 m 的动量变化率等于作用在这个质量上的力。这个关系在数学上可用微积分方程来表达：

$$\boldsymbol{F}(t) = \frac{\mathrm{d}}{\mathrm{d}t}\left(m\frac{\mathrm{d}\boldsymbol{y}}{\mathrm{d}t}\right) \tag{1-1}$$

式中，$\boldsymbol{F}(t)$ 为作用力矢量；$\boldsymbol{y}(t)$ 为质量 m 的位置矢量。对于多数的结构动力学问题，可以假设质量是不随时间变化的，这时式(1-1)可改写为：

$$\boldsymbol{F}(t) = m\frac{\mathrm{d}^2\boldsymbol{y}}{\mathrm{d}t^2} = m\ddot{\boldsymbol{y}}(t) \tag{1-2}$$

其中圆点“·”表示函数对时间的导数。式(1-2)表示力为质量与加速度的乘积，式(1-2)也可改写为：

$$\boldsymbol{F}(t) + [-m\ddot{\boldsymbol{y}}(t)] = 0 \tag{1-3}$$

或

$$\boldsymbol{F}(t) + \boldsymbol{F}_{\mathrm{I}} = 0 \tag{1-4}$$

其中：

$$F_{\mathrm{I}} = -m\ddot{\boldsymbol{y}}(t) \tag{1-5}$$

$\boldsymbol{F}_{\mathrm{I}}$ 被称为抵抗质量加速度的惯性力，即运动学定律可以表示为结构在外力合力 $\boldsymbol{F}(t)$ 和惯性力 $\boldsymbol{F}_{\mathrm{I}}$ 作用下达到平衡，该方法也称为**动静法**。

质量所产生的惯性力与它的加速度成正比，但方向相反，这个概念称为**达朗贝尔（D'Alembert）原理**，由于它可以把运动方程表示为动力平衡方程（Dynamic equilibrium equation），因而是结构动力学问题中一个很方便的方法。

2）质点系的达朗贝尔原理

设有 n 个质点组成的质点系，则质点系运动的每一瞬时，作用于系内每个质点 i 的外力合力和该质点的惯性力组成一个平衡力系，即：

$$\boldsymbol{F}_i(t) + \boldsymbol{F}_{\mathrm{I}i} = 0 \qquad (i = 1,2,\cdots,n) \tag{1-6}$$

式中，$\boldsymbol{F}_i(t)$ 为质点 i 所受到的外力合力；$\boldsymbol{F}_{\mathrm{I}i}$ 为质点 i 所受的惯性力。这就是质点系的达朗贝尔原理。

必须指出，对于由 n 个质点组成的质点系，由于每一个质点处于平衡，整个质点系也就处于平衡。对于整个质点系的平衡，由静力学中的平衡条件可知，空间任意力系平衡的充分必要条件是所有力的矢量以及对于任一点 O 的力矩等于零，即：

$$\sum \boldsymbol{F}_i(t) + \sum \boldsymbol{F}_{\mathrm{I}i} = 0 \tag{1-7a}$$

$$\sum M_O(\boldsymbol{F}_i) + \sum M_O(\boldsymbol{F}_{\mathrm{I}i}) = 0 \tag{1-7b}$$

式中，$\sum M_O(\boldsymbol{F}_i)$ 为所有质点上的外力对 O 点的力矩和；$\sum M_O(\boldsymbol{F}_{\mathrm{I}i})$ 为所有质点的惯性力对 O 点的力矩。式（1-7a）与式（1-7b）表明，作用于质点系上的所有外力与虚加在每一个质点上的惯性力在形式上组成平衡力系，这就是质点系达朗贝尔原理的又一表述形式。

3）刚体的达朗贝尔原理

对于刚体而言，它是由无数个质点组成的质点系，要对每一个质点添加惯性力，然后列平衡方程来计算，一般来说是相当困难的，若利用静力学中力系简化理论，可将原惯性力系向一点简化，得到等效力和等效力矩，并用它来表示原来整个较为复杂的惯性力系的作用效果，将给计算带来很大方便。所以，在用动静法分析刚体动力学问题之前，先要分析刚体惯性力系的简化问题。

对于作任意运动的质点系，把实际所受的力系和惯性力系向任意点 O 简化，得到外力矢量、外力力矩和惯性力系矢量、惯性力力矩，可得到式（1-7a）和式（1-7b）的动平衡条件，而刚体惯性力 $\boldsymbol{F}_{\mathrm{I}}$ 可由质心运动定理获得：

$$\boldsymbol{F}_{\mathrm{I}} = -m\boldsymbol{a}_{\mathrm{C}} \tag{1-8}$$

式中，m 为刚体的质量；$\boldsymbol{a}_{\mathrm{C}}$ 为质心加速度。即刚体惯性力恒等于刚体总质量与质心加速度的乘积，方向与质心加速度的方向相反。

由静力学中任意力系的简化理论可知，任意一个等效力系的大小和方向与简化中心位置无关，但力矩一般与简化中心的位置有关。故惯性力系的力矩一般说来也与简化中心的位置有关。下面对刚体平面运动、绕定轴转动时惯性力系简化的力矩进行讨论。

(1)刚体做平面运动。

对常见的平面运动刚体惯性力系(图1-3)而言,设刚体具有质量对称平面,且刚体平行于此平面做平面内运动(如汽车在竖直平面内的点头运动),相应的外力系处于对称平面内。由平面运动的特点,取质心 C 为基点,质心的加速度为 $\boldsymbol{a}_C$,绕质心 C 转动的角速度为 ω,角加速度为 α,则惯性力为:

$$\boldsymbol{F}_I = -m\boldsymbol{a}_C$$

式中,负号表示惯性力矢量方向与质心加速度方向相反。

惯性力系的主矩为:

$$M_{IC} = -J_C\alpha \tag{1-9}$$

式中,J_C 是刚体对于通过质心且与转动轴 Z 平行的轴的转动惯量。对于等截面均质细杆,$J_C=\frac{1}{12}ml^2$(l 为杆长)。对于薄圆盘,$J_C=\frac{1}{2}mr^2$(r 为半径)。

于是可得结论:有质量对称平面的刚体,平行于这平面运动时,刚体的惯性力系可简化为在对称平面内的一个力和一个力偶。该力通过质心,其大小等于刚体质量与质心加速度的乘积,其方向与质心加速度方向相反;该力偶矩等于对通过质心且垂直于对称面轴的转动惯量与角加速度的乘积,其转向与角加速度的转向相反。

当刚体作平动时,每一瞬时刚体内任一质点 i 的加速度相同,都等于质心 C 的加速度,此时,刚体的惯性力系构成一组相互平行的力系(图1-4),则惯性力对任意点 O 的力矩为:

$$\begin{aligned}\sum M_O(\boldsymbol{F}_{Ii}) &= \sum r_i\cdot\boldsymbol{F}_{Ii} = \sum r_i\cdot(-m_i\boldsymbol{a}_i) = \sum r_i\cdot(-m_i\boldsymbol{a}_C)\\ &= -(\sum m_ir_i)\cdot\boldsymbol{a}_C = -mr_C\cdot\boldsymbol{a}_C = r_C\cdot\boldsymbol{F}_I\end{aligned}$$

式中,r_C 为质心 C 到简化中心 O 的距离。

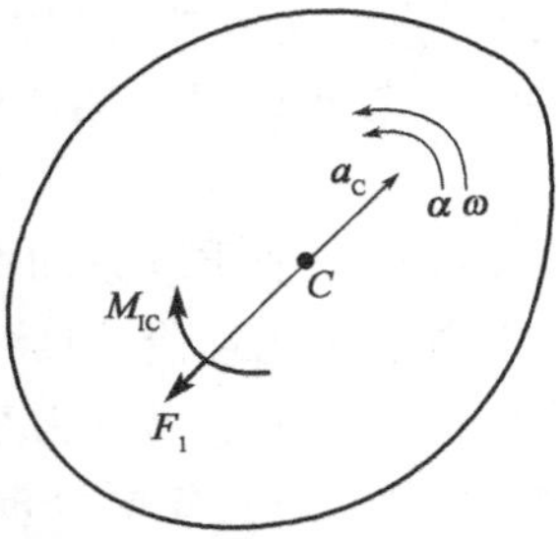

图1-3　平面运动刚体惯性力系

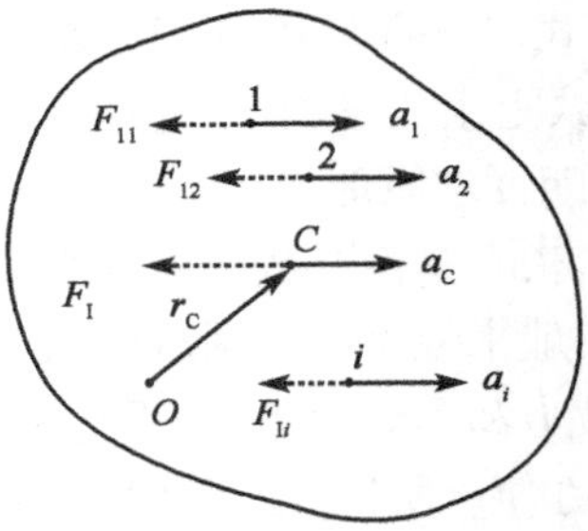

图1-4　刚体作平动

如果取质心 C 为力系的简化中心,则惯性力系的力矩恒等于零,由此可见,当刚体做平动时,将惯性力系向质心 C 简化,最后仅得到一个惯性力 F_I(式1-8)。

(2)刚体做定轴转动。

刚体绕垂直于纸平面的 Z 轴转动(图1-5)时,在刚体内任取一质点 i,其质量为 m_i,到转动轴的距离为 r_i,根据式(1-8)可以确定质点 i 的切向惯性力 F_{Ii}^{τ}和法向惯性力 F_{Ii}^{n}:

$$F_{Ii}^{\tau} = -m_ia_i^{\tau} = -m_ir_i\alpha \qquad F_{Ii}^{n} = -m_ia_i^{n} = -m_ir_i\omega^2 \tag{1-10}$$

式中,ω 为刚体转动的角速度;α 为刚体转动的角加速度。在转轴上选与平面的交点 O 为简化中心,则惯性力对 O 点的力矩为:

$$M_{IO} = \sum r_i\cdot F_{Ii}^{\tau} = \sum r_i\cdot(-m_ir_i\alpha) = \sum -m_ir_i^2\alpha = -J_O\alpha \tag{1-11}$$

式中,负号表示惯性力系力矩与角加速度方向相反;J_O 为刚体对垂直于质量对称平面轴的转动惯量。

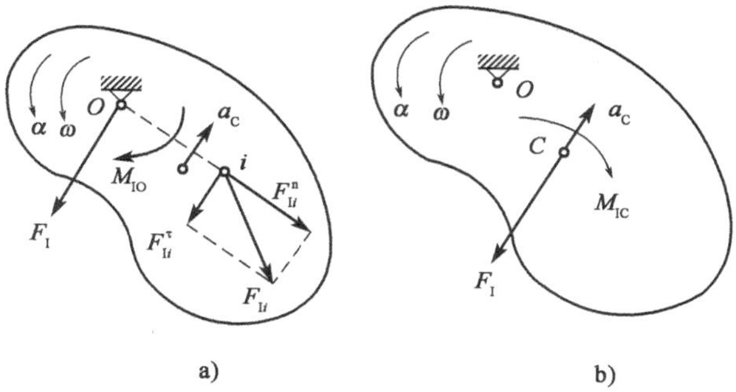

图 1-5 刚体绕定轴转动

由此可见,当刚体有质量对称面且绕垂直于该对称平面的轴做定轴转动时,惯性力系向转轴与对称平面的交点 O 简化,最后就得到一个惯性力 F_I[式(1-8)]和惯性力矩 M_{IO}[式(1-11)]。

如不取点 O 而取质心 C 为简化中心[图 1-5b)],将惯性力系向质心 C 简化,就得到作用于质心 C 的惯性力 F_I 和对称平面内的惯性矩 M_{IC}。

$$M_{IC} = -J_C\alpha$$

如果固定轴通过质心 C,则惯性力系向质心 C 简化后的主矢 $F_I=0$。由此可见,当刚体绕垂直于质心的轴作平面定轴转动时,惯性力系向质心轴 C 简化,最后只需考虑一个惯性力偶 M_{IC}[式(1-9)]。

由以上分析可知,刚体的运动形式不同,惯性力系简化结果也不同。因此,应用达朗贝尔原理求解刚体动力学问题时,应首先分析刚体的运动形式,在简化中心上正确地加上惯性力和惯性力偶矩,然后再写出平衡方程求解。

在许多简单问题中,建立运动方程最直接简便的方法就是以上这种动静法,也是本教材所采用的方法。该方法又可分为建立力法方程的**刚度法**和建立位移法方程的**柔度法**,将在第3章中具体介绍。

1.2.2 拉格朗日(Lagrange)方程

1)广义力的概念

设给定作用于具有 N 个质点的系统上的一组力 $F_{x1},F_{y1},F_{z1},\cdots,F_{xN},F_{yN},F_{zN}$,则这些力的虚功为:

$$\delta W = \sum_{j=1}^{N}(F_{xj}\delta x_j + F_{yj}\delta y_j + F_{zj}\delta z_j) \tag{1-12}$$

现在假定 N 个质点对应有 $3N$ 个通常的直角坐标 $x_1,y_1,z_1,\cdots,x_N,y_N,z_N$,设式

$$\left.\begin{aligned} x_i &= x_i(q_1,q_2,\cdots,q_n,t) \\ y_i &= y_i(q_1,q_2,\cdots,q_n,t) \\ z_i &= z_i(q_1,q_2,\cdots,q_n,t) \end{aligned}\right\} \tag{1-13}$$

式(1-13)中的 $q_i(i=1,2,\cdots,n)$ 为描述结构自由度的另外一组参数,也称为广义坐标(Generalized coordinates)。

经式(1-13)的变换,则有:

$$\left.\begin{aligned}\delta x_j &= \sum_{i=1}^{n}\frac{\partial x_j}{\partial q_i}\delta q_i \qquad (j=1,2,3,\cdots,N)\\ \delta y_j &= \sum_{i=1}^{n}\frac{\partial y_j}{\partial q_i}\delta q_i \qquad (j=1,2,3,\cdots,N)\\ \delta z_j &= \sum_{i=1}^{n}\frac{\partial z_j}{\partial q_i}\delta q_i \qquad (j=1,2,3,\cdots,N)\end{aligned}\right\} \tag{1-14}$$

一般来说,上式的偏导数$\frac{\partial x_j}{\partial q_i}$,$\frac{\partial y_j}{\partial q_i}$,$\frac{\partial z_j}{\partial q_i}$均为 $q_1,q_2,\cdots,q_n$ 和 t 的导数。

则虚功为:

$$\begin{aligned}\delta W &= \sum_{j=1}^{N}\left(F_{xj}\sum_{i=1}^{n}\frac{\partial x_j}{\partial q_i}\delta q_i + F_{yj}\sum_{i=1}^{n}\frac{\partial y_j}{\partial q_i}\delta q_i + F_{zj}\sum_{i=1}^{n}\frac{\partial z_j}{\partial q_i}\delta q_i\right)\\ &= \sum_{j=1}^{N}\sum_{i=1}^{n}\left(F_{xj}\frac{\partial x_j}{\partial q_i} + F_{yj}\frac{\partial y_j}{\partial q_i} + F_{zj}\frac{\partial z_j}{\partial q_i}\right)\delta q_i\\ &= \sum_{i=1}^{n}\left[\sum_{j=1}^{N}\left(F_{xj}\frac{\partial x_j}{\partial q_i} + F_{yj}\frac{\partial y_j}{\partial q_i} + F_{zj}\frac{\partial z_j}{\partial q_i}\right)\right]\delta q_i\\ &= \sum_{i=1}^{n}Q_i\delta q_i\end{aligned} \tag{1-15}$$

式中,

$$Q_i = \sum_{j=1}^{N}\left(F_{xj}\frac{\partial x_j}{\partial q_i} + F_{yj}\frac{\partial y_j}{\partial q_i} + F_{zj}\frac{\partial z_j}{\partial q_i}\right) \tag{1-16}$$

因此,Q_i 和 δq_i 分别称为与广义坐标 q_i 相对应的广义力和广义位移。

广义力的量纲取决于广义坐标的量纲,乘积 $Q_i\delta q_i$ 必须是功或者能的量纲。

2)系统动能

考察一个具有 N 个质点的系统,各质点相对于惯性参考系的直角坐标为 $x_1,y_1,z_1,\cdots,x_N,y_N,z_N$。系统的动能为:

$$T = \frac{1}{2}\sum_{k=1}^{N}m_k(\dot{x}_k^2 + \dot{y}_k^2 + \dot{z}_k^2) \tag{1-17}$$

用广义坐标 $q_1,q_2,\cdots,q_n$ 来表示功或能。设 $x_1,y_1,z_1,\cdots,x_N,y_N,z_N$ 与 $q_1,q_2,\cdots,q_n$ 之间有式(1-13)的变换式,即:

$$\begin{aligned}x_k &= x_k(q_1,q_2,\cdots,q_n,t) \qquad (k=1,2,3,\cdots,N)\\ y_k &= y_k(q_1,q_2,\cdots,q_n,t) \qquad (k=1,2,3,\cdots,N)\\ z_k &= z_k(q_1,q_2,\cdots,q_n,t) \qquad (k=1,2,3,\cdots,N)\end{aligned}$$

此外假定这些函数对于 q 和 t 是二次可微的,于是有:

$$\left.\begin{aligned}\dot{x}_k &= \sum_{i=1}^{n}\frac{\partial x_k}{\partial q_i}\dot{q}_i + \frac{\partial x_k}{\partial t}\\ \dot{y}_k &= \sum_{i=1}^{n}\frac{\partial y_k}{\partial q_i}\dot{q}_i + \frac{\partial y_k}{\partial t}\\ \dot{z}_k &= \sum_{i=1}^{n}\frac{\partial z_k}{\partial q_i}\dot{q}_i + \frac{\partial z_k}{\partial t}\end{aligned}\right\} \tag{1-18}$$

一般情况下，$\frac{\partial x_k}{\partial q_i}$，$\frac{\partial y_k}{\partial q_i}$，$\frac{\partial z_k}{\partial q_i}$和$\frac{\partial x_k}{\partial t}$，$\frac{\partial y_k}{\partial t}$，$\frac{\partial z_k}{\partial t}$都是 $q_1, q_2, \cdots, q_n$ 和 t 的函数。将式(1-18)代入式(1-17)并整理，可得：

$$T(q,\dot{q},t) = T_2 + T_1 + T_0 \tag{1-19}$$

式中，

$$T_2 = \frac{1}{2}\sum_{i=1}^{n}\sum_{j=1}^{n} m_{ij}\dot{q}_i\dot{q}_j \tag{1-20}$$

$$T_1 = \sum_{i=1}^{n} a_i\dot{q}_i \tag{1-21}$$

$$T_0 = \frac{1}{2}\sum_{k=1}^{N} m_k\left[\left(\frac{\partial x_k}{\partial t}\right)^2 + \left(\frac{\partial y_k}{\partial t}\right)^2 + \left(\frac{\partial z_k}{\partial t}\right)^2\right] \tag{1-22}$$

其中

$$m_{ij} = m_{ji} = \sum_{k=1}^{N} m_k\left(\frac{\partial x_k}{\partial q_i}\frac{\partial x_k}{\partial q_j} + \frac{\partial y_k}{\partial q_i}\frac{\partial y_k}{\partial q_j} + \frac{\partial z_k}{\partial q_i}\frac{\partial z_k}{\partial q_j}\right)$$

$$a_i = \sum_{k=1}^{N} m_k\left(\frac{\partial x_k}{\partial q_i}\frac{\partial x_k}{\partial t} + \frac{\partial y_k}{\partial q_i}\frac{\partial y_k}{\partial t} + \frac{\partial z_k}{\partial q_i}\frac{\partial z_k}{\partial t}\right)$$

从式(1-20)、式(1-21)、式(1-22)可以看出 T_2 是各 $\dot{q}_i$ 的齐次二次函数，T_1 是各 $\dot{q}_i$ 的齐次一次函数，而 T_0 则是各 q_i 和 t 的函数。需要指出，系数 m_{ij}和 a_i 也都是各 q_i 和 t 的函数。

3)拉格朗日方程的建立

现在假设这个系统是完整的，并且系统的位型由一组独立的广义坐标 q 来描述。如果每个 δq 都是独立的，则有：

$$\frac{\mathrm{d}}{\mathrm{d}t}\left(\frac{\partial T}{\partial \dot{q}_i}\right) - \frac{\partial T}{\partial q_i} = Q_i \quad (i = 1,2,\cdots,n) \tag{1-23}$$

式(1-23)称为拉格朗日方程。

如假定的广义力都是有势力，且由位能函数 $V(q_1, q_2, \cdots, q_n; t)$导出，即定义

$$Q_i = -\frac{\partial V}{\partial q_i} \tag{1-24}$$

将式(1-24)代入式(1-23)，则可得拉格朗日方程的有势力形式：

$$\frac{\mathrm{d}}{\mathrm{d}t}\left(\frac{\partial T}{\partial \dot{q}_i}\right) - \frac{\partial T}{\partial q_i} + \frac{\partial V}{\partial q_i} = 0 \quad (i = 1,2,\cdots,n) \tag{1-25}$$

如果广义力中有一部分可由位能函数导出，而另一部分不能由位能函数导出，即

$$Q_i = -\frac{\partial V}{\partial q_i} + Q_i^* \quad (i = 1,2,\cdots,n) \tag{1-26}$$

则由式(1-25)可得拉格朗日方程的另一种组合形式：

$$\frac{\mathrm{d}}{\mathrm{d}t}\left(\frac{\partial T}{\partial \dot{q}_i}\right) - \frac{\partial T}{\partial q_i} + \frac{\partial V}{\partial q_i} = Q_i^* \quad (i = 1,2,\cdots,n) \tag{1-27}$$

式中，Q_i^* 是不能由位能函数导出的广义力。

再定义一个拉格朗日函数：

$$L(q,\dot{q},t) = T(q,\dot{q},t) - V(q,t) \tag{1-28}$$

则式(1-27)又可以写成：

$$\frac{\mathrm{d}}{\mathrm{d}t}\left(\frac{\partial L}{\partial \dot{q}_i}\right)-\frac{\partial L}{\partial q_i}=Q_i^* \qquad (i=1,2,\cdots,n) \tag{1-29}$$

当 $Q_i^*=0$ 时,式(1-29)就变成完整系统的拉格朗日方程的标准形式。

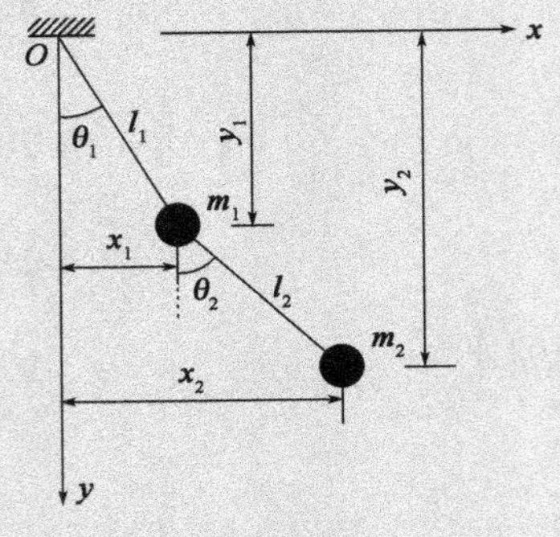

图 1-6

例 1-1 两质点 m_1 及 m_2 由无质量杆悬挂而构成的双摆,如图 1-6 所示。假定全部运动发生在铅直平面(Oxy)内,试用拉格朗日方程求运动微分方程。再假定运动为微小运动,列出系统的运动方程。

解:设 m_1、m_2 的直角坐标系分别为(x_1,y_1)、(x_2,y_2),则该系统的几何条件可表示为:

$$\left.\begin{aligned}x_1^2+y_1^2-l_1^2=0\\(x_2-x_1)^2+(y_2-y_1)^2-l_2^2=0\end{aligned}\right\} \tag{a}$$

系统有 4 个直角坐标,2 个约束条件,故体系只有 2 个自由度。现在取 θ_1 及 θ_2 作为 2 个独立的广义坐标,则

$$x_1=l_1\sin\theta_1 \qquad y_1=l_1\cos\theta_1$$

$$x_2=l_1\sin\theta_1+l_2\sin\theta_2 \qquad y_2=l_1\cos\theta_1+l_2\cos\theta_2$$

故

$$\dot{x}_1=l_1\cos\theta_1\cdot\dot{\theta}_1 \qquad \dot{y}_1=-l_1\sin\theta_1\cdot\dot{\theta}_1$$

$$\dot{x}_2=l_1\cos\theta_1\cdot\dot{\theta}_1+l_2\cos\theta_2\cdot\dot{\theta}_2 \qquad \dot{y}_2=-l_1\sin\theta_1\cdot\dot{\theta}_1-l_2\sin\theta_2\cdot\dot{\theta}_2$$

则

$$\begin{aligned}T&=\frac{1}{2}m_1(\dot{x}_1^2+\dot{y}_1^2)+\frac{1}{2}m_2(\dot{x}_2^2+\dot{y}_2^2)\\&=\frac{1}{2}m_1l_1^2\dot{\theta}_1^2+\frac{1}{2}m_2[l_1^2\dot{\theta}_1^2+l_2^2\dot{\theta}_2^2+2l_1l_2\cos(\theta_2-\theta_1)\dot{\theta}_1\dot{\theta}_2]\\V&=m_1gl_1-m_1gy_1+m_2g(l_1+l_2)-m_2gy_2\\&=(m_1+m_2)gl_1(1-\cos\theta_1)+m_2gl_2(1-\cos\theta_2)\end{aligned}$$

把 θ_1 看成 q_1,θ_2 看成 q_2,并将 T 及 V 的表达式代入拉格朗日方程(1-25)中,并注意$\theta_1=\theta_1(t)$和 $\theta_2=\theta_2(t)$,按照复合函数求导法则可得:

$$\left.\begin{aligned}(m_1+m_2)l_1^2\ddot{\theta}_1+m_2l_1l_2\ddot{\theta}_2\cos(\theta_2-\theta_1)-m_2l_1l_2\dot{\theta}_2^2\sin(\theta_2-\theta_1)+(m_1+m_2)gl_1\sin\theta_1=0\\m_2l_1l_2\ddot{\theta}_1\cos(\theta_2-\theta_1)+m_2l_2^2\ddot{\theta}_2+m_2l_1l_2\dot{\theta}_1^2\sin(\theta_2-\theta_1)+m_2gl_2\sin\theta_2=0\end{aligned}\right\} \tag{b}$$

方程(b)为非线性,不易求解。现在就微小运动的情况把方程(b)线性化,即假定 θ_1、θ_2 很小,因此可近似地取:

$$\cos(\theta_2-\theta_1)\approx 1 \qquad \sin(\theta_2-\theta_1)\approx\theta_2-\theta_1\approx 0$$

$$\sin\theta_1\approx\theta_1 \qquad \sin\theta_2\approx\theta_2$$

方程(b)此时变成:

$$\left.\begin{aligned}(m_1+m_2)l_1^2\ddot{\theta}_1+m_2l_1l_2\ddot{\theta}_2+(m_1+m_2)gl_1\theta_1&=0\\ m_2l_1l_2\ddot{\theta}_1+m_2l_2^2\ddot{\theta}_2+m_2gl_2\theta_2&=0\end{aligned}\right\}\tag{c}$$

这里已忽略微量的高次项$\dot{\theta}_2^2\sin(\theta_2-\theta_1)$、$\dot{\theta}_1^2\sin(\theta_2-\theta_1)$。式(c)写成矩阵的形式为：

$$\begin{bmatrix}(m_1+m_2)l_1^2 & m_2l_1l_2\\ m_2l_1l_2 & m_2l_2^2\end{bmatrix}\begin{Bmatrix}\ddot{\theta}_1\\ \ddot{\theta}_2\end{Bmatrix}+\begin{bmatrix}(m_1+m_2)gl_1 & 0\\ 0 & m_2gl_2\end{bmatrix}\begin{Bmatrix}\theta_1\\ \theta_2\end{Bmatrix}=\begin{Bmatrix}0\\ 0\end{Bmatrix}\tag{d}$$

一般的振动方程都可以写成类似的矩阵表达式。

****例 1-2**　如图 1-7 所示，两个自由度体系，弹簧 k 为线性弹簧，小质量 m 通过一根无质量刚杆（长度为 l）可绕大质量块 M 作中心摆动，F 为作用在 m 上的力，试推导这个系统的方程。

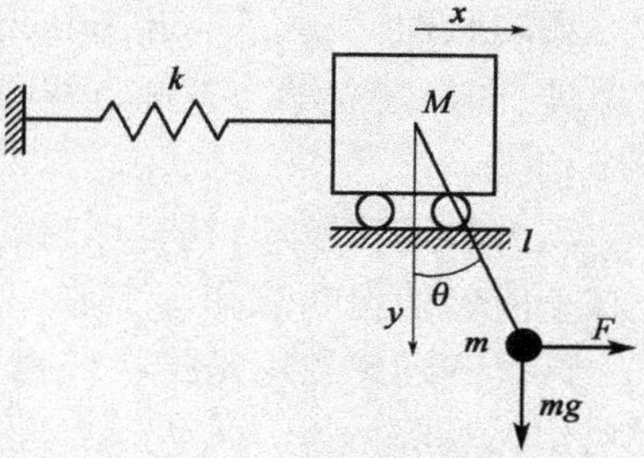

图 1-7

解：此系统为两个自由度体系，设 x 为 M 自平衡位置起发生的水平位移，θ 为 m 绕 M 转动的角度，把 x 和 θ 作为两个广义坐标，m 的直角坐标为：

$$x_{\rm m}=x+l\sin\theta \qquad y_{\rm m}=l\cos\theta$$

所以 m 在直角坐标系中的速度分量为：

$$\dot{x}_{\rm m}=\dot{x}+l\dot{\theta}\cos\theta \qquad \dot{y}_{\rm m}=-l\dot{\theta}\sin\theta$$

则

$$\left.\begin{aligned}T&=\frac{1}{2}M\dot{x}^2+\frac{1}{2}m\dot{x}_{\rm m}^2+\frac{1}{2}m\dot{y}_{\rm m}^2=\frac{1}{2}(M+m)\dot{x}^2+ml\dot{x}\dot{\theta}\cos\theta+\frac{1}{2}ml^2\dot{\theta}^2\\ V&=\frac{1}{2}kx^2+mgl(1-\cos\theta)\end{aligned}\right\}\tag{a}$$

现在再来求相应于 x 和 θ 的广义力 X 和 θ。利用虚功条件（在两个坐标中主动力所做的虚功相等）即可以求得：

$$\delta W=F\delta x_m=F(\delta x+l\cos\theta\delta\theta)=F\delta x+Fl\cos\theta\delta\theta=X\delta x+\theta\delta\theta$$

由上式可知相应于广义坐标 x 的广义力为 $X=F$，相应于广义坐标 θ 的广义力为 $\theta=Fl\cos\theta$。在式(a)中将 x 看作 q_1，θ 看作 q_2，则相应有：

$$Q_1=X=F \qquad Q_2=\theta=Fl\cos\theta\tag{b}$$

将式(a)和式(b)代入拉格朗日方程(1-29)，并注意 $x=x(t)$ 和 $\theta=\theta(t)$，按照复合函数求导法则可得：

$$\left.\begin{aligned}(M+m)\ddot{x}+ml(\ddot{\theta}\cos\theta-\dot{\theta}^2\sin\theta)+kx&=F\\ ml^2\ddot{\theta}+ml\ddot{x}\cos\theta+mgl\sin\theta&=Fl\cos\theta\end{aligned}\right\}\tag{c}$$

假设运动为微小运动，即 $\cos\theta\approx1$，$\sin\theta\approx\theta$，并且忽略高阶无穷小量 $\dot{\theta}^2\sin\theta$，则式(c)可简化为：

$$\left.\begin{aligned}(M+m)\ddot{x}+ml\ddot{\theta}+kx&=F\\ ml\ddot{x}+ml^2\ddot{\theta}+mgl\theta&=Fl\end{aligned}\right\}\tag{d}$$

或写成矩阵形式：

$$\begin{bmatrix}M+m & ml\\ ml & ml^2\end{bmatrix}\begin{Bmatrix}\ddot{x}\\ \ddot{\theta}\end{Bmatrix}+\begin{bmatrix}k & 0\\ 0 & mgl\end{bmatrix}\begin{Bmatrix}x\\ \theta\end{Bmatrix}=\begin{Bmatrix}F\\ Fl\end{Bmatrix}\tag{e}$$

1.2.3 虚功原理

当结构比较复杂，体系的各种力可以方便地用位移自由度来表示，而它们的平衡规律可能不清楚或很复杂时，运用基于虚位移原理的虚功法来建立方程就比较方便。

虚功原理(Virtual work principle)是描述一个体系的平衡状态，然而只要简单应用达朗贝尔原理，即在建立动力平衡方程时引入体系的惯性力，就可以很好地将虚功原理应用到动力体系中。

动力学虚功原理：具有理想约束的质点系运动时，在任意瞬时，主动力和惯性力在任意虚位移上所做的虚功总和等于零。

这里的理想约束是指在任意虚功位移下，约束反力所做的虚功恒等于零，即约束反力不做功。

设体系第 i 质点所受外力合力为 $\boldsymbol{F}_i$，惯性力为 $\boldsymbol{F}_{\mathrm{I}i}=-m_i\ddot{\boldsymbol{x}}_i$，虚位移为 $\delta\boldsymbol{x}_i$，由虚功原理写出如下的虚功方程：

$$\sum_{i=1}^{n}(\boldsymbol{F}_i-m_i\ddot{\boldsymbol{x}}_i)\delta\boldsymbol{x}_i=0\tag{1-30}$$

由于虚位移 δx_i 的任意性，上式得以满足的充要条件是：

$$\boldsymbol{F}_i-m_i\ddot{\boldsymbol{x}}_i=0\qquad(i=1,2,\cdots,n)\tag{1-31}$$

上式表明虚功原理和达朗贝尔原理是等价的。

用虚功原理建立方程的具体步骤为：

(1)确定各质点所受的力，包括惯性力。

(2)给体系以约束所允许的微小的可能虚位移，再令体系上各个力在相应的虚位移所做的总虚功等于零，便可得出运动方程。

利用虚功原理解题的优点是：虚功为标量，可以按照代数规则计算，而作用于结构上的力为矢量，它只能按矢量叠加。因此，对于不便于列出平衡方程的复杂体系，虚功方法较平衡法方便。另外，该方法适用于刚体集合类的广义单自由度体系的运动方程。

例 1-3 用虚功原理建立图 1-8 所示单自由度体系的运动方程。

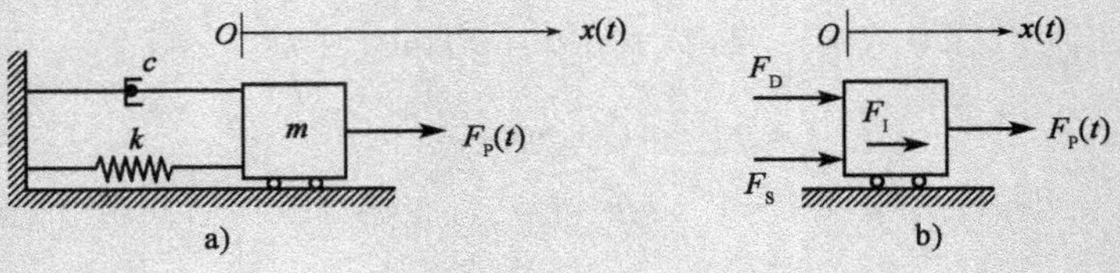

图 1-8

解:由于图 1-8b)的隔离体已包括了惯性力,该体系处于一种“平衡”状态,为此可应用虚功原理。假定发生了虚位移 δx,图 1-8b)中的所有外力所做的功等于零,即:

$$(F_I + F_D + F_S + F_P)\delta x = 0 \tag{a}$$

其中 $F_I = -m\ddot{x}$,与加速度方向相反;$F_D = -c\dot{x}$,与速度方向相反;$F_S = -kx$,与位移方向相反。所以:

$$(-m\ddot{x} - c\dot{x} - kx + F_P)\delta x = 0 \tag{b}$$

由于 δx 是不等于零的任意值,则上式中另一个因数必然等于零,即:

$$m\ddot{x} + c\dot{x} + kx = F_P \tag{c}$$

[*]**例 1-4** 用虚功原理列出图 1-9a)所示剪切型结构的运动方程。图中 k_1、k_2 为层间侧移刚度(当两层之间发生相对单位水平位移时,两层之间的所有柱子中的剪力之和称作该层的层间侧移刚度)。

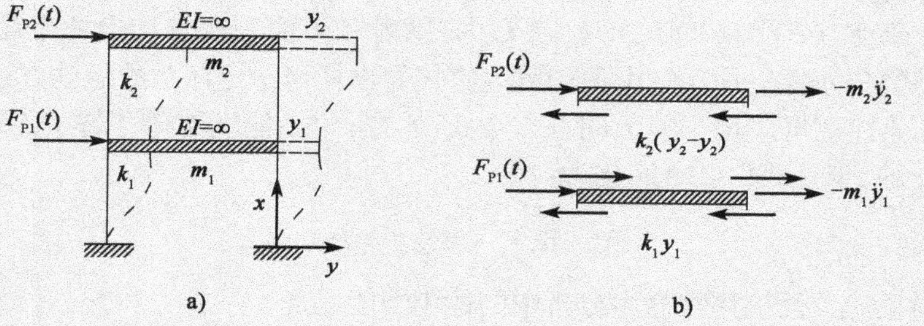

图 1-9

解:(1)受力分析:

质量 m_1 受力分析:主动力合力见图 1-9b):$F_1 = F_{P1}(t) + k_2(y_2 - y_1) - k_1y_1$,惯性力 $F_{I1}(t) = -m_1\ddot{y}_1$,对应的虚位移为 δy_1。

质量 m_2 受力分析:主动力合力见图 1-9b):$F_2 = F_{P2}(t) - k_2(y_2 - y_1)$,惯性力 $F_{I2}(t) = -m_2\ddot{y}_2$,对应的虚位移为 δy_2。

(2)列虚功方程:

$$[F_{P1}(t) + k_2(y_2 - y_1) - k_1y_1 - m_1\ddot{y}_1]\delta y_1 + [F_{P2}(t) - k_2(y_2 - y_1) - m_2\ddot{y}_2]\delta y_2 = 0$$

由于 δy_1、δy_2 的任意性,于是有:

$$\left.\begin{aligned} F_{P1}(t) + k_2(y_2 - y_1) - k_1y_1 - m_1\ddot{y}_1 = 0 \\ F_{P2}(t) - k_2(y_2 - y_1) - m_2\ddot{y}_2 = 0 \end{aligned}\right\}$$

整理后写成矩阵形式:

$$\begin{bmatrix} m_1 & 0 \\ 0 & m_2 \end{bmatrix}\begin{Bmatrix} \ddot{y}_1 \\ \ddot{y}_2 \end{Bmatrix} + \begin{bmatrix} k_1 + k_2 & -k_2 \\ -k_2 & k_2 \end{bmatrix}\begin{Bmatrix} y_1 \\ y_2 \end{Bmatrix} = \begin{Bmatrix} F_{P1} \\ F_{P2} \end{Bmatrix}$$

1.2.4 *哈密顿原理

首先明确两个概念,即保守力和非保守力的概念。有一类力做功与路径无关,仅与质点的始末位置有关,这类力称为保守力,如万有引力、弹性力。保守力沿闭合路径所做的功为零,因此,只有在保守力作用在物体上的情况下才可以定义势能(位能),即势能仅与保守力场的位置有关。还有一类力,做功不仅决定于受力质点的始末位置,而且和质点经过的路径有关,或力沿闭合路径所做的功不等于零,这类力称为非保守力,如常见的摩擦力、物体间相互作非弹性碰撞时的冲击力都属于非保守力。对非保守力,不存在势能的概念。

采用哈密顿(Hamilton)原理建立运动方程,可避免矢量的计算。Hamilton 原理可表达为:

$$\int_{t_1}^{t_2}\delta(T - V)\,\mathrm{d}t + \int_{t_1}^{t_2}\delta W_{\mathrm{nc}}\,\mathrm{d}t = 0 \tag{1-32}$$

式中,T 为体系的动能;V 为体系的势能(位能),包括应变能及任何保守外力势能;W_{nc} 为作用于体系上的非保守力(包括阻尼力及任何外荷载)所做的功;δ 为指定时间内所取的变分。

Hamilton 原理:在任何时间区间 t_1 到 t_2 内,动能和势能的变分加上所考虑的非保守力所做的功的变分需等于零。应用这个原理可以直接导出任何给定体系的运动方程。

Hamilton 原理也可应用于静力问题。令式(1-32)中动能项 T 等于零,则积分剩余的项是不随时间变化的,于是式(1-32)简化为:

$$\delta(V - W_{\mathrm{nc}}) = 0 \tag{1-33}$$

式(1-33)就是广泛应用在静力分析中的最小势能原理。

Hamilton 原理与虚功原理一样,没有直接使用阻尼和外力,而是用能量的变分来表述。因而,它提供了一种准则,这种准则将真实运动与满足同样条件的一切可能运动区别开来。通常将这一类的力学原理称为变分原理。

变分原理的表述形式是:

$$\delta H = 0 \tag{1-34}$$

H 是一种泛函,简单地讲也就是函数的函数。H 从某种意义上定义了满足一定条件的一切可能运动的集合(从一种状态到另一种状态)。

式(1-34)表明:在这些可能的运动中,唯有真实运动使泛函 H 取极值。变分原理将描述真实运动的公共性质的基本方程归结为一个物理概念明确的简单方程 $\delta H = 0$,表现了自然规律的形式。

Hamilton 原理与虚功原理的不同点是:在该方法中,没有直接使用惯性力和弹性力,而分别被动能和势能变分项所代替。因此,这种建立运动方程的方法的优点是,它只和纯粹的标量(即能量)有关,而在虚功法中,被用来计算功的力和位移都是矢量。

应用 Hamilton 原理建立运动方程的步骤为:

(1)明确研究对象,分析约束,确定体系的自由度,选取合适的坐标系;

(2)计算动能、势能(位能);

(3)计算非保守力所做的虚功之和以及 δW_{nc};

(4)代入 Hamilton 方程,得运动微分方程。

例 1-5 用 Hamilton 原理建立例 1-3(图 1-8)所示的单自由度体系的运动方程。

解:设质量某时刻离开平衡位置的距离为 x,如图 1-8a)所示,则

质量 m 的动能:$T=\frac{1}{2}m\dot{x}^2$

体系的势能(保守力):$V=\frac{1}{2}kx^2$

非保守力做功的变分等于非保守力在位移变分 δx 上做的功,即:

$$\delta W_{nc}=F_p\delta x-c\dot{x}\delta x$$

将以上各式代入式(1-32),得:

$$\int_{t_1}^{t_2}[(m\dot{x}\delta\dot{x}-kx\delta x)+(F_p-c\dot{x})\delta x]\mathrm{d}t=0$$

式中,

$$\int_{t_1}^{t_2}m\dot{x}\delta\dot{x}\mathrm{d}t=\int_{t_1}^{t_2}m\dot{x}\frac{\mathrm{d}(\delta x)}{\mathrm{d}t}\mathrm{d}t=m\dot{x}\delta x\,|_{t_1}^{t_2}-\int_{t_1}^{t_2}m\ddot{x}\delta x\mathrm{d}t=-\int_{t_1}^{t_2}m\ddot{x}\delta x\mathrm{d}t$$

因为对于固定时间点 t_1、t_2 来说,$\delta x\,|_{t=t_1}=\delta x\,|_{t=t_2}=0$,即:

$$\int_{t_1}^{t_2}m\dot{x}\delta\dot{x}\mathrm{d}t=-\int_{t_1}^{t_2}m\ddot{x}\delta x\mathrm{d}t$$

于是有:

$$\int_{t_1}^{t_2}(m\dot{x}\delta\dot{x}-kx\delta x)\mathrm{d}t+\int_{t_1}^{t_2}(F_p-c\dot{x})\delta x\mathrm{d}t=\int_{t_1}^{t_2}(-m\ddot{x}-c\dot{x}-kx+F_p)\delta x\mathrm{d}t=0$$

由于 δx 的任意性,有:

$$m\ddot{x}(t)+c\dot{x}(t)+kx(t)=F_p(t)$$

以上介绍了 4 种用于建立运动方程的基本力学原理。达朗贝尔原理是一种简单、直观的建立运动方程的方法,得到了广泛的应用,更重要的是达朗贝尔原理建立了动平衡的概念,使得结构静力分析中的一些建立方程的方法,可以直接推广到动力学问题中。当结构具有分布质量和弹簧支撑时,采用虚位移原理建立运动方程更为方便。而 Hamilton 原理是利用能量原理建立运动方程的另一种方法,如果不考虑非保守力做的功(主要是阻尼力),它就是完全的标量计算,但实际上直接采用 Hamilton 原理建立离散型质点系运动方程的情况不多,更多应用在连续介质构件的运动方程的建立上。Hamilton 原理的特点在于它以一个极为简洁的表达式概括了建立运动方程的方法。

上面所述的 4 种建立运动方程的方法完全等同,可以推得完全相同的运动方程。在实际问题中选用哪一种方法要视处理问题是否方便来确定。通常,方法的选用依赖于所考虑的动力体系的性质。

思考题

1-1　怎样区别动力荷载与静力荷载？动力计算与静力计算的主要差别是什么？

1-2　何谓体系的自由度？它与机动分析中的自由度有何异同？如何确定体系的自由度？

1-3　建立运动微分方程的条件有哪几种基本方法？各种方法适用条件是什么？达朗贝尔原理建立微分方程又分为哪两种方法？

练习题

1-1　确定题1-1图所示各体系的自由度。各集中质量略去转动惯量，杆件质量除注明的以外均忽略不计，刚架轴向变形不计。

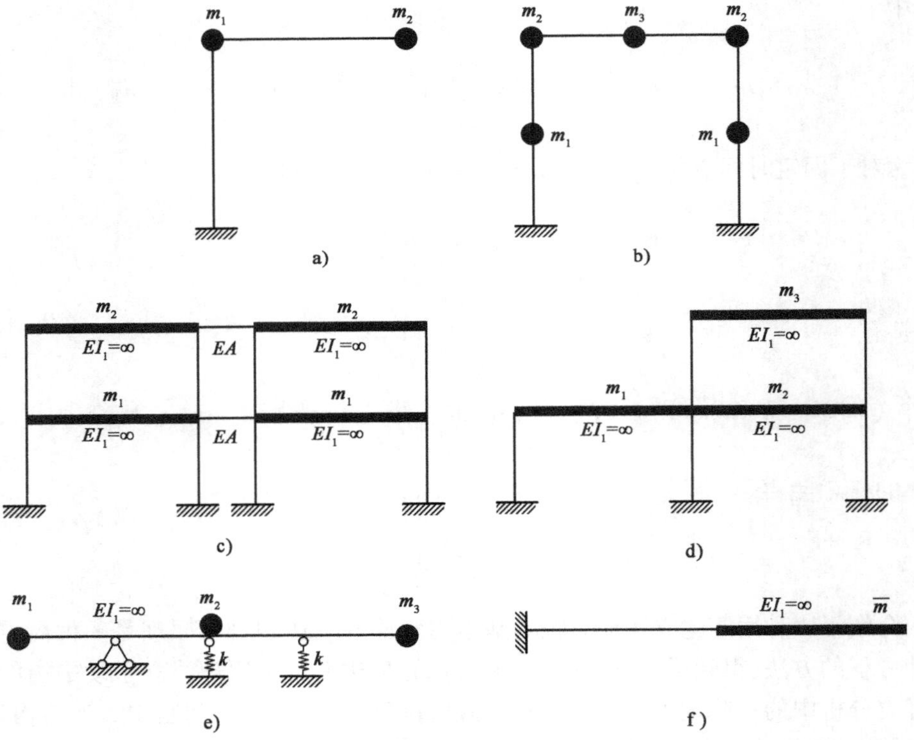

题　1-1 图

1-2　试建立题1-2图所示结构的运动方程(忽略阻尼影响)。

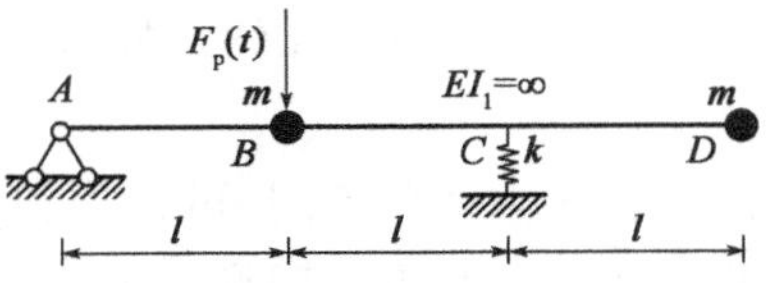

题　1-2 图

第 2 章

单自由度体系的振动

本章将从振动问题中最简单的单自由度体系自由振动开始，引入结构振动的一些重要概念、特性和分析方法。许多实际工程结构振动可以简化为单自由度体系振动问题，而且单自由度体系振动也是研究复杂振动问题的基础。

2.1 单自由度体系的自由振动

结构的自由振动是指结构在振动过程中没有任何外界激振力作用的振动。产生自由振动的原因是在初始时刻的干扰，这种初始干扰包括结构具有初始的位移或结构具有初始的速度，而有时这两种干扰会同时存在。根据结构是否有阻尼，单自由度体系自由振动又分为**无阻尼自由振动**(Undamped free vibration)和**有阻尼自由振动**(Damped free vibration)。

2.1.1 单自由度无阻尼体系自由振动

各种单自由度体系的自由振动问题，都可以用如图 2-1 中的 m-k 系统表示，该系统由表示结构质量和惯性力特性的质量块 m 以及表示体系恢复力或刚度的弹簧 k 组成。对于图 2-1a)、b)，可由达朗贝尔原理列出动力平衡方程：

$$F_I + F_s = 0$$

其中，惯性力 $F_I = -m\ddot{y}$，弹性恢复力 $F_s = -ky$，即体系的自由振动方程为：

$$m\ddot{y} + ky = 0 \tag{2-1}$$

对于图 2-1c)的系统,当系统静止时,平衡方程为:

$$k\Delta_w = W \tag{a}$$

式中,Δ_w 为弹簧伸长量;W 为重量。

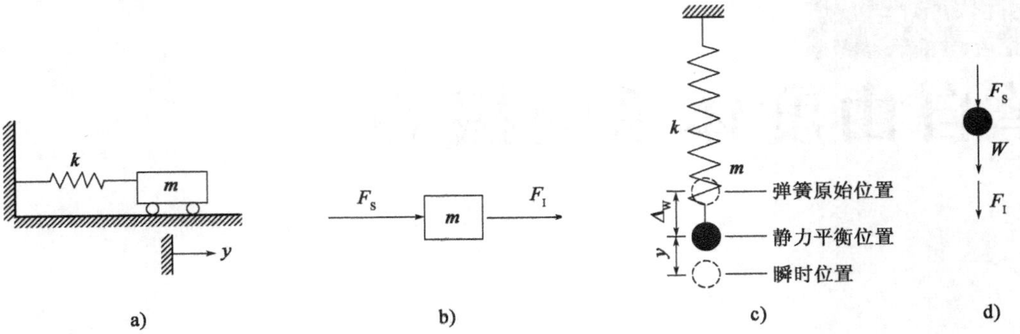

图 2-1 单自由度无阻尼自由振动体系

在某一时刻,质量块离开平衡位置而发生振动,在振动过程中,设质量块离开静力平衡位置距离为 y。设 y 向下为正,所有力方向向下为正。

取运动中的任意状态的质量块为隔离体,如图 2-1d)所示,此时作用在质量上的力有惯性力 F_I、弹性恢复力 F_s 和自重 W。

$$F_I = -m\ddot{y} \tag{b}$$

$$F_s = -k(y + \Delta_W) \tag{c}$$

上式中,惯性力是加速度运动产生的,它与加速度方向相反,它的方向总是指向原平衡位置,故其与位移反向;弹性恢复力的大小与弹簧形变以及物体的自重 W 成正比。

按照达朗贝尔原理建立任意运动状态下的动平衡方程为:

$$F_I + F_s + W = 0 \tag{d}$$

将式(a)、式(b)、式(c)代入式(d)可得:

$$-m\ddot{y} - k(y + \Delta_W) + k\Delta_W = 0 \tag{e}$$

整理得:

$$m\ddot{y} + ky = 0$$

上式表明单自由度体系在惯性力 $-m\ddot{y}$和弹簧恢复力 $-ky$ 作用下将维持动力平衡。令

$$\omega^2 = \frac{k}{m} \tag{2-2}$$

式(2-1)可写成:

$$\ddot{y} + \omega^2 y = 0 \tag{f}$$

式(f)是一个二阶常系数线性齐次微分方程,其通解为:

$$y(t) = C_1\cos\omega t + C_2\sin\omega t \tag{g}$$

则

$$\dot{y}(t) = -C_1\omega\sin\omega t + C_2\omega\cos\omega t$$

其中,积分常数 C_1 和 C_2 由振动的**初始条件**(Initial conditions)确定。

设初始条件 $t=0$ 时,$y=y_0$,$\dot{y}=\dot{y}_0$,代入式(g)中有:

$$C_1 = y_0 \qquad C_2 = \frac{\dot{y}_0}{\omega}$$

因此

$$y = y_0\cos\omega t + \frac{\dot{y}_0}{\omega}\sin\omega t \tag{2-3}$$

式中,y_0 称为**初位移**(Initial displacement);$\dot{y}_0$ 称为**初速度**(Initial velocity)。

由此可见,结构的自由振动由两部分组成,一部分是由初位移引起的,呈余弦规律;另一部分则由初速度引起,呈正弦规律,如图 2-2a)、b)所示。两者之间有一个 90°的相位差。

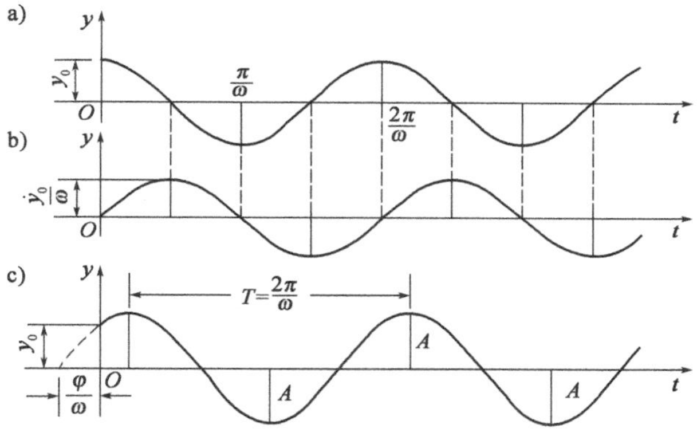

图 2-2 单自由度无阻尼体系自由振动响应

令

$$y_0 = A\sin\varphi \qquad \frac{\dot{y}_0}{\omega} = A\cos\varphi$$

则

$$A = \sqrt{y_0^2 + \frac{\dot{y}_0^2}{\omega^2}} \qquad \tan\varphi = \frac{y_0}{\dot{y}_0/\omega} \tag{2-4}$$

即方程(2-1)的解也可以写作如下形式:

$$y = A\sin(\omega t + \varphi) \tag{2-5}$$

式中,A 表示质点的最大动位移,称为**振幅**(Amplitude);$\omega t+\varphi$ 称为**相位角**(Phase angle),φ 称为初相位角($t=0$ 时相位角);ω 通常被称为**圆频率**(Circular frequency)或**角频率**(Angular frequency),它表示 2π 秒内完成的振动次数,单位是 rad/s。

式(2-5)所表示的运动称为**简谐振动**(Harmonic vibration),其中 A、ω、φ 称为简谐振动的三

要素。因为正弦函数或余弦函数都是周期函数,所以简谐振动也是周期振动。结构重复出现同一运动状态(包括位移、速度等)的最短时间间隔称为**自振周期**(Natural period of vibration),单位是 s,以符号 T 来表示。周期 T 表示往复振动一次所需要的时间,表示为:

$$T = \frac{2\pi}{\omega} = 2\pi\sqrt{\frac{m}{k}} \tag{2-6}$$

周期的倒数

$$f = \frac{1}{T} = \frac{\omega}{2\pi} = \frac{1}{2\pi}\sqrt{\frac{k}{m}} \tag{2-7}$$

称为振动的**频率**(Frequency)或者**工程频率**,它表示单位时间内往复振动的次数,单位是 s^{-1},即赫兹(Hz)。

由式(2-4)、式(2-7)可知,初始条件只用来确定振动的振幅和初相位,系统的频率和周期并不受初始条件的影响,频率只取决于系统的质量和弹簧刚度,故通常称为**自振频率或固有频率**(Natural frequency of vibration)。而反映质量离开平衡位置最大位移的振幅 A,并不反映结构本身的固有属性,振幅与结构发生运动前的初始条件有关,即与初位移 y_0 和初速度 $\dot{y}_0$ 有关,振幅值的大小反映了外界输入结构的能量的大小。在无阻尼自由振动中,振幅 A 不随时间而变化。

固有频率反映了一个振动系统固有的动力特性。计算单自由度体系的自振频率时,可以通过下式进行:

$$\omega = \sqrt{\frac{k}{m}} = \sqrt{\frac{1}{m\delta}} \tag{2-8}$$

式中,δ 是结构在单位力作用下所产生的位移。

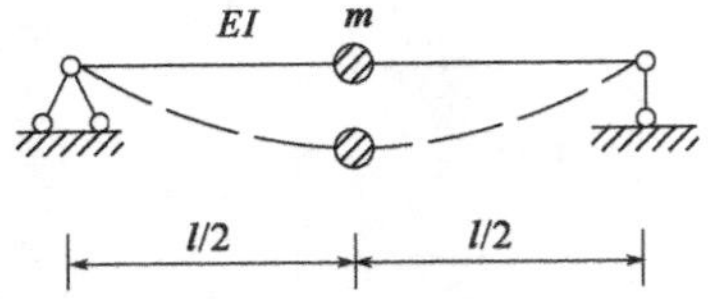

图 2-3 简支梁简化为单自由度体系

图 2-3 所示为跨中处有集中质量而无均布质量的简支梁,可简化为图 2-1c)所示的单自由度体系振动模型,将梁的弹性变形体现在弹簧的变形能力上,用弹簧的刚度系数 k 表示,即在质点处各运动方向上产生单位位移所需加给弹簧的力,故此处简支梁竖向刚度系数为 $k = \frac{1}{\delta} = \frac{48EI}{l^3}$,其频率为 $\omega = \sqrt{\frac{1}{m\delta}} = \sqrt{\frac{48EI}{ml^3}}$。

由式(2-8)可知,要计算频率 ω,首先需计算出结构沿其自由度方向的柔度系数 δ 或刚度系数 k。为了计算这些系数,就要用到静力学中的有关方法,归纳如下:

(1)柔度系数 δ 的计算。在质点处沿其动力自由度方向施加单位力,计算沿该单位力方向所产生的位移。若仅考虑弯曲变形的影响,则先绘出实际状态和虚拟状态的弯矩图(静定结构利用平衡条件绘制弯矩图,超静定结构采用力法、位移法、力矩分配法绘制弯矩图),再按照积分法或图乘法进行位移计算。

(2)刚度系数 k 的计算。当计算刚度系数时,就要用到位移法中的载常数(也称为杆端力)。为方便,表 2-1列出了常见等截面梁的刚度系数和柔度系数计算表。

常见等截面梁的刚度系数和柔度系数

表 2-1

编号	类型	柔度系数	刚度系数
1	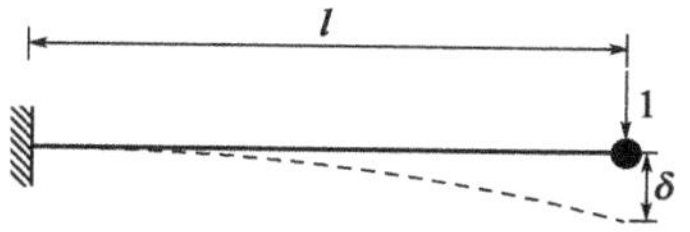	$\delta=\frac{l^3}{3EI}$	$k=\frac{3EI}{l^3}$
2	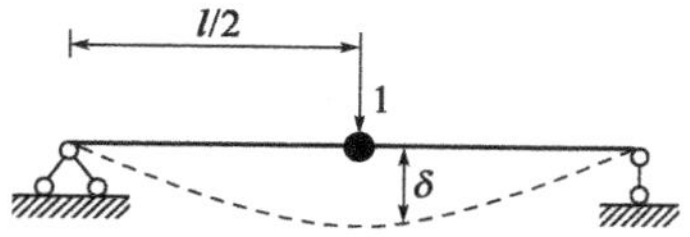	$\delta=\frac{l^3}{48EI}$	$k=\frac{48EI}{l^3}$
3	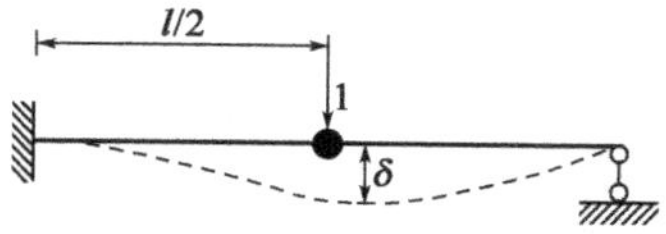	$\delta=\frac{7l^3}{768EI}$	$k=\frac{768EI}{7l^3}$
4	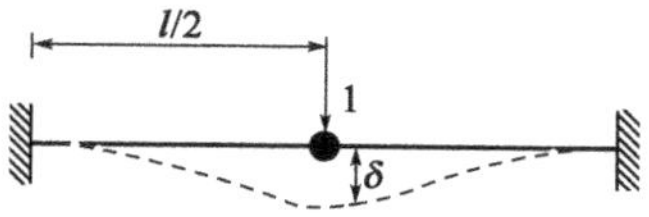	$\delta=\frac{l^3}{192EI}$	$k=\frac{192EI}{l^3}$

例 2-1 一简支梁跨径 $l=100\text{cm}$，弹性模量 $E=2.1\times10^5\text{MPa}$，惯性矩 $I=80\text{cm}^4$，在梁的中部有一重物 $W=mg=1000\text{N}$，不计梁本身的质量。初始条件为：初位移 $y_0=1.24\text{mm}$，初速度 $\dot{y}_0=281\text{mm/s}$。试求该梁的固有频率 ω、振幅 A 和初相位 φ。

解：(1)固有频率。

对于单自由度体系情况，其固有频率计算公式为：

$$\omega=\sqrt{\frac{k}{m}}=\sqrt{\frac{1}{m\delta}}$$

式中，

$$\delta=\frac{1\cdot l^3}{48EI}=\frac{1\times(100\times10^{-2})^3}{48\times(2.1\times10^5\times10^6)\times(80\times10^{-8})}=1.24\times10^{-7}(\text{m})$$

因此

$$\omega=\sqrt{\frac{1}{m\delta}}=\sqrt{\frac{1}{1000\div9.8\times(1.24\times10^{-7})}}=281(\text{rad/s})$$

(2)振幅 A。

由式(2-4)可得：

$$A=\sqrt{y_0^2+\frac{\dot{y}_0^2}{\omega^2}}=\sqrt{1.24^2+\left(\frac{281}{281}\right)^2}=1.593(\text{mm})$$

(3)初相位 φ。

由式(2-4)可得：

$$\varphi=\arctan\frac{\omega y_0}{\dot{y}_0}=\arctan\frac{281\times1.24}{281}=\arctan1.24=51.1^\circ$$

例 2-2 图 2-4 所示三种支承情况的梁，其跨度都为 l，且 EI 都相等，在中点有一集中质量 m。当不考虑梁的自重时，试比较这三者的自振频率。

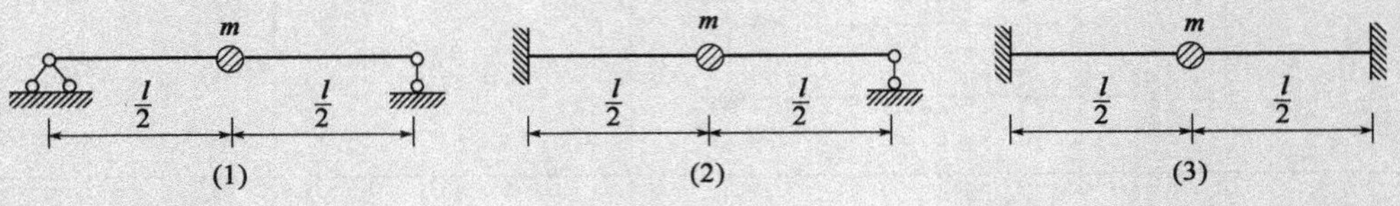

图 2-4

解：在计算单自由度体系的自振频率时，可先求出该结构在单位力作用下的静力位移。根据以前学过的位移计算的方法，可求出这三种情况相应的静力位移分别为：

$$\delta_1 = \frac{l^3}{48EI} \qquad \delta_2 = \frac{7l^3}{768EI} \qquad \delta_3 = \frac{l^3}{192EI}$$

代入式(2-8)，即可求得三种情况的自振频率分别为：

$$\omega_1 = \sqrt{\frac{1}{m\delta_1}} = \sqrt{\frac{48EI}{ml^3}} \qquad \omega_2 = \sqrt{\frac{1}{m\delta_2}} = \sqrt{\frac{768EI}{7ml^3}} \qquad \omega_3 = \sqrt{\frac{1}{m\delta_3}} = \sqrt{\frac{192EI}{ml^3}}$$

$$\omega_1 : \omega_2 : \omega_3 = 1 : 1.51 : 2$$

此例说明，在质量相同的情况下，随着边界约束的加强（或结构刚度的加大），其自振频率也相应地增高。

例 2-3 如图 2-5a）所示的对称刚架结构，上部结构梁端 A、C 点固结，下部结构在 E、F 点处仅有竖向约束，无水平约束，在 B 结点处有一质量为 m 的集中质量块。忽略质量块转动及各梁轴向位移，也不计梁的质量。试求体系的自振频率。

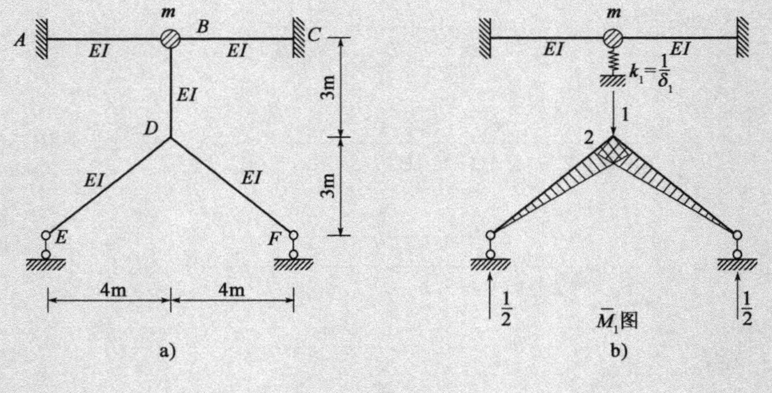

图 2-5

解：根据题意，本刚架属于对称超静定结构，可简化为只有一个竖向位移的单自由度体系。集中质量 m 以下由 DB、DE 和 DF 三根梁段组成的刚架结构支撑，这 3 根梁可以简化成刚度为 k_1 的竖向弹簧，上部结构固端梁 AC 可以简化成刚度为 k_0 的竖向弹簧，它们形成并联弹簧共同支承集中质量 m，整个系统作竖向自由振动。为计算频率，必须首先计算系统的柔度系数或者刚度系数。这里由于是超静定结构，计算刚度比较方便。

采用图 2-5b)进行分析,首先计算下部刚架的支承作用,在单位力的作用下,由图乘法得下部结构柔度系数 δ_1 为:

$$\delta_1 = \int \frac{\overline{M}_1^2 \mathrm{d}x}{EI} = \frac{2}{EI} \times \frac{1}{2} \times 2 \times 5 \times \frac{2}{3} \times 2 = \frac{40}{3EI}$$

故得下部结构的刚度系数为:

$$k_1 = \frac{1}{\delta_1} = \frac{3EI}{40}$$

由表 2-1 可知,上部结构 AC 梁(固端梁)的跨中竖向刚度为:

$$k_0 = \frac{192EI}{l^3}$$

于是得到整体结构的竖向刚度系数为:

$$k = k_0 + k_1 = \frac{192EI}{8^3} + \frac{3EI}{40} = \frac{192EI}{512} + \frac{3EI}{40} = \frac{9EI}{20}$$

则结构的自振频率为:

$$\omega = \sqrt{\frac{k}{m}} = \sqrt{\frac{9EI}{20m}}$$

2.1.2 单自由度有阻尼体系自由振动

实际生活中许多现象表明,任意一个振动过程,随着时间的推移,振幅总是逐渐衰减,最终消失为零,这时质量 m 又停止在静力平衡位置上。这是因为结构的自由振动在各种阻力的作用下不能无限延续。结构振动系统的这种能量耗散作用称为阻尼(Damping),这样的振动称为有阻尼振动。有阻尼振动的产生是由于结构受到阻尼的作用,这些阻尼引起了结构能量的损耗。当最初外界给结构提供的能量损耗完时,结构振动也就停止。

结构振动时受到的阻力可分为两种:一种是外部介质的摩擦阻力,例如空气和液体的阻力、支承的摩擦阻力等;另一种是结构内部变形时材料内部的摩擦损耗,例如材料分子之间的摩擦和黏聚力等,这些力统称为阻尼力。由于内外阻尼力的规律不同,要精确描述它们是困难的。对此人们提出了不同的建议,为了计算简便,通常引用福格第(Voigt)假定,即认为结构振动时所受到的阻尼力与其振动的速度成正比,但方向与速度方向相反,称为**黏滞阻尼力**(Viscous damping force),即:

$$F_\mathrm{D} = -c\dot{y} \tag{a}$$

式中,c 为阻尼系数。当考虑阻尼力时,自由振动的质量 m 上将存在三个力,即惯性力、阻尼力和弹性恢复力。其力学模型如图 2-6 所示,图中耗散结构能量的阻尼力用阻尼器 c 表示,其他符号含义同前。

则由达朗贝尔原理列出动力平衡方程,可得:

$$F_\mathrm{I} + F_\mathrm{D} + F_\mathrm{S} = 0 \tag{b}$$

即

$$m\ddot{y} + c\dot{y} + ky = 0 \tag{2-9}$$

这是有阻尼振动的运动微分方程。

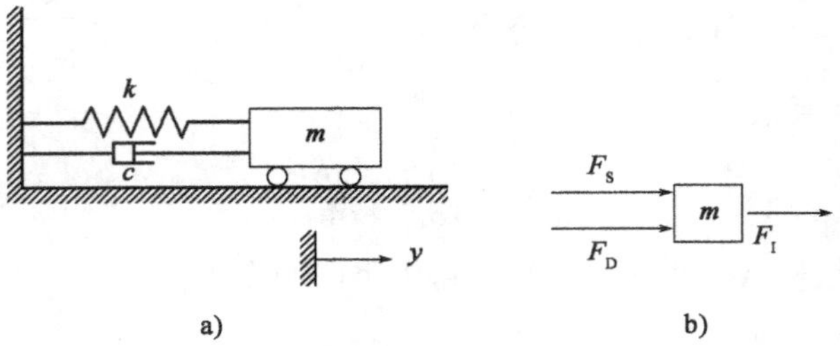

图 2-6 单自由度有阻尼体系自由振动模型

为了研究方便，现将方程(2-9)转化为标准形式，令

$$\omega^2 = \frac{k}{m} \quad \zeta = \frac{c}{2m\omega} \tag{c}$$

式中，ζ 称为**阻尼比**(Damping ratio)。于是，式(2-9)可写成：

$$\ddot{y} + 2\zeta\omega\dot{y} + \omega^2 y = 0 \tag{2-10}$$

令式(2-10)的解具有以下形式：

$$y = De^{st}$$

将上式代入式(2-10)，并整理得：

$$s^2 + 2\zeta\omega s + \omega^2 = 0 \tag{2-11}$$

式(2-11)称为特征方程，它的两个根为：

$$s_{1,2} = -\zeta\omega \pm i\sqrt{1-\zeta^2}\,\omega$$

对于不同的阻尼比 ζ，可以得到式(2-11)不同形式的通解。下面讨论阻尼比对运动性质的影响。

(1)当 $0<\zeta<1$ 时。

此时为小阻尼或低临界阻尼(Under critically damped system)情况，方程(2-11)有虚根 s_1、s_2，式(2-10)的通解为：

$$y(t) = e^{-\zeta\omega t}[B_1\cos(\omega\sqrt{1-\zeta^2}t) + B_2\sin(\omega\sqrt{1-\zeta^2}t)] \tag{d}$$

式中，常数 B_1、B_2 由初始条件确定。

当 $t=0$ 时，$y=y_0$，$\dot{y}=\dot{y}_0$，代入式(d)得：

$$B_1 = y_0 \quad B_2 = \frac{\dot{y}_0 + \zeta\omega y_0}{\omega\sqrt{1-\zeta^2}}$$

故

$$y(t) = e^{-\zeta\omega t}\left[y_0\cos(\omega\sqrt{1-\zeta^2}t) + \frac{\dot{y}_0 + \zeta\omega y_0}{\omega\sqrt{1-\zeta^2}}\sin(\omega\sqrt{1-\zeta^2}t)\right]$$

或写成

$$y(t) = Ae^{-\zeta\omega t}\sin(\omega\sqrt{1-\zeta^2}t + \varphi') \tag{2-12}$$

$$A = \sqrt{y_0^2 + \left(\frac{\dot{y}_0 + \zeta\omega y_0}{\omega\sqrt{1-\zeta^2}}\right)^2} \qquad \varphi' = \arctan\frac{\omega\sqrt{1-\zeta^2}\,y_0}{\dot{y}_0 + \zeta\omega y_0} \tag{2-13}$$

式中,φ'为有阻尼结构振动的初相位。

式(2-12)可以进一步写为:

$$y(t) = A'\sin(\omega' t + \varphi')$$

式中,结构有阻尼振动的自振频率为:

$$\omega' = \omega\sqrt{1-\zeta^2} \tag{2-14}$$

结构有阻尼振动的自振周期为:

$$T' = \frac{2\pi}{\omega'} = \frac{T}{\sqrt{1-\zeta^2}} \tag{2-15}$$

结构有阻尼振动的振幅为:

$$A' = A\mathrm{e}^{-\zeta\omega t} \tag{e}$$

有阻尼结构振动的振幅是时间的函数,随着时间的增加将按 $\mathrm{e}^{-\zeta\omega t}$ 规律减小,因此,振动将很快衰减,并最终消失,如图 2-7 所示。

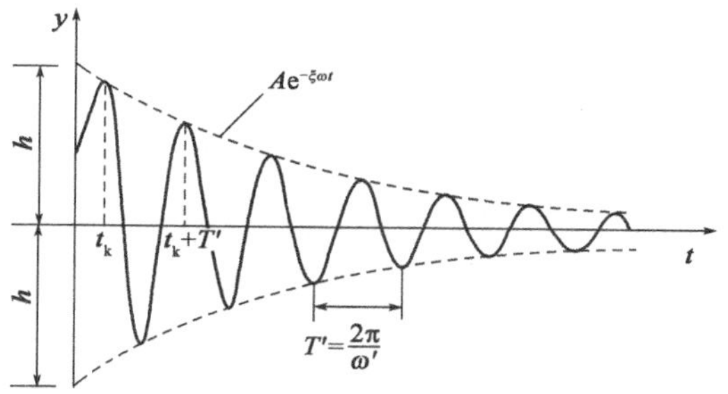

图 2-7 单自由度有阻尼体系自由振动曲线

[**上述内容配有数字资源,请扫描封二(封面背面)的二维码,免费观看**]。

阻尼振动的这种减幅规律,可用来测定系统的阻尼比。例如,用 A'_n表示在某一时刻 t_n 的振幅,A'_{n+1}表示经过一个周期以后的振幅,则有:

$$\frac{A'_n}{A'_{n+1}} = \frac{A\mathrm{e}^{-\zeta\omega t_n}}{A\mathrm{e}^{-\zeta\omega(t_n+T')}} = \mathrm{e}^{\zeta\omega T'}$$

对上式两边取对数得:

$$\ln\frac{A'_n}{A'_{n+1}} = \zeta\omega T' = \zeta\omega\frac{2\pi}{\omega'}$$

因此

$$\zeta = \ln\frac{A'_n}{A'_{n+1}}\frac{\omega'}{2\pi\omega}$$

如果 $\zeta < 0.2$(一般工程结构都满足),则$\frac{\omega'}{\omega}\approx 1$,从而有:

$$\zeta = \frac{1}{2\pi}\ln\frac{A'_n}{A'_{n+1}} = \frac{1}{2\pi}\delta \tag{2-16a}$$

式中,δ 称为振幅的**对数衰减率**(Logarithmic decrement),同样,如果用 A'_n和 A'_{n+m}表示两个相隔 m 个周期的振幅,可得:

$$\zeta = \ln \frac{A'_n}{A'_{n+m}} \cdot \frac{\omega'}{2m\pi\omega} \approx \frac{1}{2m\pi} \ln \frac{A'_n}{A'_{n+m}} \tag{2-16b}$$

上述测定阻尼比的方法称为**自由振动衰减法**(Free vibration decay method)。

(2)当 $\zeta > 1$ 时。

此时属于过阻尼或**超临界阻尼**(Over critically damped)的范围,方程(2-11)的通解为:

$$\left.\begin{aligned} y(t) &= D_1 e^{s_1 t} + D_2 e^{s_2 t} \\ s_1 &= (-\zeta + \sqrt{\zeta^2 - 1})\omega \\ s_2 &= (-\zeta - \sqrt{\zeta^2 - 1})\omega \end{aligned}\right\} \tag{2-17}$$

注意到 $s_1 < 0, s_2 < 0$,$e^{s_1 t}$ 和 $e^{s_2 t}$ 均随着 t 的增大而单调下降,当 $t \to \infty$ 时,$y(t) \to 0$,说明式(2-17)描述的运动是没有振荡型的非周期函数,它是一种运动幅值衰减的振动。

超阻尼的结构在正常情况下是不会遇到的,但在机械系统中有时会出现。

(3)当 $\zeta = 1$ 时。

此时属于临界阻尼(Critically damped)情况。由于 $\zeta = 1$ 是体系衰减振动转为不发生振动的纯衰减振动分界线,此时方程 $y(t) = e^{-\zeta\omega t}(C_1 + C_2 t)$,也是非周期函数,且 $t \to \infty$ 时,$y(t) \to 0$,物体随时间增大而趋于平衡位置。实际结构中,一般属于小阻尼范围,在以后我们也仅仅讨论小阻尼运动。

大量结构实测结果表明,对于钢筋混凝土和砌体结构 $\zeta = 0.04 \sim 0.05$,钢结构 $\zeta = 0.02 \sim 0.03$,各种坝体 $\zeta = 0.03 \sim 0.20$,拱坝 $\zeta = 0.03 \sim 0.05$,重力坝 $\zeta = 0.05 \sim 0.10$,土坝、堆石坝 $\zeta = 0.1 \sim 0.2$。

例 2-4 图 2-8 表示一单跨排架,横梁 EI 无穷大,将柱子的质量集中在横梁上,结构为单自由度体系。在柱顶施加水平力 120kN,使排架顶部产生水平位移 $y_0 = 0.6$cm,然后突然卸载,使排架做自由振动,测得周期 $T' = 2.0$s,振动一个周期后排架顶部侧移 $y_1 = 0.5$cm。试求排架的阻尼系数及振动 $10T$ 后柱顶的水平位移。

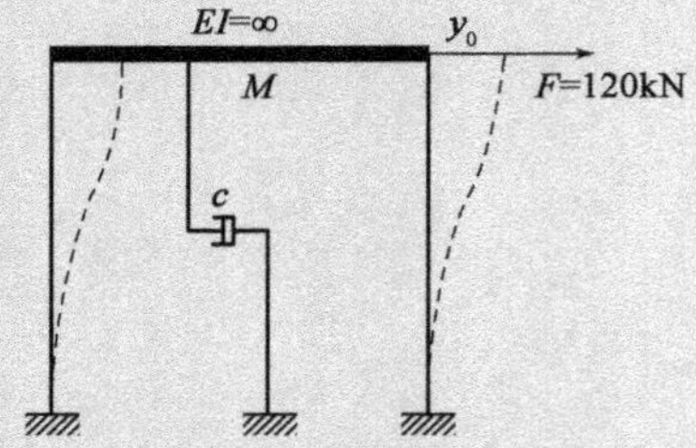

图 2-8

解:(1)先求体系振动的基本参数 M、K、ω。

由于阻尼对频率与周期影响很小,故取

$$\omega \approx \omega' = \frac{2\pi}{T'} = \frac{2\pi}{2} = \pi \quad (\text{rad/s})$$

根据刚度系数定义,$K = \dfrac{120 \times 10^3}{0.006} = 20 \times 10^6$(N/m)

故系统质量:

$$M = \frac{K}{\omega^2} = \left(\frac{1}{\pi}\right)^2 \times 20 \times 10^6 = 2.026 \times 10^6 (\text{kg})$$

(2)计算阻尼系数。

由式(2-13)可知:

$$y_0 = y(0) = A\sin\varphi'$$

一个周期后，排架的侧移为：

$$y_1 = y(T) = Ae^{-\zeta\omega T}\sin(\omega' T + \varphi') = Ae^{-\zeta\omega T}\sin\varphi'$$

则$\dfrac{y_0}{y_1} = e^{\zeta\omega T}$，两边取对数，利用式(2-6)可得：

$$\zeta = \frac{1}{2\pi}\ln\frac{y_0}{y_1} = \frac{1}{2\pi}\ln\frac{0.6}{0.5} = 0.029$$

求得阻尼系数：

$$c = 2\zeta M\omega = 2 \times 0.029 \times 2.026 \times 10^6 \times \pi = 3.692 \times 10^5(\mathrm{kg/s})$$

(3)求振动 $10T$ 后柱顶水平位移 y_{10}。

由于

$$\frac{y_1}{y_0} = e^{-\zeta\omega T} \quad 同理可得\frac{y_{10}}{y_0} = e^{-\zeta\omega \times 10T}$$

故有

$$\left(\frac{y_1}{y_0}\right)^{10} = \frac{y_{10}}{y_0}$$

$$y_{10} = \left(\frac{y_1}{y_0}\right)^{10} y_0 = \left(\frac{0.5}{0.6}\right)^{10} \times 0.6 = 0.097(\mathrm{cm})$$

2.2 单自由度体系在简谐荷载作用下的强迫振动

所谓强迫振动，是指结构在动力荷载即外来激振力作用下产生的振动。若激振力 $F_P(t)$ 直接作用在质点 m 上，则单自由度有阻尼体系一般荷载下的力学模型如图 2-9 所示。

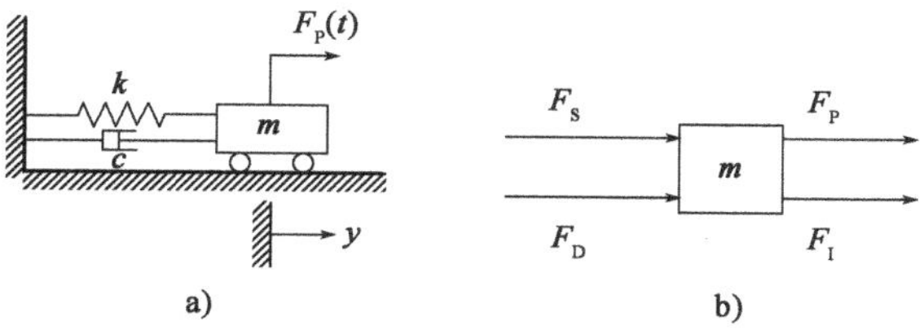

图 2-9 单自由度有阻尼体系强迫振动示意

由达朗贝尔原理列出动力平衡方程：

$$F_I + F_D + F_S + F_P(t) = 0$$

即

$$m\ddot{y} + c\dot{y} + ky = F_P(t)$$

或

$$\ddot{y} + 2\zeta\omega\dot{y} + \omega^2 y = \frac{1}{m}F_{\mathrm{P}}(t) \tag{2-18}$$

这是个二阶常系数非齐次线性微分方程，解包括两部分，一部分为对应齐次方程的通解 y^*，它表示为：

$$y^* = \mathrm{e}^{-\zeta\omega t}(B_1\cos\omega' t + B_2\sin\omega' t) \tag{a}$$

另一部分则是与激振力 $F_{\mathrm{P}}(t)$ 相适应的特解 $\bar{y}$，它随激振力的不同而异。最简单的激振力为周期性荷载，而任意周期变化的荷载可用傅立叶级数表示为若干简谐荷载之和。该周期荷载产生的线性系统的响应可通过叠加它的简谐分量所引起的动力响应而得出。分析单自由度体系对简谐荷载的响应，不但可以得出体系振动的许多规律，而且能概括出体系对周期荷载作用的一般性质，故这里先讨论激振力为简谐周期荷载时的情况。具有转动部件的机器在匀速转动时，由于偏心的质量所产生的离心力的竖直或水平分量就是这种荷载的典型例子，它一般可表示为：

$$F_{\mathrm{P}}(t) = F\sin\theta t$$

式中，θ 为激振力的频率；F 为激振力的最大值。此时振动微分方程(2-18)成为：

$$\ddot{y} + 2\zeta\omega\dot{y} + \omega^2 y = \frac{F}{m}\sin\theta t \tag{2-19}$$

设式(2-19)有一个特解为：

$$\bar{y} = C_1\cos\theta t + C_2\sin\theta t \tag{b}$$

代入式(2-19)，则得：

$$-C_2\theta^2\sin\theta t - C_1\theta^2\cos\theta t + 2C_2\theta\zeta\omega\cos\theta t - 2C_1\zeta\omega\theta\sin\theta t + C_2\omega^2\sin\theta t + C_1\omega^2\cos\theta t = \frac{F}{m}\sin\theta t$$

即

$$\left(-C_2\theta^2 - 2C_1\zeta\omega\theta + C_2\omega^2 - \frac{F}{m}\right)\sin\theta t = (C_1\theta^2 - 2C_2\zeta\omega\theta - C_1\omega^2)\cos\theta t$$

显然，若 t 为任意值时上式均能成立，则必须是等式两边括号的系数分别等于零，即

$$-C_2\theta^2 - 2C_1\zeta\omega\theta + C_2\omega^2 - \frac{F}{m} = 0$$

$$C_1\theta^2 - 2C_2\zeta\omega\theta - C_1\omega^2 = 0$$

由此可解出

$$\left.\begin{aligned} C_1 &= -\frac{2\zeta\omega\theta F}{m[(\omega^2 - \theta^2)^2 + 4\zeta^2\omega^2\theta^2]} \\ C_2 &= \frac{(\omega^2 - \theta^2)F}{m[(\omega^2 - \theta^2)^2 + 4\zeta^2\omega^2\theta^2]} \end{aligned}\right\} \tag{c}$$

将式(a)的 y^* 和式(b)的 $\bar{y}$ 合并到一起，并注意到式(c)，则得式(2-19)的通解为：

$$y = \mathrm{e}^{-\zeta\omega t}(B_1\cos\omega' t + B_2\sin\omega' t) + \frac{F}{m[(\omega^2 - \theta^2)^2 + 4\zeta^2\omega^2\theta^2]}[(\omega^2 - \theta^2)\sin\theta t - 2\zeta\omega\theta\cos\theta t] \tag{d}$$

式中，B_1 和 B_2 取决于初始条件。

设当 $t=0$ 时，$y=y_0$，$\dot{y}=\dot{y}_0$，代入式(d)可求得：

$$B_1 = y_0 + \frac{2\zeta\omega\theta F}{m[(\omega^2-\theta^2)^2+4\zeta^2\omega^2\theta^2]}$$

$$B_2 = \frac{\dot{y}_0+\zeta\omega y_0}{\omega'} + \frac{2\zeta^2\omega^2\theta F-\theta F(\omega^2-\theta^2)}{m\omega'[(\omega^2-\theta^2)^2+4\zeta^2\omega^2\theta^2]}$$

因此，式(d)可写为：

$$\begin{aligned} y =\ & \mathrm{e}^{-\zeta\omega t}\left(y_0\cos\omega' t + \frac{\dot{y}_0+\zeta\omega y_0}{\omega'}\sin\omega' t\right) + \\ & \mathrm{e}^{-\zeta\omega t}\frac{\theta F}{m[(\omega^2-\theta^2)^2+4\zeta^2\omega^2\theta^2]}\left[2\zeta\omega\cos\omega' t + \frac{2\zeta^2\omega^2-(\omega^2-\theta^2)}{\omega'}\sin\omega' t\right] + \\ & \frac{F}{m[(\omega^2-\theta^2)^2+4\zeta^2\omega^2\theta^2]}[(\omega^2-\theta^2)\sin\theta t - 2\zeta\omega\theta\cos\theta t] \end{aligned} \tag{2-20}$$

由式(2-20)可知，体系振动响应由三部分组成：第一部分是由初始条件决定的自由振动。第二部分是与初始条件无关而伴随激振力的作用发生的振动，但其频率与体系的自振频率 ω' 一致，称为**伴生自由振动或瞬态振动**(Transient vibration)。由于这两部分振动都含有因子 $\mathrm{e}^{-\zeta\omega t}$，故它们将随时间的推移而很快衰减掉。最后只剩下按激振力频率 θ 振动的第三部分，称为纯强迫振动或**稳态振动**(Steady vibration)(图 2-10)。我们把振动开始的一段时间内几种振动同时存在的阶段称为过渡阶段；而把后面只剩下纯强迫振动的阶段称为平稳阶段。通常过渡阶段比较短，因而在实际问题中平稳阶段比较重要，故一般只着重讨论纯强迫振动。下面仍分别对考虑和不考虑阻尼两种情况来讨论。

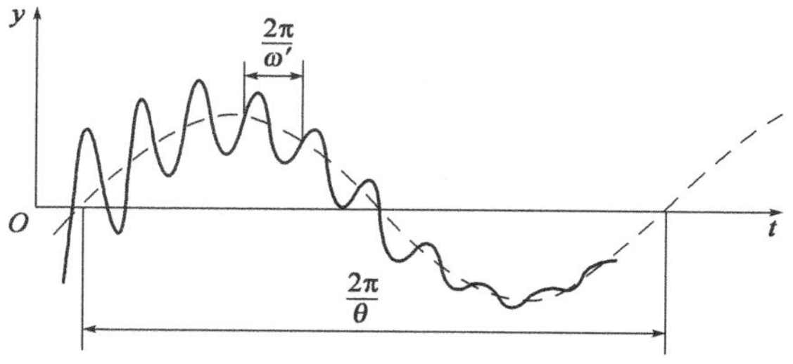

图 2-10 简谐荷载作用下的位移响应示意

2.2.1 不考虑阻尼的纯强迫振动

此时因 $\zeta=0$，由式(2-20)的第三项可知，纯强迫振动方程为：

$$y = \frac{F}{m(\omega^2-\theta^2)}\sin\theta t \tag{2-21}$$

因此，最大的动位移(即振幅)为：

$$A = \frac{F}{m(\omega^2 - \theta^2)} = \frac{1}{1 - \frac{\theta^2}{\omega^2}} \frac{F}{m\omega^2} \tag{2-22}$$

由于 $\omega^2 = \frac{k}{m}$，故 $\omega^2 m = k$，代入上式，得：

$$A = \frac{1}{1 - \frac{\theta^2}{\omega^2}} \frac{F}{k} = \beta y_{st} \tag{2-23}$$

式中，$y_{st} = \frac{F}{k}$代表将激振荷载的最大值 F 作为静力荷载作用于结构上时所引起的静力位移，而

$$\beta = \frac{1}{1 - \frac{\theta^2}{\omega^2}} = \frac{A}{y_{st}} \tag{2-24}$$

为最大的动力位移与静力位移之比值，称为**位移动力放大系数**（Dynamic amplification factor）。由上式可知，根据 θ 与 ω 的比值求得动力放大系数后，只需将动力荷载的最大值 F 当作静力荷载而求出结构的静位移 y_{st}，然后再乘上 β，即可求得动力荷载作用下的最大位移 A。当 $\theta < \omega$ 时，β 为正，表示动力位移与激振荷载同向；当 $\theta > \omega$ 时，β 为负，表示动力位移与激振荷载反向。

由式(2-24)可知，动力放大系数随比值$\frac{\theta}{\omega}$而变化。但激振力的频率 θ 接近于结构的自振频率 ω 时，动力放大系数就迅速增大；当两者无限接近时，理论上 β 将成为无穷大，此时内力和位移都将无限增加。对结构来说，这种情形是危险的。在 $\theta = \omega$ 时所发生的振动情况称为**共振**（Resonance）。下面我们将看到实际上由于阻尼力的存在，共振时内力和位移虽然很大，但并不会趋于无穷大，而且共振时的振幅也是逐渐由小变大，而不是一开始就变得很大的。但是，内力和位移之值过大也是不利的，因此在设计中应尽量避免发生共振。

以上分析了在简谐荷载作用下结构位移幅值随$\frac{\theta}{\omega}$变化的情况，下面对结构内力（动内力）的计算方法做一些说明。

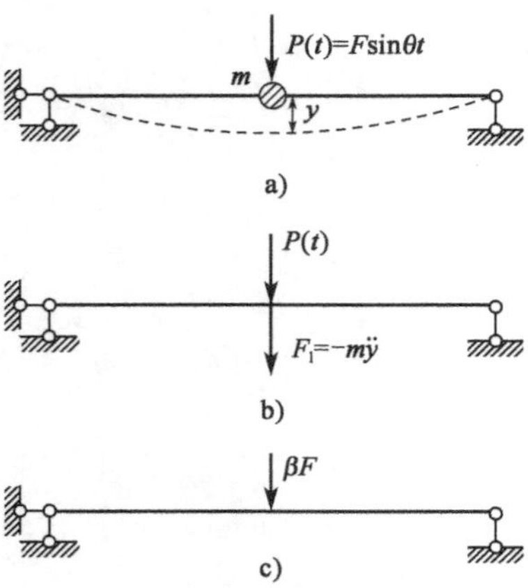

图 2-11　结构动内力的计算

动内力也是随时间变化的。以图 2-11a）所示单自由度体系为例，激振荷载是作用在质量 m 处的集中力 $P(t) = F\sin\theta t$。梁所承受的外力除激振荷载外，还有质量 m 的惯性力 $F_I = -m\ddot{y}$，如图 2-11b）所示。梁的动内力可由动荷载和惯性力共同作用求得。因为激振荷载$P(t) = F\sin\theta t$ 和惯性力 $F_I = -m\ddot{y} = Am\theta^2\sin\theta t$ 都是 $\sin\theta t$ 的函数，动内力也是 $\sin\theta t$ 的函数。为求梁上某一截面的内力幅值，只需先确定何时产生这一幅值，将该时的激振荷载和惯性力一起加于梁上，然后按静力学方法即可求得反力和内力的幅值。由于弹性结构的内力与位移成正比，所以位移达到幅值时，内力即达到幅值。

如图 2-11a）所示，当动荷载与惯性力作用的位置相同

且作用线也相同时,可以直接用比例的办法求得内力的幅值。由于弹性结构的位移与外力成正比,而位移的幅值是 A,单位力产生的位移是 δ,因此产生位移幅值 A 的外力幅值(包括激振荷载和惯性力)按比例应是 A/δ。由式(2-22)、式(2-23)可知位移幅值 $A=\beta F\delta$,故外力幅值

$$\beta F = \frac{A}{\delta}$$

将力 βF[$P(t)$与 F_1 的共同作用结果]加在梁上的质量处,如图 2-11c)所示,而后用静力方法计算内力,即得激振荷载作用下的内力幅值。

由上面讨论可知,在图 2-11a)所示激振荷载与惯性力作用位置及作用线都相同的情况下,各截面的内力和位移都与质点位移成正比,所以质点位移动力放大系数和内力动力放大系数是完全一样的。如果求出了内力动力系数,则可按上述方法计算结构在动力荷载作用下的最大内力。

值得注意的是,在单自由度体系上,当激振荷载与惯性力的作用点和作用线不重合时,以及对于多自由度体系来说,位移和内力之间并不存在这样不变的线性关系,所以位移和内力各自的动力放大系数是不相等的。

例 2-5 重量 $G=35\text{kN}$ 的发电机安装于简支梁的跨中(图 2-12),已知梁的惯性矩 $I=8.8\times10^{-5}\text{m}^4$,$E=210\text{GPa}$,发电机转动时其离心力的垂直分力为 $F\sin\theta t$,$F=10\text{kN}$。若不考虑阻尼,试求当发电机每分钟的转数为 $n=500\text{r/min}$ 时,梁的最大弯矩和挠度(梁的自重可略去不计)。

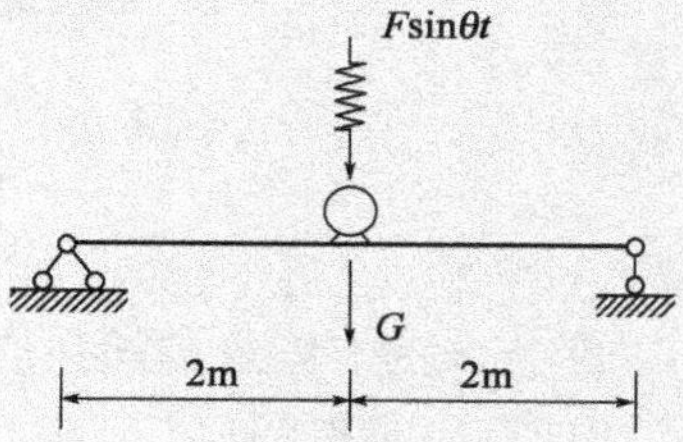

图 2-12

解:单位力在简支梁跨中引起的位移为:

$$\delta = \frac{l^3}{48EI} = \frac{4^3}{48\times210\times10^9\times8.8\times10^{-5}}$$

$$=7.22\times10^{-8}(\text{m})$$

故发电机与简支梁系统的自振频率为:

$$\omega = \sqrt{\frac{k}{m}} = \sqrt{\frac{1}{m\delta}} = \sqrt{\frac{1}{35\times10^3/9.8\times7.22\times10^{-8}}} = 62.3(\text{rad/s})$$

激振力的频率为:

$$\theta = \frac{2\pi n}{60} = \frac{2\times3.14\times500}{60} = 52.3(\text{rad/s})$$

根据式(2-24),可求得动力放大系数为:

$$\beta = \frac{1}{1-\dfrac{\theta^2}{\omega^2}} = \frac{1}{1-\left(\dfrac{52.3}{62.3}\right)^2} = 3.4$$

故知由激振力所产生的内力和位移等于静力影响的 3.4 倍。据此求得简支梁跨中的最大弯矩为:

$$M_{\max} = M^{G} + \beta M_{st}^{F} = \frac{Gl}{4} + \beta\frac{Fl}{4} = \frac{35\times4}{4} + \frac{3.4\times10\times4}{4} = 69(\text{kN}\cdot\text{m})$$

跨中最大挠度为：

$$y_{\max} = y_{st}^{G} + \beta y_{st}^{F} = \frac{Gl^3}{48EI} + \beta \frac{Fl^3}{48EI}$$

$$= \frac{(35 + 3.4 \times 10) \times 10^3 \times 4^3}{48 \times 210 \times 10^9 \times 8.8 \times 10^{-5}} = 4.98 \times 10^{-3}(\mathrm{m}) = 4.98\mathrm{mm}$$

2.2.2 考虑阻尼的纯强迫振动

研究式(2-20)的第三项，令

$$\left.\begin{aligned} \frac{(\omega^2 - \theta^2)F}{m[(\omega^2 - \theta^2)^2 + 4\zeta^2\omega^2\theta^2]} &= A\cos\varphi \\ -\frac{2\zeta\omega\theta F}{m[(\omega^2 - \theta^2)^2 + 4\zeta^2\omega^2\theta^2]} &= -A\sin\varphi \end{aligned}\right\} \tag{a}$$

则将有

$$y = A\sin(\theta t - \varphi) \tag{2-25}$$

式中，A 为有阻尼的纯强迫振动的振幅；φ 为位移与荷载之间的相位差。

由式(a)得振幅：

$$A = \frac{1}{\sqrt{(\omega^2 - \theta^2)^2 + 4\zeta^2\omega^2\theta^2}} \frac{F}{m} \tag{2-26}$$

相位差：

$$\varphi = \arctan\left(\frac{2\zeta\omega\theta}{\omega^2 - \theta^2}\right) \tag{2-27}$$

将 $\omega^2 = \frac{k}{m}$ 代入式(2-26)，则振幅 A 可写为：

$$A = \frac{1}{\sqrt{\left(1 - \frac{\theta^2}{\omega^2}\right)^2 + \frac{4\zeta^2\theta^2}{\omega^2}}} \frac{F}{m\omega^2} = \beta y_{st} \tag{2-28}$$

式中，

$$\beta = \frac{1}{\sqrt{\left(1 - \frac{\theta^2}{\omega^2}\right)^2 + \frac{4\zeta^2\theta^2}{\omega^2}}} \tag{2-29}$$

可见动力放大系数 β 不仅与 θ 和 ω 的比值有关，而且还与阻尼比 ζ 有关，这种关系可绘成图 2-13a)所示的曲线。相位差 φ(工程上一般在 0～180°)与 θ 和 ω 的比值以及与阻尼比 ζ 的关系曲线如图 2-13b)所示。

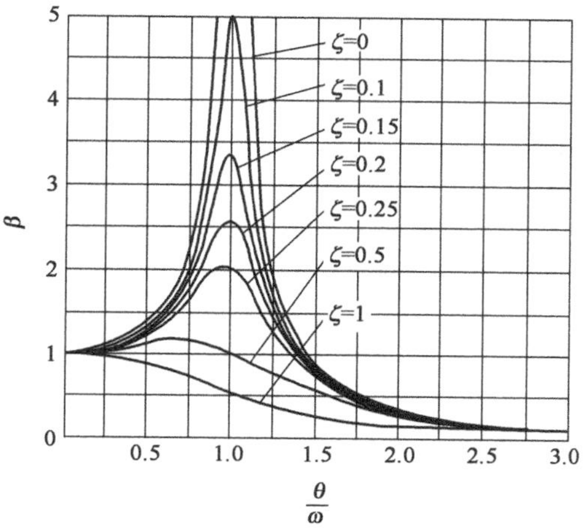

a)动力放大系数-频率比特性曲线

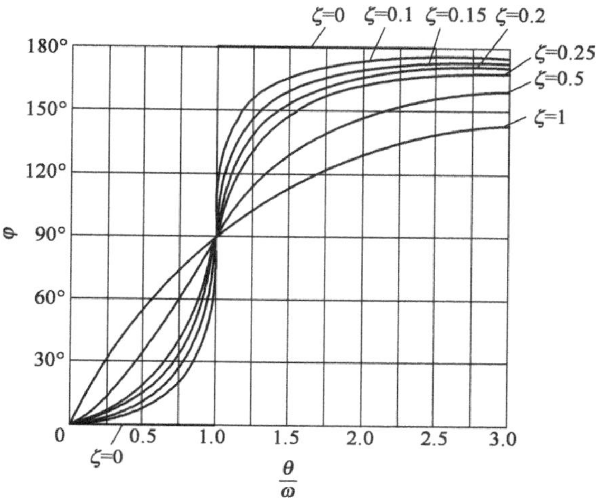

b)相位角-频率比特性曲线

图 2-13

现在，结合图2-13a)与图2-13b)来研究β与φ随$\frac{\theta}{\omega}$而变化的情况，并对位移与荷载的相位关系做简单讨论。

(1)当θ远小于ω时，则$\frac{\theta}{\omega}$很小，因而β接近于1，这表明激振力变化很慢，在短暂时间内，它几乎是一个不变的力，可近似视为静力作用。这时由于振动很慢，因而惯性力和阻尼力都很小，激振力主要由结构的恢复力所平衡。

由式(2-25)可知，位移y与动力荷载$F_P(t)$之间有一个相位差φ，由于θ远小于ω，故从式(2-27)与图2-13b)均可知，此时相位差φ很小，因而位移基本上与荷载同步。

(2)当θ远大于ω时，则β趋近于零。这表明θ很大，激振力方向改变很快，振动物体由于惯性原因来不及跟随，结构质量近似于不动或只做振幅很微小的振动。这时由于振动很快，因而惯性力很大，结构的恢复力和阻尼力相对来说可以忽略，此时激振力主要由惯性力来平衡。由于惯性力是与位移反相位的，所以激振荷载的方向只能与位移的方向相反才能平衡。由式(2-27)和图2-13b)也可知，此时相位差$\varphi\approx180°$。

在以上两种极端情况下，阻尼对动力放大系数β值的影响几乎可以忽略。

(3)当θ接近于ω时，β增加很快。由式(2-27)可知，此时$\varphi\approx90°$，说明位移落后于荷载$F_P(t)$约90°。即荷载为最大时，位移很小，加速度也很小，因而恢复力和惯性力都很小，这时激振力主要由阻尼力平衡。因此，荷载频率θ在共振频率附近时，阻尼力将起重要作用，即阻尼大小对β值的影响非常明显。由图2-13可见，在$0.75<\frac{\theta}{\omega}<1.25$的范围内，阻尼影响将大大地减小强迫振动的位移。当$\theta\to\omega$时，由于阻尼力的存在，$\beta$值虽不等于无穷大，但其实还是很大的，特别是阻尼较小时，共振现象仍是很危险的，可能导致结构的破坏。因此，在工程设计中应该注意通过调整结构的刚度和质量来控制结构的自振频率，使其不致与激振力的频率接近，以避免共振现象。一般常使低阶自振频率ω至少比θ大25%。

以上的分析都是激振力$F_P(t)$直接作用在质点m上的情形。在实际问题中可能有激振力

$F_P(t)$不直接作用在质点上。例如,图2-14a)所示简支梁,集中质点 m 在点1处,而激振力 $F_P(t)$则作用在点2处。建立质点 m 的振动方程时,用柔度法较简便。现讨论如下。

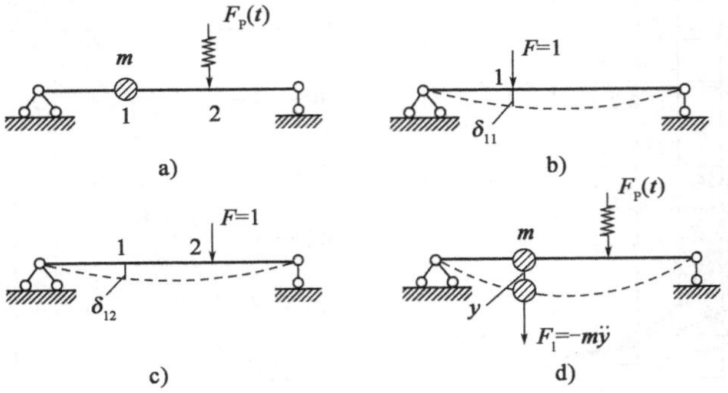

图2-14　激振力不作用在质点上

设单位力作用在点1时,使点1产生的位移为 δ_{11},单位力作用在点2时,使点1产生的位移为 δ_{12},如图2-14b)、c)所示。若在任一时刻质点 m 处的位移为 y,则作用在质点 m 上的惯性力为 $F_I = -m\ddot{y}$,在惯性力 F_I 和激振力 $F_P(t)$共同作用下,如图2-14d)所示,质点 m 处的位移将为:

$$y = \delta_{11}F_I + \delta_{12}F_P(t) = \delta_{11}(-m\ddot{y}) + \delta_{12}F_P(t)$$

即

$$m\ddot{y} + \frac{1}{\delta_{11}}y = \frac{\delta_{12}}{\delta_{11}}F_P(t) \tag{a}$$

或

$$m\ddot{y} + k_{11}y = \frac{\delta_{12}}{\delta_{11}}F_P(t) \tag{b}$$

这就是质点 m 的振动微分方程。对于这种情况,本节前面导出的各计算公式都是适用的,只不过须将公式中的 $F_P(t)$用$\frac{\delta_{12}}{\delta_{11}}F_P(t)$来代替。式(b)也可以用虚功原理求得,读者可自行论证。

2.3　单自由度体系在任意荷载作用下的强迫振动

2.3.1　无阻尼体系强迫振动

由2.2节可知,单自由度无阻尼体系在外荷载作用下的一般振动方程为:

$$m\ddot{y} + ky = F_P(t)$$

为了推导任意激振力 $F_P(t)$作用下强迫振动响应的一般公式,我们先讨论瞬时冲量作用下的振动问题。所谓瞬时冲量,就是荷载 $F_P(t)$只在极短的时间 $\Delta t \approx 0$ 内给予振动物体的冲量。如图2-15a)所示,设荷载的大小为 F,作用的时间为 Δt,则其冲量以 $I = F\Delta t$ 来计算,即图中阴影线所表示的面积。

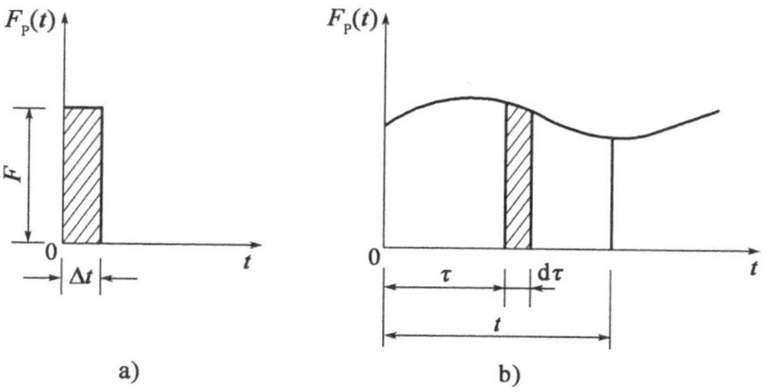

图 2-15 任意荷载作用

设在 $t=0$ 时,有冲量 I 作用于单自由度体系上,且假定冲击以前质点原来的位移和速度均为零,则在瞬时冲量作用下质点 m 将获得初速度 $\dot{y}_0$。此时冲量 I 全部转移给质点,使其增加动量,动量增值即为 $m\dot{y}_0$,故由 $I=m\dot{y}_0$ 可得:

$$\dot{y}_0 = \frac{I}{m}$$

当质点获得初速度 $\dot{y}_0$ 后还未产生位移时,冲量即行消失,所以质点在这种冲击下将产生自由振动。将 $t=0$,$y_0=0$ 和 $\dot{y}_0=\frac{I}{m}$代入式(2-3),得到瞬时冲量 I 作用下质点 m 的位移方程为:

$$y(t) = \frac{\dot{y}_0}{\omega}\sin\omega t = \frac{I}{m\omega}\sin\omega t \tag{2-30a}$$

若瞬时冲量不是在 $t=0$,而是在 $t=\tau$ 时加于质点上的,则其位移方程应为:

$$y(t) = \frac{I}{m\omega}\sin\omega(t-\tau) \qquad (t>\tau) \tag{2-30b}$$

对于图 2-15b)中一般形式的激振力 $F(t)$,可以认为它是由微小冲量 $F(\tau)\mathrm{d}\tau$ 连续作用的结果,因此应有:

$$y(t) = \frac{1}{m\omega}\int_0^t F(\tau)\sin\omega(t-\tau)\mathrm{d}\tau \tag{2-31}$$

若在 $t=0$ 时,质点原来还具有初始位移 y_0 和初始速度 $\dot{y}_0$,则质点位移应为:

$$y(t) = y_0\cos\omega t + \frac{\dot{y}_0}{\omega}\sin\omega t + \frac{1}{m\omega}\int_0^t F(\tau)\sin\omega(t-\tau)\mathrm{d}\tau \tag{2-32}$$

利用式(2-32),只需要把已知激振荷载 $F(\tau)$代入并进行积分,即可以得到单自由度无阻尼体系强迫振动的位移表达式。

2.3.2 有阻尼体系强迫振动

单自由度有阻尼体系在外荷载作用下的一般振动方程为:

$$m\ddot{y} + c\dot{y} + ky = F_P(t)$$

对于有阻尼体系的强迫振动,将 $y_0=0$ 和 $\dot{y}_0=\frac{I}{m}$代入式(2-12),便得到瞬时冲量 I 作用下质点 m 的位移为:

$$y(t) = e^{-\zeta\omega t}\left(\frac{\dot{y}_0}{\omega'}\sin\omega' t\right) = \frac{I}{m\omega'}e^{-\zeta\omega t}\sin\omega' t \tag{2-33}$$

若瞬时冲量不是在 $t=0$，而是在 $t=\tau$ 时加于质点上的，则其位移方程应为：

$$y(t) = \frac{I}{m\omega'}e^{-\zeta\omega(t-\tau)}\sin\omega'(t-\tau) \qquad (t>\tau) \tag{2-34}$$

对于图 2-15 所示一般形式的激振力 $F(t)$，可以认为它是一系列微小冲量 $F(\tau)\mathrm{d}\tau$ 连续作用的结果，因此应有：

$$y(t) = \frac{1}{m\omega'}\int_0^t F(\tau)e^{-\zeta\omega(t-\tau)}\sin\omega'(t-\tau)\mathrm{d}\tau \tag{2-35}$$

式(2-31)及式(2-35)又称为**杜哈梅积分**(Duhamel integral)。

若在 $t=0$ 时，质点还具有初始位移 y_0 和初始速度 $\dot{y}_0$，则质点位移应为：

$$y(t) = e^{-\zeta\omega t}\left(y_0\cos\omega' t + \frac{\dot{y}_0+\zeta\omega y_0}{\omega'}\sin\omega' t\right) + \frac{1}{m\omega'}\int_0^t F(\tau)e^{-\zeta\omega(t-\tau)}\sin\omega'(t-\tau)\mathrm{d}\tau \tag{2-36}$$

有了式(2-36)，只需把已知的激振荷载 $F(\tau)$ 代入进行积分，即可得到单自由度有阻尼体系强迫振动的位移表达式。

下面研究 4 种特殊荷载作用下振动方程的求解。

1)突加荷载

对于突然施加于结构上并保持常量而继续作用的荷载，我们以加载的那一瞬间作为时间的起点，其变化规律如图 2-16a)所示。设结构在加载前处于静止状态，则将 $F(\tau)=F$ 代入式(2-35)，进行积分求得：

$$\begin{aligned} y(t) &= \frac{F}{m\omega^2}\left[1-e^{-\zeta\omega t}\left(\cos\omega' t+\frac{\zeta\omega}{\omega'}\sin\omega' t\right)\right] \\ &= y_{st}\left[1-e^{-\zeta\omega t}\left(\cos\omega' t+\frac{\zeta\omega}{\omega'}\sin\omega' t\right)\right] \end{aligned} \tag{2-37}$$

将此式对 t 求一阶导数，并令其等于零，可求得产生位移极值的各时刻，即当 $t=\frac{\pi}{\omega'}$ 时，最大动力位移 y_{max} 为：

$$y_{max} = y_{st}\left(1+e^{-\frac{\zeta\omega\pi}{\omega'}}\right) \tag{2-38}$$

由此可得动力放大系数为：

$$\beta = 1+e^{-\frac{\zeta\omega\pi}{\omega'}} \tag{2-39}$$

若不考虑阻尼影响，则 $\zeta=0$，$\omega'=\omega$，式(2-37)成为：

$$y(t) = \frac{F}{m\omega^2}(1-\cos\omega t) = y_{st}(1-\cos\omega t) \tag{2-40}$$

最大动力位移为：

$$y_{max} = 2y_{st} \tag{2-41}$$

即在突加荷载作用下，最大动力位移为静力位移的 2 倍。图 2-16b)给出了式(2-40)所示的振动曲线，此时质点在静力平衡位置附近做简谐振动。

2）短期荷载（矩形荷载）

这是在短时间内停留于结构上的荷载，即当 $t=0$ 时，荷载突然加于结构上，但到 $t=t_0$ 时，荷载又突然消失，如图 2-17 所示。

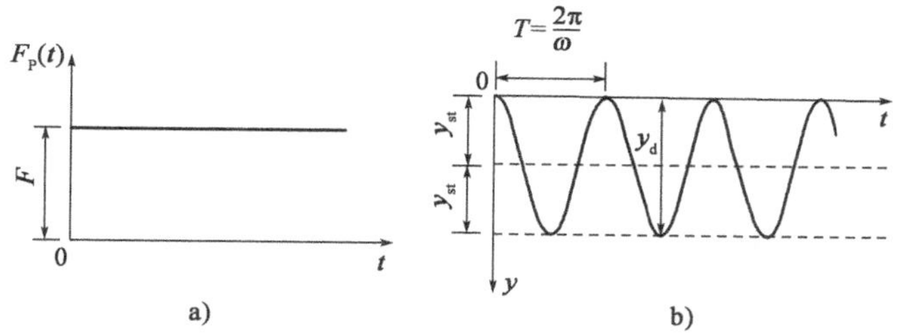

图 2-16　突变荷载

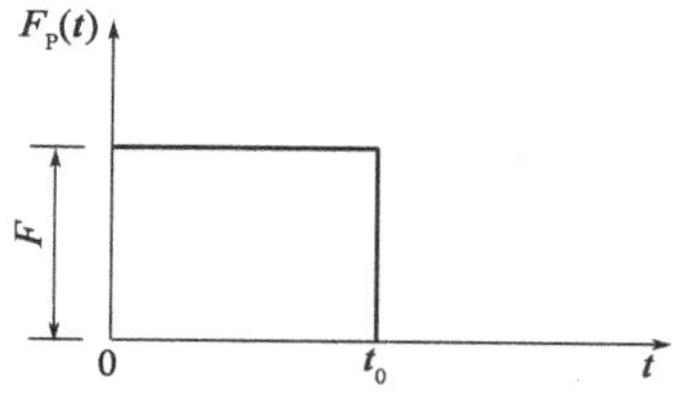

图 2-17　短期荷载

由于这种荷载作用时间较短，且加载前结构处于静止状态，因此通常可以不考虑阻尼影响，下面分两个阶段计算。

阶段Ⅰ（当 $0<t<t_0$ 时），当 $t=0$ 时有上面所述的突加荷载加入，并一直作用于结构，因此，由式（2-40）可得：

$$y = y_{st}(1-\cos\omega t)$$

阶段Ⅱ（当 $t>t_0$ 时），到 $t=t_0$ 时，又有一个大小相等但方向相反的突加荷载加入，以抵消原有荷载的作用。这样，便可利用上述突加荷载作用下的计算公式按叠加法来求解。

$$\begin{aligned} y(t) &= y_{st}(1-\cos\omega t) - y_{st}[1-\cos\omega(t-t_0)] \\ &= y_{st}[\cos\omega(t-t_0) - \cos\omega t] \\ &= 2y_{st}\left[\sin\frac{\omega t_0}{2}\sin\omega\left(t-\frac{t_0}{2}\right)\right] \end{aligned} \tag{2-42}$$

显然，前一阶段（$0<t<t_0$）与前述突加荷载作用下的情况相同；后一阶段（$t>t_0$）荷载消失后结构发生自由振动，读者也可以阶段Ⅰ终了时刻 $t=t_0$ 的位移 $y(t_0)$ 和速度 $\dot{y}(t_0)$ 作为起始位移和起始速度的自由振动进行计算。此外，还可以由下式进行计算。

$$y(t) = \frac{1}{m\omega}\int_0^{t_0} F\sin\omega(t-\tau)\,\mathrm{d}\tau$$

下面讨论体系的最大响应。显然动力放大系数 β 与荷载作用时间的长短有关，为此，仍需要分两种情况讨论。

第一种情况，当荷载停留于结构上的时间小于结构自振周期的一半，即 $t_0<\frac{T}{2}$ 时，最大位移发生在后一阶段。由式（2-42）可知 $t-\frac{t_0}{2}=\frac{\pi}{2\omega}$ 时有最大位移，其值为：

$$y_d = 2y_{st}\sin\frac{\omega t_0}{2} \tag{2-43}$$

由此可得动力放大系数为：

$$\beta = 2\sin\frac{\omega t_0}{2} = 2\sin\frac{\pi t_0}{T} \tag{2-44}$$

第二种情况，当 $t_0 > T/2$ 时，最大位移发生在前一阶段，由式(2-41)有 $\beta = 2$，此时，短期荷载的最大动力效应与突加荷载的相同。

根据以上计算可画出 β 与 $\frac{t_0}{T}$ 的关系，如图 2-18 所示。这种动力放大系数 β 与结构参数(T)和动荷载作用时间参数(t_0)之间的关系曲线称为动力放大系数反应谱。

*3)爆炸荷载(三角形荷载)

爆炸荷载作用假定激振力按直线规律衰减，如图 2-19 所示，用函数表示为：

$$F_P(t) = \begin{cases} F_0\left(1 - \dfrac{t}{t_1}\right) & t \leqslant t_1 \\ 0 & t > t_1 \end{cases}$$

设初始结构为静止状态，当不计阻尼时，下面分两个时区讨论。

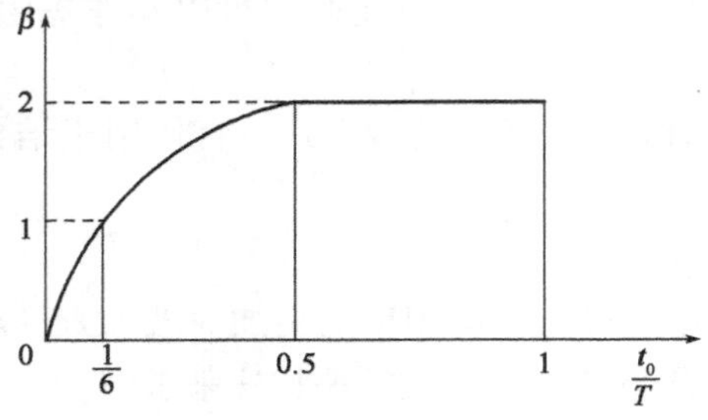

图 2-18 β-$\frac{t_0}{T}$

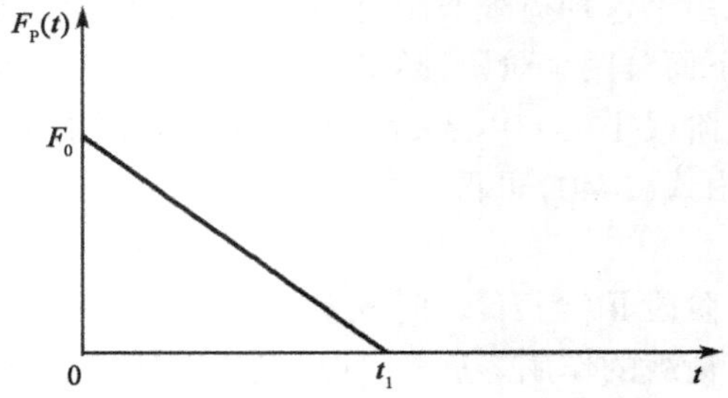

图 2-19 爆炸荷载

(1)阶段Ⅰ，当 $t \leqslant t_1$ 时，即荷载作用阶段可直接由式(2-31)直接积分求得：

$$y(t) = \frac{1}{m\omega}\int_0^t F_0\left(1 - \frac{\tau}{t_1}\right)\sin\omega(t-\tau)\,\mathrm{d}\tau$$

$$= y_{st}\left[(1-\cos\omega t) + \frac{1}{t_1}\left(\frac{\sin\omega t}{\omega} - t\right)\right] \tag{2-45}$$

求极值，令

$$\frac{\mathrm{d}y(t)}{\mathrm{d}t} = y_{st}\left[\omega\sin\omega t + \frac{1}{t_1}(\cos\omega t - 1)\right] = 0$$

可求得：

$$t_{1m} = \frac{2n\pi}{\omega}(n = 1,2,3)$$

$$t_{2m} = \frac{2}{\omega}\tan^{-1}\omega t_1$$

取极小值，将 t_{2m} 解代入式(2-45)，求得：

$$y_d = y_{st}\left(2 - \frac{t_m}{t_1}\right)$$

即

$$\beta = 2 - \frac{t_m}{t_1}$$

可见动力放大系数恒小于 2，小于突加荷载作用。

(2)阶段Ⅱ,当 $t>t_1$ 时,即爆炸荷载消失后。

由于 t_1 作用时间极短,可将 $F(t)$ 作为自由振动的初始条件处理,即将 $F(t)$ 作用下的强迫振动问题变换为以 y_{t_1} 及 $\dot{y}_{t_1}$ 作为初始条件的自由振动问题,取 $t=t_1$ 作为时间坐标原点,由式(2-45)得:

$$y_{t_1}=y_{st}\left[(1-\cos\omega t_1)+\frac{1}{t_1}\left(\frac{\sin\omega t_1}{\omega}-t_1\right)\right]$$

$$=y_{st}\left(\frac{1}{\omega t_1}\sin\omega t_1-\cos\omega t_1\right)$$

$$\dot{y}_{t_1}=y_{st}\left(\omega\sin\omega t_1+\frac{1}{t_1}\cos\omega t_1-\frac{1}{t_1}\right)$$

将上面两式代入自由振动解,可得:

$$y(t)=y_{st}\left\{\frac{1}{\omega t_1}[\sin\omega t-\sin(\omega t-\omega t_1)]-\cos\omega t\right\} \tag{2-46}$$

由$\frac{dy(t)}{dt}=0$ 可求得 $y(t)$ 取极值的 t_m 值,代入上式求得 y_{max},从而得到动力放大系数:

$$\beta=\sqrt{\frac{4\sin^4\frac{\omega t_1}{2}+(\omega t_1-\sin\omega t_1)^2}{(\omega t_1)^2}} \tag{2-47}$$

当 $t_1\to0$ 时,$F(t)$ 变为瞬时冲量,于是有:

$$\lim_{t_1\to0}y_{max}=\lim_{t_1\to0}\frac{1}{2}y_{st}\omega t_1\sqrt{\frac{\sin^4\frac{\omega t_1}{2}}{\left(\frac{\omega t_1}{2}\right)^4}+\frac{1}{(\omega t_1)^2}\left(1-\frac{\sin\omega t_1}{\omega t_1}\right)^2}$$

由于$\lim\limits_{x\to0}\frac{\sin x}{x}=1$ 且 $y_{st}=\frac{F_0}{k}$,$I=\frac{1}{2}F_0t_1$,故:

$$\lim_{t_1\to0}y_{max}=\frac{1}{2}\frac{F_0}{k}\omega t_1=\frac{I\omega}{k} \tag{2-48}$$

式中,I 为冲量。对持续时间很短的加荷情况($t_1/T<0.4$),最大响应在阶段Ⅱ的自由振动期间出现;否则,最大响应在加荷载阶段出现(阶段Ⅰ)。不同加载持续时间下爆炸荷载的动力放大系数 β 的值见表2-2。

爆炸荷载的动力系数 β 表2-2

t_1/T	0.125	0.20	0.25	0.371	0.40	0.50	0.75	1.00	1.50	2.00	∞
β	0.39	0.60	0.73	1.00	1.05	1.20	1.42	1.55	1.69	1.76	2.00

4)一般地震荷载

对于单自由度体系,假定结构在地震作用下保持弹性,设地震引起的地面运动位移为 $y_g(t)$,质点相对于地面的位移为 $y(t)$,如图2-20所示。根据达朗贝尔原理,惯性力(取决于绝对加速度 $|\ddot{y}_g+\ddot{y}|$)、阻尼力(与相对速度 $\dot{y}$ 成比例)和弹性恢复力(与相对位移 y 成比例)应保持平衡,即:

$$F_I+F_D+F_S=0$$

式中，$F_{\mathrm{I}} = -m(\ddot{y}_g + \ddot{y})$；$F_{\mathrm{D}} = -c\dot{y}$；$F_{\mathrm{S}} = -ky$。

则质点的地震振动方程为：

$$m(\ddot{y}_g + \ddot{y}) + c\dot{y} + ky = 0 \tag{2-49}$$

整理后可得：

$$\ddot{y}(t) + 2\zeta\omega\dot{y}(t) + \omega^2 y(t) = -\ddot{y}_g(t) \tag{2-50}$$

式中，阻尼比 $\zeta = \dfrac{c}{2m\omega} = \dfrac{c}{2\sqrt{km}}$；无阻尼圆频率 $\omega = \sqrt{k/m}$。

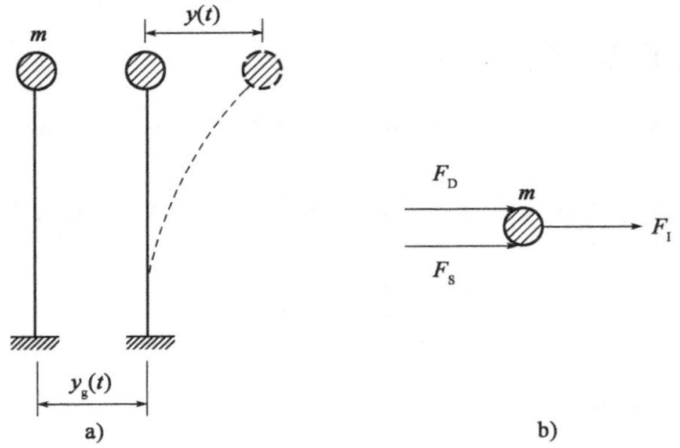

图 2-20　一般地震荷载

在初始位移和初始速度均为零时，质点的地震相对位移响应 $y(t)$ 可用杜哈梅积分式计算，即：

$$y(t) = -\frac{1}{\omega'}\int e^{-\zeta\omega(t-\tau)}\ \ddot{y}_g(\tau)\sin\omega'(t-\tau)\mathrm{d}\tau \tag{2-51}$$

式中，有阻尼圆频率 $\omega' = \sqrt{1-\zeta^2}\,\omega$。

对上式分别求一次、二次导数，即可得到单质点体系地震相对速度和相对加速度响应积分公式。在一般情况下，阻尼比系数很小，则相对速度和相对加速度可简化为（推导过程略）：

$$\dot{y}(t) = -\frac{\omega}{\omega'}\int e^{-\zeta\omega(t-\tau)}\ \ddot{y}_g(\tau)\cos\omega'(t-\tau)\mathrm{d}\tau \tag{2-52}$$

$$\ddot{y}(t) = -\frac{\omega^2}{\omega'}\int e^{-\zeta\omega(t-\tau)}\ \ddot{y}_g(\tau)\sin\omega'(t-\tau)\mathrm{d}\tau - \ddot{y}_g(t) \tag{2-53}$$

对任意输入的响应，原则上是可以采用杜哈梅积分法来得到的，但积分计算的工作量可能是过大的。然而也可以只需要由一已知自动记录曲线的输入来得到响应，例如以时间为函数的地面加速度的曲线，而不是需要解析形式，像这样的情况，就需要用数值计算方法了。

应该指出，杜哈梅积分由于使用了叠加原理，适用于结构的线性响应，如果地震荷载导致结构产生非弹性变形，则此时杜哈梅积分不再适用，应该采用逐步积分法（Newmark 法、Wilson-θ 法、中央差分法等），具体过程可参阅其他图书。

思考题

2-1 为什么说结构的自振频率和周期是结构的固有性质？怎样改变它们？

2-2 阻尼对结构的自振频率和振幅有什么影响？如何通过时域曲线计算阻尼比？

2-3 何谓动力放大系数？简谐荷载下动力放大系数与哪些因素有关？在何种情况下位移动力放大系数与内力动力放大系数是相同的？

2-4 为了计算自由振动时质点在任意时刻的位移，除了要知道质点的初始位移和初始速度之外，还需要知道些什么？

2-5 在杜哈梅积分中的时间变量 τ 与 t 有什么区别？

练习题

2-1 如题 2-1 图所示的简支梁，跨中悬挂一弹簧，其刚度系数为 $k_1=\dfrac{12EI}{l^3}$，弹簧下端挂有质量 m。梁的弯曲刚度为 EI，不计梁的质量。求固有频率 ω。

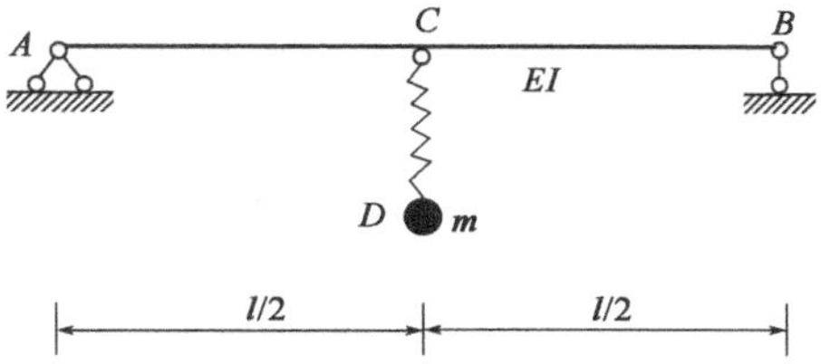

题 2-1 图

2-2 如题 2-2 图所示阶梯形变截面柱，柱顶有质量 m，不计柱的质量。求固有频率 ω。

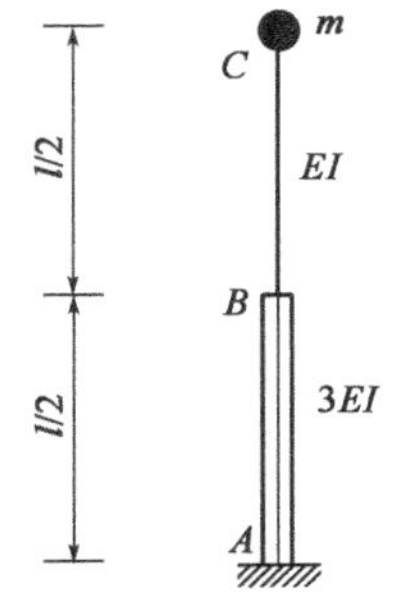

题 2-2 图

2-3 如题 2-3 图所示，已知质量 m 重 40kN，各杆截面相同，$A=20\text{cm}^2$，$E=2.1\times10^4\text{kN/cm}^2$，忽略 m 的水平运动，试求图示桁架竖向振动自振频率 ω。

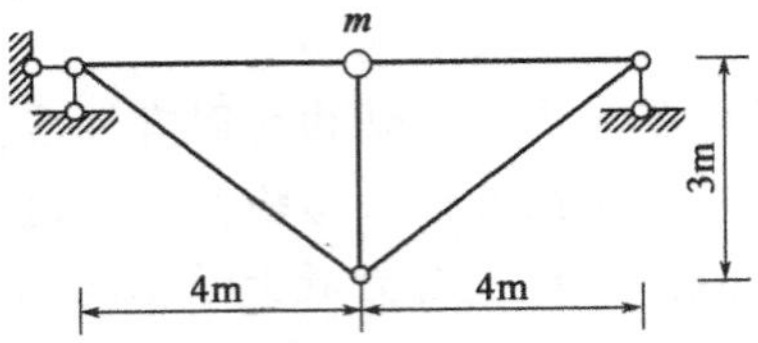

题　2-3 图

2-4　现有一无阻尼单自由度体系，其质量 $M=2000\text{kg}$，刚度 $k=200\text{kN/m}$。已知 $t=0$ 时的位移为 0.01m，$t=1\text{s}$ 时的位移为 0.01m。试求振幅和 $t=2\text{s}$ 时的位移。

2-5　现已测得某结构在 10 周期内振幅由 1.188mm 减少到 0.060mm。试求该结构的阻尼比 ζ。

2-6　建立如题 2-6 图所示结构的运动方程，并求 B 点和 C 点的最大动位移。已知 $\zeta=0$，$\theta=\sqrt{\dfrac{6EI}{ml^3}}$。

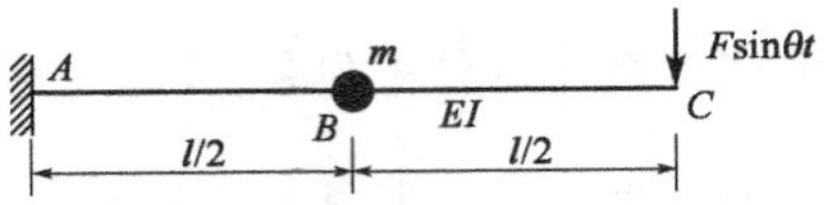

题　2-6 图

2-7　阻尼比 $\zeta=0.2$ 的单自由度体系受到激振荷载 $F(t)=F_0\sin\theta t$ 作用(已知 $\theta=0.75\omega$)。若阻尼比改为 $\zeta=0.02$，要使结构的最大动位移保持不变，激振荷载幅值应调整到多大？

2-8　如题 2-8 图所示结构的质量 $m=2000\text{kg}$，刚度 $EI=3.6\times10^3\text{kN}\cdot\text{m}^2$，受 b)分图所示的荷载作用。分别求 $t=0.5T$，$t=1.5T$，$t=3T$(T 为结构的自振周期)时的位移。已知 $t=0$ 时结构处于静止状态，不考虑阻尼影响。

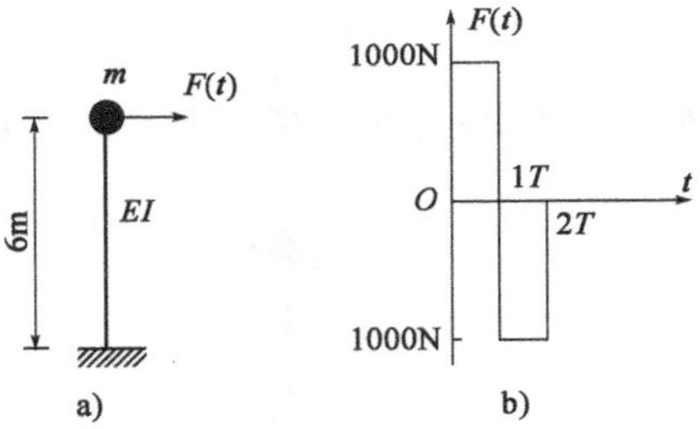

题　2-8 图

第3章

多自由度体系的振动

在工程实际中,很多问题可以简化成单自由度体系进行计算,但也有一些问题不能这样处理。例如,多层房屋的侧向振动、连续刚构桥的振动等都要简化为多自由度体系进行计算。特别是随着计算机技术和应用软件的广泛应用,将结构按多自由度体系进行动力分析已在工程中得到普遍应用。

本章将重点介绍多自由度体系振动分析的基本方法、多自由度体系的自振特性及在激励荷载下的动力响应。

3.1 多自由度无阻尼体系的自由振动

3.1.1 刚度法

所谓**刚度法**(Stiffness method)是取每一运动质量为隔离体,分析质量所受的全部外力,它既有激励荷载、惯性力和阻尼力,还有体系变形所产生的阻止质量沿自由度方向运动的恢复力(也称为约束反力、弹性力)。建立质量各自由度的瞬时"动平衡"方程,即可得到体系的运动方程。在列动力平衡方程时,可以以质点为对象,将质点分离出来;也可以不将质点分离,以整个结构为对象,按照类似于结构静力学中位移法的步骤来处理。

设有一个两自由度体系,如图3-1a)所示,两个质点的质量分别为m_1、m_2,梁的自重略去不计。设质量 m_1、m_2 的位移分别为 $y_1(t)$ 和 $y_2(t)$，它们都从静平衡位置量起并以向下为正。

首先在 m_1、m_2 处沿位移方向加入阻止所有质点位移的附加链杆，如图 3-1b）所示。则 1、2 质点在惯性力 $F_{Ii}(i=1,2)$ 和各链杆反力 $R_i(t)$ 作用下达到动平衡，由 $F_{Ii}+R_i(t)=0$，可得：

$$\left.\begin{aligned} R_1(t) &= m_1\ddot{y}_1(t) \\ R_2(t) &= m_2\ddot{y}_2(t) \end{aligned}\right\} \tag{a}$$

然后，移动链杆，使梁的 1、2 两点连同质量 m_1、m_2 发生与实际情况相同的位移 $y_1(t)$ 和 $y_2(t)$，如图 3-1c）所示。此时，各链杆上所需施加的力为 $F_{Ri}(i=1,2)$。而 F_{Ri} 的大小取决于结构的刚度和各质点的位移，由结构力学中的叠加原理，有：

$$\begin{aligned} F_{R1} &= k_{11}y_1 + k_{12}y_2 \\ F_{R2} &= k_{21}y_1 + k_{22}y_2 \end{aligned} \tag{3-1}$$

式中，系数 k_{ij} 称为刚度影响系数，k_{ij} 定义为 j 点发生单位位移（其他坐标点位移为零时）所引起的 i 点处的弹性力，它在数值上等于维持这种特定的位移条件而施加在 i 点处的作用力，如图 3-1d）、e）所示。当作用力的指向与对应的位移正向一致时，系数为正值；反之为负值。由反力互等定理可知 $k_{ij}=k_{ji}$。若不考虑各质点所受阻尼力，因为 $y_1(t)$、$y_2(t)$ 是与质量和加速度相适应的真实位移，那么，这时体系应恢复到自然状态，即上述两种情况附加链杆的总反力也就等于零，则有：

$$\left.\begin{aligned} F_{R1}(t) + R_1(t) &= 0 \\ F_{R2}(t) + R_2(t) &= 0 \end{aligned}\right\} \tag{3-2}$$

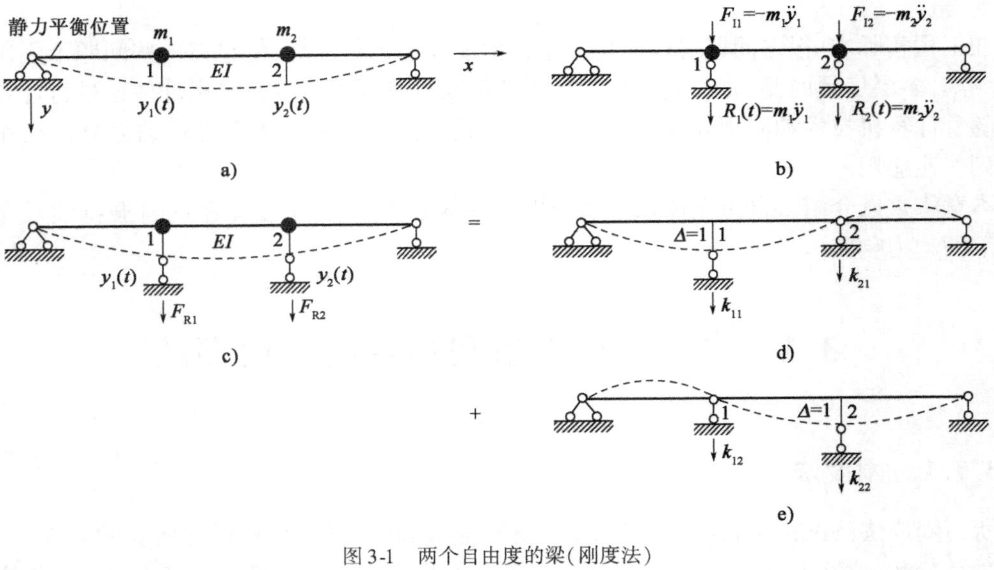

图 3-1　两个自由度的梁（刚度法）

将式（3-1）代入式（3-2）得：

$$\left.\begin{aligned} k_{11}y_1(t) + k_{12}y_2(t) + m_1\ddot{y}_1(t) &= 0 \\ k_{21}y_1(t) + k_{22}y_2(t) + m_2\ddot{y}_2(t) &= 0 \end{aligned}\right\} \tag{3-3}$$

这就是按刚度法建立的两自由度无阻尼体系的自由振动微分方程。

这是一个二阶常系数齐次线性微分方程组,它的通解是两个线性无关的特解的线性组合。下面求微分方程(3-3)的特解。

与单自由度体系自由振动的情况一样,这里也假设(实际也可以证明)两个质点为简谐振动,设式(3-3)的特解形式如下:

$$\left.\begin{aligned} y_1(t) &= A_1\sin(\omega t+\varphi) \\ y_2(t) &= A_2\sin(\omega t+\varphi) \end{aligned}\right\} \tag{3-4}$$

式(3-4)所表示的运动具有以下特点:

(1)在振动过程中,两个质点具有相同的频率 ω 和相同的相位角 φ,A_1 和 A_2 是位移幅值(振幅)。

(2)在振动过程中,两个质点的位移在数值上随时间而变化,但两者的比值始终保持不变,即:

$$\frac{y_1(t)}{y_2(t)}=\frac{A_1}{A_2}=\text{常数}$$

这种在振动过程中结构动位移形状保持不变的状态可称为**主振型**(Principal mode shape)或**振型**(Mode shape)。

将式(3-4)代入式(3-3),消去公因子 $\sin(\omega t+\varphi)$ 后,得:

$$\left.\begin{aligned} (k_{11}-\omega^2 m_1)A_1+k_{12}A_2 &= 0 \\ k_{21}A_1+(k_{22}-\omega^2 m_2)A_2 &= 0 \end{aligned}\right\} \tag{3-5}$$

式(3-5)为 A_1、A_2 的齐次方程,$A_1=A_2=0$ 虽然是方程的解,但它对应于没有发生振动的静止状态,无研究意义。因此为了得到 A_1、A_2 不全为零的解答,应使其系数行列式(Determinant of coefficient matrix)为零,即:

$$D=\begin{vmatrix} k_{11}-\omega^2 m_1 & k_{12} \\ k_{21} & k_{22}-\omega^2 m_2 \end{vmatrix}=0 \tag{b}$$

式(b)称为**频率方程**或**特征方程**(Eigenvalue equation),用它可以求出频率 ω。将式(b)展开:

$$D=(k_{11}-\omega^2 m_1)(k_{22}-\omega^2 m_2)-k_{12}k_{21}=0$$

整理后,得:

$$(\omega^2)^2-\left(\frac{k_{11}}{m_1}+\frac{k_{22}}{m_2}\right)\omega^2+\frac{k_{11}k_{22}-k_{12}k_{21}}{m_1 m_2}=0$$

上式是 ω^2 的二次方程,由此可解出 ω^2 的两个根:

$$\omega^2=\frac{1}{2}\left(\frac{k_{11}}{m_1}+\frac{k_{22}}{m_2}\right)\pm\sqrt{\left[\frac{1}{2}\left(\frac{k_{11}}{m_1}+\frac{k_{22}}{m_2}\right)\right]^2-\frac{k_{11}k_{22}-k_{12}k_{21}}{m_1 m_2}} \tag{3-6}$$

可以证明这两个根都是正的。由此可见,两自由度体系共有两个自振频率。用 ω_1 表示其中最小的频率,称为**第一阶频率**(First natural frequency)或**基本频率**(Fundamental natural frequency)。另一阶频率 ω_2 称为第二阶频率(Second mode frequency)。

求出自振频率 ω_1 和 ω_2 之后,再来确定它们各自相应的振型。

将第一阶频率 ω_1 代入式(3-5)。由于行列式 $D=0$,方程组中的两个方程是线性相关的,实际上只有一个独立的方程。由式(3-5)的任一个方程可求出比值 A_1/A_2,这个比值所确定的振动形式就是与第一阶频率 ω_1 相对应的振型,称为第一振型或**基本振型**(Fundamental mode shape)。例如,由式(3-5)的第一式可得:

$$\frac{A_{11}}{A_{21}} = -\frac{k_{12}}{k_{11} - \omega_1^2 m_1} \tag{3-7}$$

式中,A_{11} 和 A_{21} 分别表示第一振型中质点 1 和 2 的振幅,其中第一个下角标表示质点的位置,第二个下角标表示振动的阶次。

同样,将 ω_2 代入式(3-5),可以求出 A_1/A_2 的另一个比值。这个比值所确定的另一个振动形式称为第二振型。例如由式(3-5)的第一个式可得:

$$\frac{A_{12}}{A_{22}} = -\frac{k_{12}}{k_{11} - \omega_2^2 m_1} \tag{3-8}$$

式中,A_{12} 和 A_{22} 分别表示第二振型中质点 1 和 2 的振幅。

振型通常用向量表示,称为振型向量,第一振型和第二振型可分别表示为:

$$\boldsymbol{\Phi}_1 = \begin{Bmatrix} A_{11} \\ A_{21} \end{Bmatrix} \qquad \boldsymbol{\Phi}_2 = \begin{Bmatrix} A_{12} \\ A_{22} \end{Bmatrix} \tag{c}$$

向量中的元素大小不定,元素间的比值是确定的。所以式(c)也可表示为:

$$\boldsymbol{\Phi}_1 = \begin{Bmatrix} 1 \\ \dfrac{A_{21}}{A_{11}} \end{Bmatrix} \qquad \boldsymbol{\Phi}_2 = \begin{Bmatrix} 1 \\ \dfrac{A_{22}}{A_{12}} \end{Bmatrix} \tag{d}$$

上面求出的两个振型分别如图 3-2b)、c)所示。

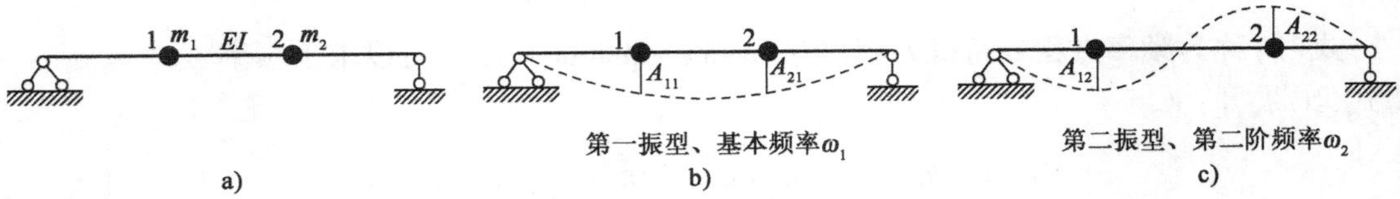

图 3-2　两个自由度体系振型

由此可得运动方程(3-3)的两个特解,可表示为:

$$\left.\begin{aligned} y_{11}(t) &= A_{11}\sin(\omega_1 t + \varphi_1) \\ y_{21}(t) &= A_{21}\sin(\omega_1 t + \varphi_1) \end{aligned}\right\} \tag{e}$$

和

$$\left.\begin{aligned} y_{12}(t) &= A_{12}\sin(\omega_2 t + \varphi_2) \\ y_{22}(t) &= A_{22}\sin(\omega_2 t + \varphi_2) \end{aligned}\right\} \tag{f}$$

显然,一个特解对应一种振动形式。

由齐次方程组解的性质知，两自由度体系的振动可看作两种频率及其主振型的组合振动，即：

$$\left.\begin{aligned} y_1(t) &= C_1y_{11}(t) + C_2y_{12}(t) = C_1A_{11}\sin(\omega_1t+\varphi_1) + C_2A_{12}\sin(\omega_2t+\varphi_2) \\ y_2(t) &= C_1y_{21}(t) + C_2y_{22}(t) = C_1A_{21}\sin(\omega_1t+\varphi_1) + C_2A_{22}\sin(\omega_2t+\varphi_2) \end{aligned}\right\} \tag{3-9}$$

这就是微分方程(3-3)的全解。其中，两对待定常数 C_1、C_2 和 φ_1、φ_2 可由初始条件 $y_i(0)=y_{i0}$，$\dot{y}_i(0)=\dot{y}_{i0}$来确定。由式(3-9)可知，一般情况下，质点的总位移 y_i 是由两个不同频率的简谐分量叠加而成，它不再是简谐运动。$y_1(t)/y_2(t)$ 也不再是常数而随时间变化，再也不能保持一定的形状了。

两自由度体系如果按某个主振型自由振动时，由于它的振动形式保持不变，因此两自由度体系实际上是像一个单自由度体系那样在振动。两自由度体系能够按某个主振型自由振动的条件是：初始位移和初始速度应与此主振型的振动特性相对应。

关于两自由度体系自由振动问题可归纳为以下几点。

第一，在两自由度体系自由振动问题中，主要问题是确定体系的全部自振频率及其相应的主振型。

第二，两自由度体系的自振频率不止一个，其个数与自由度的数量相等，自振频率可由特征方程求出。

第三，每个自振频率有自己相应的主振型。主振型就是两自由度体系按某阶频率振动时各质点的振幅之比。

第四，与单自由度体系类似，两自由度体系的自振频率和主振型也是体系本身的**固有性质**(Natural property)。由式(3-6)、式(3-7)可以看出，自振频率、主振型只与体系本身的刚度系数及其质量的分布情形有关，而与外部荷载及初始条件无关。

例 3-1 图 3-3a)表示等截面简支梁，跨径为 l，在梁的三分点 1 和 2 处有两个集中质量 m_1、m_2，其中 $m_1=m_2=m$，梁的抗弯刚度为 EI，质量不计。试用刚度法求结构的自振频率和主振型。

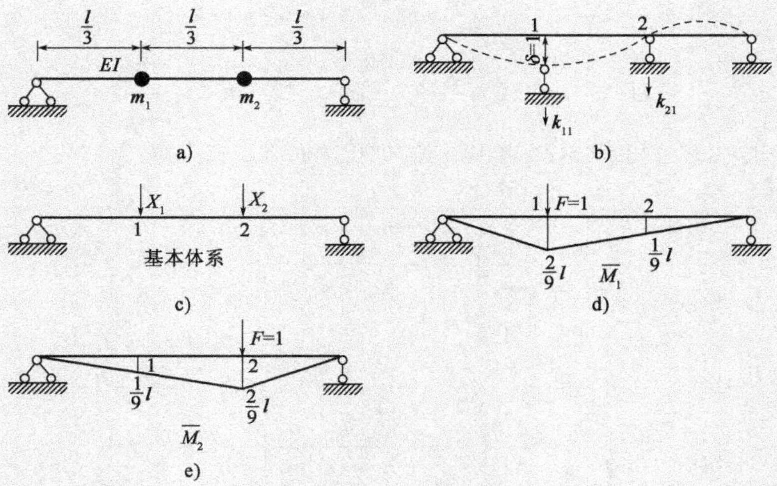

图 3-3

解:要求结构的自振频率,必须求结构的刚度系数,按照刚度系数定义,采用结构静力学中的力法进行求解,如图 3-3b)所示可确定 k_{11}、k_{21},利用对称性可确定 k_{12}、k_{22}。

取如图 3-3c)所示基本体系,含有两个多余未知力 X_1、X_2(即 k_{11}、k_{21}),列出力法方程如下:

$$\begin{cases}\delta_{11}X_1+\delta_{12}X_2+\Delta_{1C}=1\\ \delta_{21}X_1+\delta_{22}X_2+\Delta_{2C}=0\end{cases} \tag{a}$$

式中的柔度系数可由图 3-3d)~e)所示采用图乘法求得:

$$\delta_{11}=\delta_{22}=\frac{l^3}{EI}\left[\frac{1}{2}\times\frac{1}{3}\times\frac{2}{9}\times\left(\frac{2}{3}\times\frac{2}{9}\right)+\frac{1}{2}\times\frac{2}{3}\times\frac{2}{9}\times\left(\frac{2}{3}\times\frac{2}{9}\right)\right]=\frac{4}{243}\frac{l^3}{EI}$$

$$\begin{aligned}\delta_{12}=\delta_{21}&=\frac{l^3}{EI}\left[\frac{1}{2}\times\frac{1}{3}\times\frac{1}{9}\times\left(\frac{2}{3}\times\frac{2}{9}\right)\times2+\frac{1}{6}\times\frac{1}{3}\times\right.\\&\qquad\left.\left(2\times\frac{2}{9}\times\frac{1}{9}+2\times\frac{1}{9}\times\frac{2}{9}+\frac{2}{9}\times\frac{2}{9}+\frac{1}{9}\times\frac{1}{9}\right)\right]\\&=\frac{7}{486}\frac{l^3}{EI}\end{aligned}$$

$$\Delta_{1C}=\Delta_{2C}=0。$$

求解式(a)可得:

$$X_1=\frac{1296}{5}\frac{EI}{l^3}\qquad X_2=-\frac{1134}{5}\frac{EI}{l^3}$$

即

$$k_{11}=k_{22}=\frac{1296}{5}\frac{EI}{l^3}\qquad k_{21}=k_{12}=-\frac{1134}{5}\frac{EI}{l^3} \tag{b}$$

将刚度系数代入式(3-6),得:

$$\omega_1^2=32.4\frac{EI}{ml^3}\qquad \omega_2^2=486\frac{EI}{ml^3} \tag{c}$$

得两个频率为:

$$\omega_1=5.6921\sqrt{\frac{EI}{ml^3}}\qquad \omega_2=22.0454\sqrt{\frac{EI}{ml^3}}$$

求主振型,可由式(3-7)和式(3-8)求出振幅比值,从而画出振型图。

第一主振型:

$$\boldsymbol{\Phi}_1=\begin{Bmatrix}\dfrac{A_{11}}{A_{21}}\\ 1\end{Bmatrix}=\begin{Bmatrix}-\dfrac{k_{12}}{k_{11}-\omega_1^2m_1}\\ 1\end{Bmatrix}=\begin{Bmatrix}1\\ 1\end{Bmatrix}$$

第二主振型:

$$\boldsymbol{\Phi}_2=\begin{Bmatrix}\dfrac{A_{12}}{A_{22}}\\ 1\end{Bmatrix}=\begin{Bmatrix}-\dfrac{k_{12}}{k_{11}-\omega_2^2m_1}\\ 1\end{Bmatrix}=\begin{Bmatrix}1\\ -1\end{Bmatrix}$$

两个主振型如图 3-4 所示。

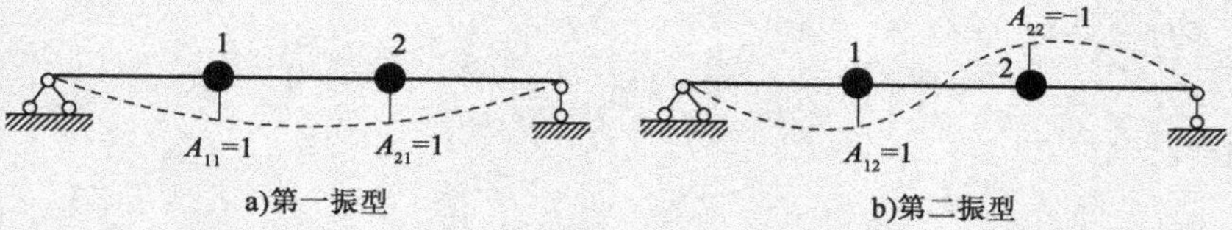

图 3-4

[上述内容配有数字资源,请扫描封二(封面背面)的二维码,免费观看]。

由此可见,第一主振型是对称的,如图 3-4a)所示;第二主振型是反对称的,如图 3-4b)所示。主振型是对称的和反对称交替出现的,这是对称体系振动的一般规律。

例 3-2 如图 3-5a)所示两层刚架,其横梁为无限刚性。设所有质量集中在楼层上,第一、二层的质量分别为 m_1、m_2。层间侧移刚度分别为 k_1、k_2,即层间产生单位相对侧移时所需施加的力,如图 3-5b)所示。试求刚架水平振动时的自振频率和主振型。

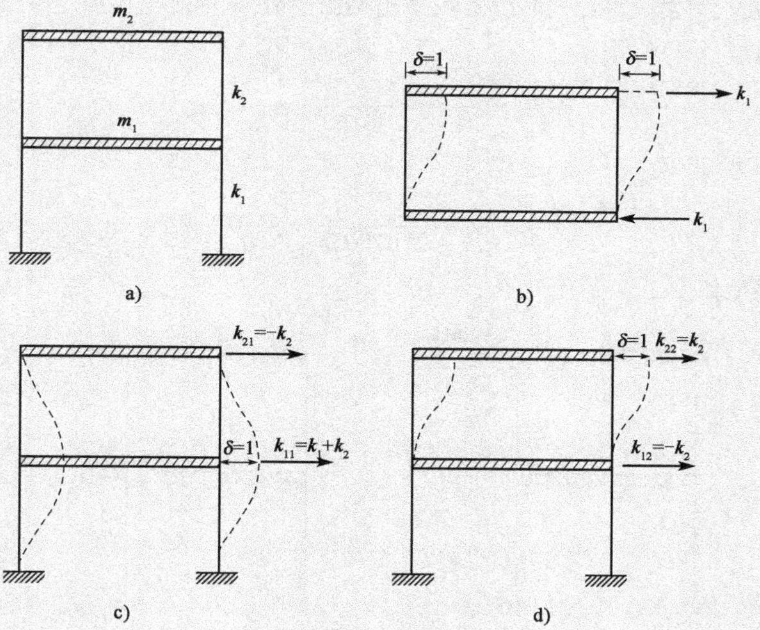

图 3-5

解:由图 3-5c)、d)可求出结构的刚度系数如下。

$$k_{11} = k_1 + k_2 \quad k_{21} = -k_2$$

$$k_{12} = -k_2 \quad k_{22} = k_2$$

将刚度系数代入方程中,得:

$$D = (k_1 + k_2 - \omega^2 m_1)(k_2 - \omega^2 m_2) - k_2^2 = 0 \tag{a}$$

分两种情况讨论:

(1)当 $m_1 = m_2 = m, k_1 = k_2 = k$ 时

此时式(a)变为：

$$D = (2k - \omega^2 m)(k - \omega^2 m) - k^2 = 0$$

由此求得：

$$\omega_1^2 = \frac{(3 - \sqrt{5})}{2}\frac{k}{m} = 0.38197\frac{k}{m}$$

$$\omega_2^2 = \frac{(3 + \sqrt{5})}{2}\frac{k}{m} = 2.61803\frac{k}{m}$$

两个频率为：

$$\omega_1 = 0.61803\sqrt{\frac{k}{m}}$$

$$\omega_2 = 1.61803\sqrt{\frac{k}{m}}$$

求主振型时，可由式(3-7)和式(3-8)求出振幅比值，从而画出振型图。

第一主振型：

$$\frac{A_{11}}{A_{21}} = \frac{k}{2k - 0.38197k} = \frac{1}{1.618}$$

第二主振型：

$$\frac{A_{12}}{A_{22}} = \frac{k}{2k - 2.61803k} = -\frac{1}{0.618}$$

两个主振型如图 3-6 所示。

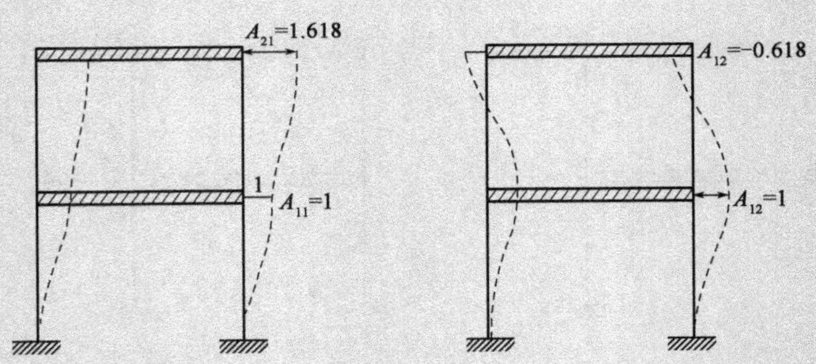

图 3-6

[上述内容配有数字资源，请扫描封二(封面背面)的二维码，免费观看]。

(2)当 $m_1 = nm_2, k_1 = nk_2$ 时

此时式(a)变为：

$$[(n+1)k_2 - \omega^2 nm_2](k_2 - \omega^2 m_2) - k_2^2 = 0$$

由此求得：

$$\omega_{1,2}^2 = \frac{1}{2}\left[\left(2 + \frac{1}{n}\right) \mp \sqrt{\frac{4}{n} + \frac{1}{n^2}}\right]\frac{k_2}{m_2}$$

代入式(3-7)和式(3-8),可求出主振型:

$$\frac{A_2}{A_1} = \frac{1}{2} \pm \sqrt{n + \frac{1}{4}} \tag{b}$$

当 $n=90$ 时,有:

$$\frac{A_{21}}{A_{11}} = \frac{10}{1} \quad \frac{A_{22}}{A_{12}} = \frac{-9}{1}$$

由上可见,当顶部质量和刚度突然变小时,顶部位移比下部位移要大很多。

实际上,以上两个自由度体系自由振动问题的基本原理也同样适用于图 3-7 所示的 n 个自由度体系。

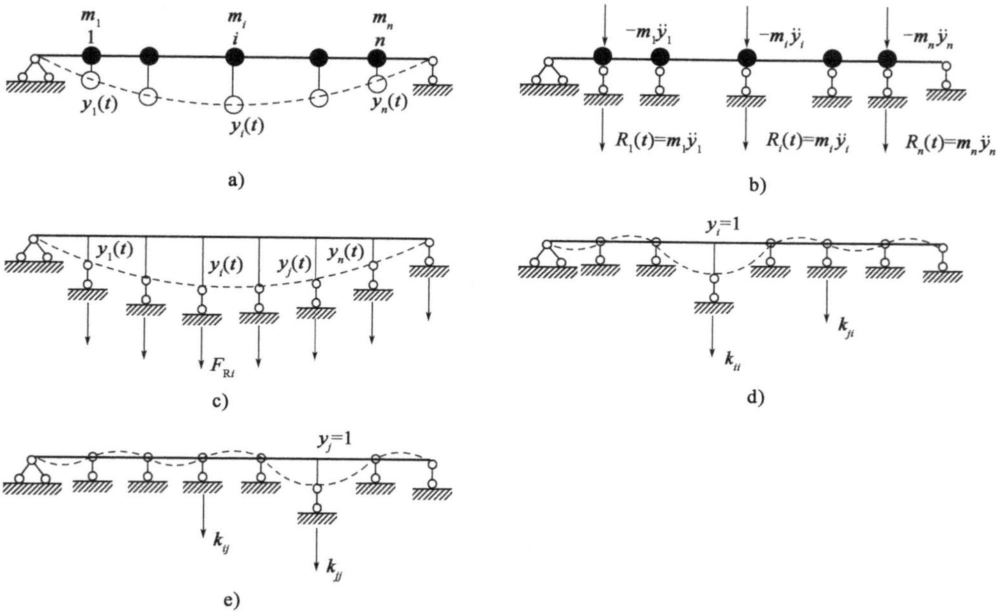

图 3-7 多个自由度体系自由振动(刚度法)

如图 3-7a)所示,在梁上有 n 个集中质量 m_1、m_2、…、m_n,梁的自重忽略不计。这是一个具有 n 个自由度体系,$y_1(t)$、$y_2(t)$、…、$y_n(t)$ 分别代表这些质点自静力平衡位置量起的动力位移。

参考两个自由度体系,在结构质量块的位移方向施加附加约束,如图 3-7b)所示,同理可知 i 处链杆反力为:

$$R_i(t) = m_i \ddot{y}_i(t) \tag{3-10a}$$

然后移动链杆,使各质量块产生和 y_1、y_2、…、y_n 相同的位移,如图 3-7c)所示,此时各链杆上所需施加的力 $F_{Ri}(i=1,2,\cdots,n)$。F_{Ri} 大小取决于结构的刚度和各质点的位移值,由叠加原理,有

$$F_{Ri} = k_{i1}y_1(t) + k_{i2}y_2(t) + \cdots + k_{in}y_n(t) \tag{3-10b}$$

若不考虑各质点所受的阻尼力，则将上述两种情况叠加，各附加链杆上的总反力应等于零，由此可以列出各质点的动力平衡方程。以质量 m_i 为例，有

$$F_{\mathrm{R}i}(t)+R_i(t)=0 \tag{3-10c}$$

将式(3-10a)、式(3-10b)代入式(3-10c)，即得到多自由度体系的自由振动微分方程组，具体如下：

$$\left.\begin{aligned}m_1\ddot{y}_1(t)+k_{11}y_1(t)+k_{12}y_2(t)+\cdots+k_{1n}y_n(t)&=0\\m_2\ddot{y}_2(t)+k_{21}y_1(t)+k_{22}y_2(t)+\cdots+k_{2n}y_n(t)&=0\\&\cdots\cdots\\m_n\ddot{y}_n(t)+k_{n1}y_1(t)+k_{n2}y_2(t)+\cdots+k_{nn}y_n(t)&=0\end{aligned}\right\} \tag{3-11}$$

上式可用矩阵形式表示如下：

$$\begin{bmatrix}m_1 & & & \\ & m_2 & & \\ & & \ddots & \\ & & & m_n\end{bmatrix}\begin{Bmatrix}\ddot{y}_1(t)\\\ddot{y}_2(t)\\\vdots\\\ddot{y}_n(t)\end{Bmatrix}+\begin{bmatrix}k_{11} & k_{12} & \cdots & k_{1n}\\k_{21} & k_{22} & & k_{2n}\\\vdots & \vdots & \ddots & \vdots\\k_{n1} & k_{n2} & \cdots & k_{nn}\end{bmatrix}\begin{Bmatrix}y_1(t)\\y_2(t)\\\vdots\\y_n(t)\end{Bmatrix}=\begin{Bmatrix}0\\0\\\vdots\\0\end{Bmatrix}$$

或简写为：

$$\boldsymbol{M}\ddot{\boldsymbol{Y}}+\boldsymbol{K}\boldsymbol{Y}=\boldsymbol{0} \tag{3-12}$$

这里，$\boldsymbol{Y}$ 和 $\ddot{\boldsymbol{Y}}$ 分别表示位移向量和加速度向量：

$$\boldsymbol{Y}=\begin{Bmatrix}y_1(t)\\y_2(t)\\\vdots\\y_n(t)\end{Bmatrix},\ddot{\boldsymbol{Y}}=\begin{Bmatrix}\ddot{y}_1(t)\\\ddot{y}_2(t)\\\vdots\\\ddot{y}_n(t)\end{Bmatrix}$$

$\boldsymbol{M}$ 和 $\boldsymbol{K}$ 分别表示质量矩阵(Mass matrix)和刚度矩阵(Stiffness matrix)：

$$\boldsymbol{M}=\begin{bmatrix}m_1 & & & \\ & m_2 & & \\ & & \ddots & \\ & & & m_n\end{bmatrix}\quad\boldsymbol{K}=\begin{bmatrix}k_{11} & k_{12} & \cdots & k_{1n}\\k_{21} & k_{22} & & k_{2n}\\\vdots & & \ddots & \vdots\\k_{n1} & k_{n2} & \cdots & k_{nn}\end{bmatrix}$$

$\boldsymbol{K}$ 是对称矩阵；在集中质量的体系中，$\boldsymbol{M}$ 是对角矩阵。

下面求方程(3-12)的解。设特解为如下形式：

$$\boldsymbol{Y}(t)=\boldsymbol{\varPhi}\sin(\omega t+\varphi) \tag{3-13}$$

这里，$\boldsymbol{\varPhi}$ 是位移幅值向量或振型，即：

$$\boldsymbol{\varPhi}=\begin{Bmatrix}A_1\\A_2\\\vdots\\A_n\end{Bmatrix} \tag{a}$$

将式(3-13)代入式(3-12),消去公因子 $\sin(\omega t+\varphi)$,即得:

$$(\boldsymbol{K}-\omega^2\boldsymbol{M})\boldsymbol{\Phi}=\boldsymbol{0} \tag{3-14}$$

式(3-14)是位移幅值 $\boldsymbol{\Phi}$ 的齐次方程,会在后续用于求解振型,故也称为**振型方程**。为了得到 $\boldsymbol{\Phi}$ 的非零解(Nontrivial solution),应使系数行列式为零,即:

$$D=|\boldsymbol{K}-\omega^2\boldsymbol{M}|=0 \tag{3-15a}$$

式(3-15a)为多自由度体系的**频率方程**。其展开形式如下:

$$\begin{vmatrix} k_{11}-\omega^2m_1 & k_{12} & \cdots & k_{1n} \\ k_{21} & k_{22}-\omega^2m_2 & & k_{2n} \\ \vdots & \vdots & \ddots & \vdots \\ k_{n1} & k_{n2} & \cdots & k_{nn}-\omega^2m_n \end{vmatrix}=0 \tag{3-15b}$$

将行列式展开,可得到一个关于频率 ω^2 的 n 次代数方程(n 是体系自由度的次数)。可以证明,稳定结构体系总是具有实的、对称的、正定的质量矩阵和刚度矩阵,频率方程将有 n 个正实根。求出这个方程的 n 个根 ω_1^2、ω_2^2、…、ω_n^2,即可得出体系的 n 个自振频率 ω_1、ω_2、…、ω_n,其中最小频率称为**基本频率**或**第一频率**。

令 $\boldsymbol{\Phi}_i$ 表示与频率 ω_i 相应的主振型向量,即:

$$\boldsymbol{\Phi}_i=\{A_{1i}\quad A_{2i}\quad\cdots\quad A_{ni}\}^{\mathrm{T}} \tag{b}$$

将 ω_i 和 $\boldsymbol{\Phi}_i$ 代入式(3-14)得:

$$(\boldsymbol{K}-\omega_i^2\boldsymbol{M})\boldsymbol{\Phi}_i=\boldsymbol{0} \tag{3-16}$$

令 $i=1$、2、…、n 可得出 n 个方程,由此可求出 n 个主振型向量 $\boldsymbol{\Phi}_1$、$\boldsymbol{\Phi}_2$、…、$\boldsymbol{\Phi}_n$。一般情况下 $\boldsymbol{\Phi}_i$ 彼此线性无关。

由齐次方程组的特点可知,若 $\boldsymbol{\Phi}_i$ 是方程(3-12)的解,则 $C_i\boldsymbol{\Phi}_i$ 也是方程组(3-12)的解,故方程(3-12)的通解为:

$$\begin{aligned}\boldsymbol{Y}=\begin{Bmatrix} y_1(t) \\ y_2(t) \\ \vdots \\ y_n(t) \end{Bmatrix}&=C_1\begin{Bmatrix} A_{11} \\ A_{21} \\ \vdots \\ A_{n1} \end{Bmatrix}\sin(\omega_1t+\varphi_1)+\cdots+C_n\begin{Bmatrix} A_{1n} \\ A_{2n} \\ \vdots \\ A_{nn} \end{Bmatrix}\sin(\omega_nt+\varphi_n)\\ &=C_1\boldsymbol{\Phi}_1\sin(\omega_1t+\varphi_1)+\cdots+C_n\boldsymbol{\Phi}_n\sin(\omega_nt+\varphi_n)\end{aligned} \tag{3-17}$$

令 $q_1(t)=\sin(\omega_1t+\varphi_1)$、…、$q_n(t)=\sin(\omega_nt+\varphi_n)$,称 $q_i(t)$ 为**广义坐标**,为时间函数,也称为**主坐标**(Principal coordinates)或**正则坐标**。考虑到 $\boldsymbol{\Phi}_i$ 为振幅相对比值的一个向量,将 C_i 与 $\boldsymbol{\Phi}_i$ 合并,则式(3-17)可写为:

$$\begin{aligned}\boldsymbol{Y}&=\sum_{i=1}^{n}q_i(t)\boldsymbol{\Phi}_i=\boldsymbol{\Phi}_1q_1(t)+\cdots+\boldsymbol{\Phi}_nq_n(t)\\ &=\{\boldsymbol{\Phi}_1\quad\boldsymbol{\Phi}_2\quad\cdots\quad\boldsymbol{\Phi}_n\}\begin{Bmatrix} q_1(t) \\ q_2(t) \\ \vdots \\ q_n(t) \end{Bmatrix}=\boldsymbol{\Phi q}\end{aligned} \tag{3-18}$$

式中,$\boldsymbol{q}=\{q_1,q_2,\cdots,q_n\}^{\mathrm{T}}$ 称为广义坐标向量;

$$
\boldsymbol{\Phi} = \{\boldsymbol{\Phi}_1 \quad \boldsymbol{\Phi}_2 \quad \cdots \quad \boldsymbol{\Phi}_n\} = \begin{bmatrix} A_{11} & A_{12} & \cdots & A_{1n} \\ A_{21} & A_{22} & \cdots & A_{2n} \\ \vdots & \vdots & \ddots & \vdots \\ A_{n1} & A_{n2} & \cdots & A_{nn} \end{bmatrix} \tag{3-19}
$$

称为**振型矩阵**(Matrix of modal shape)或**模态矩阵**(Modal matrix)。

如上所述,n 个自由度体系有 n 个主振型,振型描述结构体系按某个频率自由振动的形状,它用各质点位移幅值的比值来表示。为了确定振型的具体形式,选取主振型向量中任一元素(幅值)的值为 1,例如通常假定第一个元素 $A_{1i}=1$,然后按比值确定其他质点的位移幅值,这样求得的振型称为**归一振型**(Normalized mode shape)或**正则化振型**(Normal mode shape)。例如,对于第 i 阶振型 $\boldsymbol{\Phi}_i$ 可表示为:

$$
\boldsymbol{\Phi}_i = \left\{1 \quad \frac{A_{2i}}{A_{1i}} \quad \cdots \quad \frac{A_{ni}}{A_{1i}}\right\}^{\mathrm{T}} \tag{c}
$$

也可表示为:

$$
\boldsymbol{\Phi}_i = \left\{\frac{A_{1i}}{A_{ni}} \quad \frac{A_{2i}}{A_{ni}} \quad \cdots \quad 1\right\}^{\mathrm{T}} \tag{d}
$$

例 3-3 如图 3-8 所示,具有 3 个集中质量的简支梁,$m_1=m_2=m_3=m$,梁的跨径为 l,抗弯刚度为 EI,不计其质量。试用刚度法求此系统的固有频率和固有振型。

解:按照刚度系数定义,由图 3-8b)所示确定 k_{11}、k_{21}、k_{31},由图 3-8c)所示确定 k_{12}、k_{22}、k_{32},采用结构静力学中的力法确定刚度系数。

取如图 3-8d)所示的基本体系,体系含有 3 个多余未知力 X_1、X_2、X_3,按图 3-8b)列出力法方程如下:

$$
\left.\begin{aligned}
\delta_{11}X_1 + \delta_{12}X_2 + \delta_{13}X_3 + \Delta_{1C} &= 1 \\
\delta_{21}X_1 + \delta_{22}X_2 + \delta_{23}X_3 + \Delta_{2C} &= 0 \\
\delta_{31}X_1 + \delta_{32}X_2 + \delta_{33}X_3 + \Delta_{3C} &= 0
\end{aligned}\right\} \tag{a}
$$

式中,柔度系数可由图 3-8e)、f)、g)所示采用图乘法求得

$$
\delta_{11} = \delta_{33} = \frac{l^3}{EI}\left[\frac{1}{2}\times\frac{1}{4}\times\frac{3}{16}\times\left(\frac{2}{3}\times\frac{3}{16}\right)+\frac{1}{2}\times\frac{3}{4}\times\frac{3}{16}\times\left(\frac{2}{3}\times\frac{3}{16}\right)\right] = \frac{3}{256}\frac{l^3}{EI}
$$

$$
\delta_{22} = \frac{l^3}{EI}\left(\frac{1}{2}\times\frac{1}{2}\times\frac{1}{4}\times\frac{1}{4}\times\frac{2}{3}\times 2\right) = \frac{1}{48}\frac{l^3}{EI}
$$

$$
\delta_{12} = \delta_{21} = \delta_{23} = \delta_{32} = \frac{l^3}{EI}\left(\frac{3}{16}\times\frac{1}{4}\times\frac{1}{2}\times\frac{1}{8}\times\frac{2}{3} + \frac{3}{16}\times\frac{1}{4}\times\frac{1}{2}\times\frac{1}{2} + \right.
$$

$$
\left.\frac{1}{8}\times\frac{1}{4}\times\frac{1}{2}\times\frac{5}{24} + \frac{1}{8}\times\frac{1}{4}\times\frac{1}{2}\times\frac{1}{2}\times\frac{2}{3}\right) = \frac{11}{768}\frac{l^3}{EI}
$$

$$\delta_{13}=\delta_{31}=\frac{l^3}{EI}\Big(\frac{3}{16}\times\frac{1}{4}\times\frac{1}{2}\times\frac{1}{16}\times\frac{2}{3}\times 2+\frac{3}{16}\times\frac{1}{2}\times\frac{1}{2}\times\frac{5}{16}+\frac{1}{16}\times\frac{1}{2}\times\frac{1}{2}\times\frac{7}{48}\Big)=\frac{7}{768}\frac{l^3}{EI}\qquad\text{(b)}$$

$$\Delta_{1C}=\Delta_{2C}=\Delta_{3C}=0$$

求解方程(a)可得

$$X_1=\frac{4416}{7}\frac{EI}{l^3}$$

$$X_2=-\frac{4224}{7}\frac{EI}{l^3}$$

$$X_3=\frac{1728}{7}\frac{EI}{l^3}$$

即

$$k_{11}=k_{33}=\frac{4416}{7}\frac{EI}{l^3}$$

$$k_{21}=k_{12}=k_{23}=k_{32}=-\frac{4224}{7}\frac{EI}{l^3}$$

$$k_{13}=k_{31}=\frac{1728}{7}\frac{EI}{l^3}$$

同理，取如图3-8d)所示基本体系，按图3-8c)列出力法方程如下：

$$\left.\begin{aligned}\delta_{11}X_1+\delta_{12}X_2+\delta_{13}X_3+\Delta_{1C}&=0\\\delta_{21}X_1+\delta_{22}X_2+\delta_{23}X_3+\Delta_{2C}&=1\\\delta_{31}X_1+\delta_{32}X_2+\delta_{33}X_3+\Delta_{3C}&=0\end{aligned}\right\}\qquad\text{(c)}$$

式中的系数同式(b)，求解方程(c)可得

$$X_1=-\frac{4224}{7}\frac{EI}{l^3}$$

$$X_2=\frac{6144}{7}\frac{EI}{l^3}$$

$$X_3=-\frac{4224}{7}\frac{EI}{l^3}$$

即

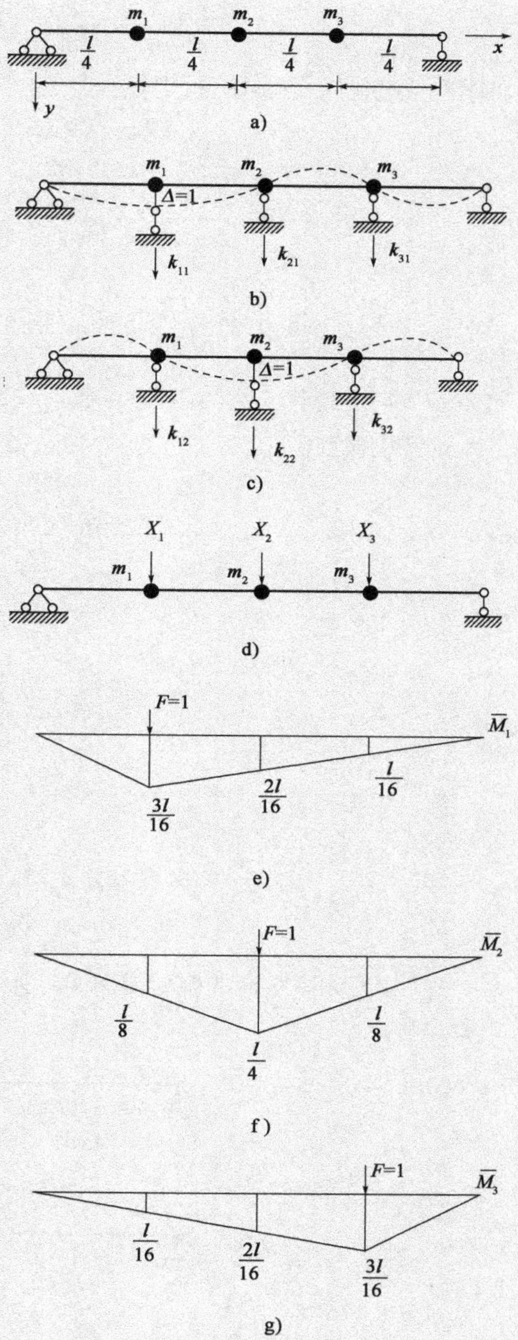

图 3-8

$$k_{22}=\frac{6144}{7}\frac{EI}{l^3}$$

将刚度系数代入式(3-15a),则:

$$\left|\frac{192EI}{7l^3}\begin{bmatrix}23 & -22 & 9\\ -22 & 32 & -22\\ 9 & -22 & 23\end{bmatrix}-\omega^2 m\begin{bmatrix}1 & 0 & 0\\ 0 & 1 & 0\\ 0 & 0 & 1\end{bmatrix}\right|=0$$

得 3 个频率为:

$$\omega_1=4.9333\sqrt{\frac{EI}{ml^3}}\qquad \omega_2=19.5959\sqrt{\frac{EI}{ml^3}}\qquad \omega_3=41.6064\sqrt{\frac{EI}{ml^3}}$$

将 $\omega_i(i=1,2,3)$ 代入式(3-14),并令 $A_{1i}=1$,可得:

第一主振型:

$$\boldsymbol{\Phi}_1=\begin{Bmatrix}A_{11}\\ A_{21}\\ A_{31}\end{Bmatrix}=\begin{Bmatrix}1\\ 1.415\\ 1\end{Bmatrix}$$

第二主振型:

$$\boldsymbol{\Phi}_2=\begin{Bmatrix}A_{12}\\ A_{22}\\ A_{32}\end{Bmatrix}=\begin{Bmatrix}1\\ 0\\ -1\end{Bmatrix}$$

第三主振型:

$$\boldsymbol{\Phi}_3=\begin{Bmatrix}A_{13}\\ A_{23}\\ A_{33}\end{Bmatrix}=\begin{Bmatrix}1\\ -1.415\\ 1\end{Bmatrix}$$

3 个固有频率对应的振型如图 3-9 所示,梁的实际振动曲线是这三条振型曲线的线性组合。

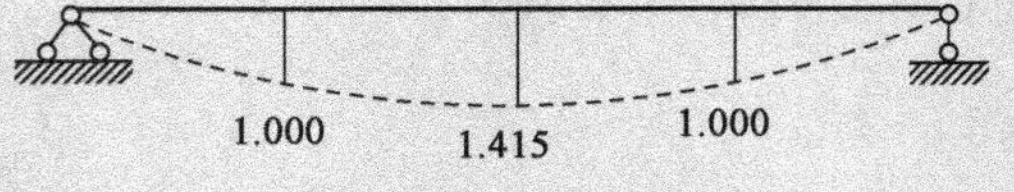

a)第一振型

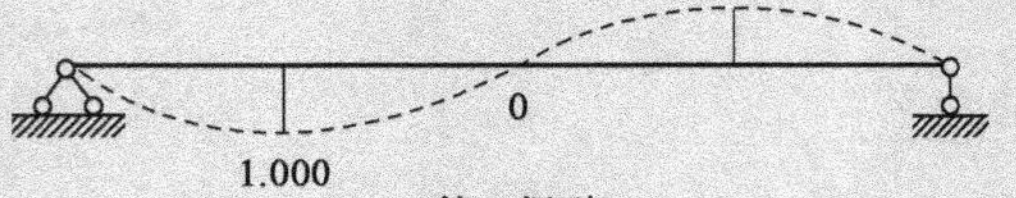

b)第二振型

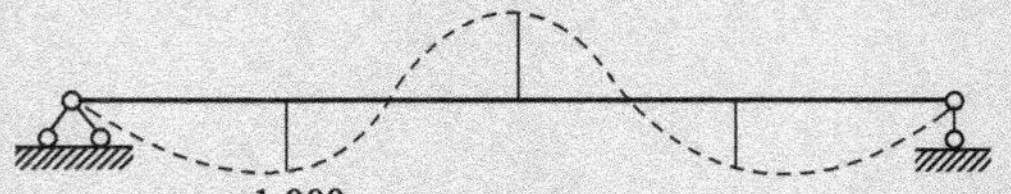

c)第三振型

图 3-9

例 3-4 如图 3-10 所示刚架，设横梁的变形略去不计，第一、二、三层的层间刚度系数分别为 k、$\frac{k}{3}$、$\frac{k}{5}$。刚架的质量都集中在楼板上，第一、二、三层楼板处的质量分别为 $2m$、m、m。试求刚架的自振频率和主振型。

解：(1)求自振频率

刚架的刚度系数计算如图 3-10 所示，刚度矩阵和质量矩阵分别为：

$$\boldsymbol{K}=\begin{bmatrix}k_{11} & k_{12} & k_{13}\\ k_{21} & k_{22} & k_{23}\\ k_{31} & k_{32} & k_{33}\end{bmatrix}=\begin{bmatrix}\frac{4}{3} & -\frac{1}{3} & 0\\ -\frac{1}{3} & \frac{8}{15} & -\frac{1}{5}\\ 0 & -\frac{1}{5} & \frac{1}{5}\end{bmatrix}\times k=\frac{k}{15}\begin{bmatrix}20 & -5 & 0\\ -5 & 8 & -3\\ 0 & -3 & 3\end{bmatrix}$$

$$\boldsymbol{M}=\begin{bmatrix}m_1 & 0 & 0\\ 0 & m_2 & 0\\ 0 & 0 & m_3\end{bmatrix}=m\times\begin{bmatrix}2 & 0 & 0\\ 0 & 1 & 0\\ 0 & 0 & 1\end{bmatrix}$$

因此

$$\boldsymbol{K}-\omega^2\boldsymbol{M}=\frac{k}{15}\begin{bmatrix}20-2\eta & -5 & 0\\ -5 & 8-\eta & -3\\ 0 & -3 & 3-\eta\end{bmatrix}\tag{a}$$

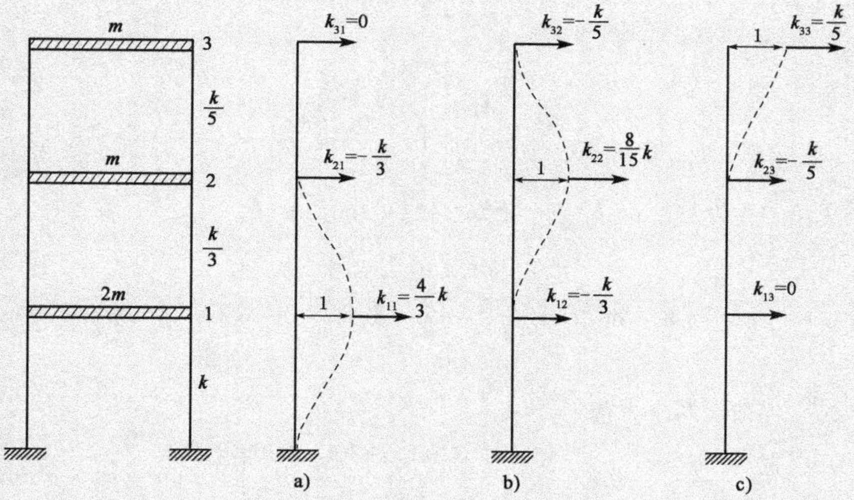

图 3-10

其中

$$\eta=\frac{15m}{k}\omega^2\tag{b}$$

频率方程为：

$$|\boldsymbol{K}-\omega^2\boldsymbol{M}|=0$$

其展开式为：

$$2\eta^3 - 42\eta^2 + 225\eta - 225 = 0 \tag{c}$$

方程的3个根为：

$$\eta_1 = 1.2928 \qquad \eta_2 = 6.6802 \qquad \eta_3 = 13.0270$$

由式(b)，求得：

$$\omega_1^2 = 0.0862\frac{k}{m} \qquad \omega_2^2 = 0.4453\frac{k}{m} \qquad \omega_3^2 = 0.8685\frac{k}{m}$$

因此，3个自振频率为：

$$\omega_1 = 0.2936\sqrt{\frac{k}{m}} \qquad \omega_2 = 0.6673\sqrt{\frac{k}{m}} \qquad \omega_3 = 0.9319\sqrt{\frac{k}{m}}$$

(2)求主振型

主振型 $\boldsymbol{\Phi}_i$ 由式(3-16)求解。为求出 $\boldsymbol{\Phi}_i$ 的具体表达式，此时规定第三个元素 $A_{3i}=1$。

首先，求第一主振型。将 ω_1 或 η_1 代入式(a)，得：

$$\boldsymbol{K} - \omega_1^2\boldsymbol{M} = \frac{k}{15}\begin{bmatrix} 17.414 & -5 & 0 \\ -5 & 6.707 & -3 \\ 0 & -3 & 1.707 \end{bmatrix}$$

代入式(3-16)中并展开，保留后两个方程，得：

$$\left.\begin{aligned} -5A_{11} + 6.707A_{21} - 3A_{31} &= 0 \\ -3A_{21} + 1.707A_{31} &= 0 \end{aligned}\right\} \tag{d}$$

由于规定 $A_{31}=1$，故式(d)的解为：

$$\boldsymbol{\Phi}_1 = \begin{Bmatrix} A_{11} \\ A_{21} \\ A_{31} \end{Bmatrix} = \begin{Bmatrix} 0.163 \\ 0.569 \\ 1 \end{Bmatrix}$$

其次，求第二主振型。将 ω_2 或 η_2 代入式(a)，得：

$$\boldsymbol{K} - \omega_2^2\boldsymbol{M} = \frac{k}{15}\begin{bmatrix} 6.640 & -5 & 0 \\ -5 & 1.320 & -3 \\ 0 & -3 & -3.680 \end{bmatrix}$$

代入式(3-16)，保留后两个方程为：

$$\left.\begin{aligned} -5A_{12} + 1.320A_{22} - 3A_{32} &= 0 \\ -3A_{22} - 3.680A_{32} &= 0 \end{aligned}\right\} \tag{e}$$

令 $A_{32}=1$，式(e)的解为：

$$\boldsymbol{\Phi}_2 = \begin{Bmatrix} A_{12} \\ A_{22} \\ A_{32} \end{Bmatrix} = \begin{Bmatrix} -0.924 \\ -1.227 \\ 1 \end{Bmatrix}$$

最后求第三主振型。将 ω_3 或 η_3 代入式(a)，得：

$$\boldsymbol{K}-\omega_3^2\boldsymbol{M}=\frac{k}{15}\begin{bmatrix}-6.054 & -5 & 0\\ -5 & -5.027 & -3\\ 0 & -3 & -10.027\end{bmatrix}$$

代入式(3-16),保留后两个方程为:

$$\left.\begin{aligned}5A_{13}+5.027A_{23}+3A_{33}=0\\ 3A_{23}+10.027A_{33}=0\end{aligned}\right\}\tag{f}$$

令 $A_{33}=1$,式(f)的解为:

$$\boldsymbol{\Phi}_3=\begin{Bmatrix}A_{13}\\ A_{23}\\ A_{33}\end{Bmatrix}=\begin{Bmatrix}2.760\\ -3.342\\ 1\end{Bmatrix}$$

3 个主振型的大致形状如图 3-11 所示。

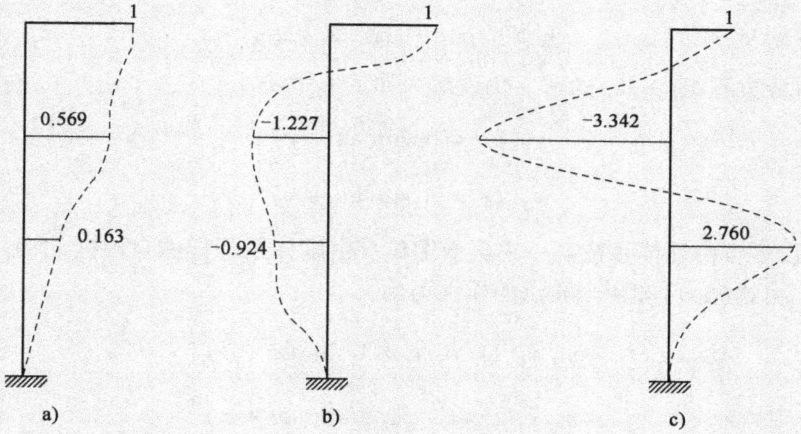

图 3-11

[上述内容配有数字资源,请扫描封二(封面背面)的二维码,免费观看]。

3.1.2 柔度法

所谓**柔度法**(Flexibility method)是以结构整体为研究对象,假设加上全部惯性力和阻尼力,与激振荷载一起在任意 t 时刻视作静力荷载,用结构静力分析中计算位移的方法,求 j 自由度方向单位广义力($X_j=1$)作用下,第 $i(i=1,2,\cdots,n)$ 自由度方向位移系数 δ_{ij} 和荷载引起的 i 自由度方向的位移 Δ_{ip},然后根据叠加原理列出该时刻第 i 自由度方向位移的协调条件,即可得到体系的运动方程。

现在改用柔度法来讨论两自由度体系的自由振动问题。以图 3-12a)所示两自由度体系为例进行讨论。

按柔度法建立自由振动微分方程时的思路是:在自由振动过程中的任一时刻 t,质量 m_1、m_2 的位移 $y_1(t)$、$y_2(t)$ 应当等于体系在惯性力 $-m_1\ddot{y}_1(t)$、$-m_2\ddot{y}_2(t)$ 作用下所产生的静力位移。据此可列出方程如下:

$$\left.\begin{aligned} y_1(t) &= -m_1\ddot{y}_1(t)\delta_{11} - m_2\ddot{y}_2(t)\delta_{12} \\ y_2(t) &= -m_1\ddot{y}_1(t)\delta_{21} - m_2\ddot{y}_2(t)\delta_{22} \end{aligned}\right\} \tag{3-20}$$

式中，δ_{ij}为体系的柔度系数，如图3-12c)、d)所示。这个按柔度法建立的方程可与按刚度法建立的方程(3-3)加以对照。

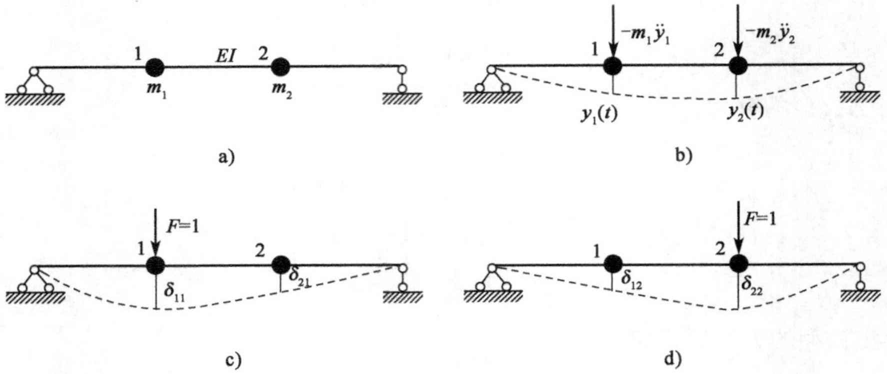

图3-12　两个自由度的梁(柔度法)

下面求微分方程组(3-20)的解。仍设解为如下形式：

$$\left.\begin{aligned} y_1(t) &= A_1\sin(\omega t+\varphi) \\ y_2(t) &= A_2\sin(\omega t+\varphi) \end{aligned}\right\} \tag{a}$$

这里，假设多自由度体系按某一主振型像单自由度体系那样做自由振动，A_1、A_2分别是两质点的振幅。由式(a)可知两个质点的惯性力为：

$$\left.\begin{aligned} -m_1\ddot{y}_1(t) &= m_1\omega^2A_1\sin(\omega t+\varphi) \\ -m_2\ddot{y}_2(t) &= m_2\omega^2A_2\sin(\omega t+\varphi) \end{aligned}\right\} \tag{b}$$

将式(a)和式(b)代入式(3-20)，消去公因子$\sin(\omega t+\varphi)$后，得：

$$\left.\begin{aligned} A_1 &= (\omega^2m_1A_1)\delta_{11} + (\omega^2m_2A_2)\delta_{12} \\ A_2 &= (\omega^2m_1A_1)\delta_{21} + (\omega^2m_2A_2)\delta_{22} \end{aligned}\right\} \tag{c}$$

式(c)还可写成：

$$\left.\begin{aligned} \left(\delta_{11}m_1-\frac{1}{\omega^2}\right)A_1+\delta_{12}m_2A_2 &= 0 \\ \delta_{21}m_1A_1+\left(\delta_{22}m_2-\frac{1}{\omega^2}\right)A_2 &= 0 \end{aligned}\right\} \tag{3-21}$$

为了得到A_1、A_2不全为零的解，应使系数行列式等于零，即

$$D = \begin{vmatrix} \delta_{11}m_1-\dfrac{1}{\omega^2} & \delta_{12}m_2 \\ \delta_{21}m_1 & \delta_{22}m_2-\dfrac{1}{\omega^2} \end{vmatrix} = 0 \tag{3-22}$$

这就是用柔度系数表示的频率方程或特征方程，由它可以求出两个频率 ω_1 和 ω_2。

将式(3-22)展开：

$$\left(\delta_{11}m_1-\frac{1}{\omega^2}\right)\left(\delta_{22}m_2-\frac{1}{\omega^2}\right)-\delta_{12}\delta_{21}m_1m_2=0 \tag{d}$$

设

$$\lambda=\frac{1}{\omega^2} \tag{3-23}$$

将式(d)转换为一个关于 λ 的二次方程：

$$\lambda^2-(\delta_{11}m_1+\delta_{22}m_2)\lambda+(\delta_{11}\delta_{22}m_1m_2-\delta_{12}\delta_{21}m_1m_2)=0$$

由此可以解出 λ 的两个根：

$$\lambda_{1,2}=\frac{\delta_{11}m_1+\delta_{22}m_2}{2}\pm\sqrt{\left(\frac{\delta_{11}m_1+\delta_{22}m_2}{2}\right)^2-(\delta_{11}\delta_{22}-\delta_{12}\delta_{21})m_1m_2} \tag{3-24}$$

于是求得频率的两个值为：

$$\omega_1=\frac{1}{\sqrt{\lambda_1}}\qquad\omega_2=\frac{1}{\sqrt{\lambda_2}}$$

下面求体系的主振型。将 $\omega=\omega_1$ 代入式(3-21)，由其中第一式得：

$$\frac{A_{11}}{A_{21}}=-\frac{\delta_{12}m_2}{\delta_{11}m_1-\dfrac{1}{\omega_1^2}} \tag{3-25}$$

同样，将 $\omega=\omega_2$ 代入，可求出另一比值：

$$\frac{A_{12}}{A_{22}}=-\frac{\delta_{12}m_2}{\delta_{11}m_1-\dfrac{1}{\omega_2^2}} \tag{3-26}$$

仿照刚度法，可给出两个自由度体系的振型向量 $\boldsymbol{\Phi}_1$、$\boldsymbol{\Phi}_2$。

例 3-5 试用柔度法求解例 3-1 中两个自由度体系的自振频率和振型。

解：先求柔度系数。由例 3-1 的图乘法可知：

$$\delta_{11}=\delta_{22}=\frac{4}{243}\frac{l^3}{EI}\qquad\delta_{12}=\delta_{21}=\frac{7}{486}\frac{l^3}{EI}$$

然后代入式(3-24)，得：

$$\lambda_1=(\delta_{11}+\delta_{12})m=\frac{15}{486}\frac{ml^3}{EI}$$

$$\lambda_2=(\delta_{11}-\delta_{12})m=\frac{1}{486}\frac{ml^3}{EI}$$

从而求得两个自振频率如下：

$$\omega_1=\frac{1}{\sqrt{\lambda_1}}=5.6921\sqrt{\frac{EI}{ml^3}}\qquad\omega_2=\frac{1}{\sqrt{\lambda_2}}=22.0454\sqrt{\frac{EI}{ml^3}}$$

最后求主振型。将 ω_1、ω_2 分别代入式(3-25)、式(3-26)，得到：

$$\frac{A_{11}}{A_{21}}=\frac{1}{1}\qquad\frac{A_{12}}{A_{22}}=\frac{1}{-1}$$

主振型和图 3-4 一致。

结合例 3-1，可以发现：

$$K\delta = \begin{bmatrix} k_{11} & k_{12} \\ k_{21} & k_{22} \end{bmatrix}\begin{bmatrix} \delta_{11} & \delta_{12} \\ \delta_{21} & \delta_{22} \end{bmatrix} = \begin{bmatrix} \dfrac{1296}{5} & -\dfrac{1134}{5} \\ -\dfrac{1134}{5} & \dfrac{1296}{5} \end{bmatrix}\begin{bmatrix} \dfrac{4}{243} & \dfrac{7}{486} \\ \dfrac{7}{486} & \dfrac{4}{243} \end{bmatrix} = \begin{bmatrix} 1 & 0 \\ 0 & 1 \end{bmatrix} = I$$

式中，I 为单位矩阵；δ 为柔度矩阵。故刚度矩阵和柔度矩阵互为逆矩阵，并非刚度系数本身和相对应柔度系数互为倒数。

例 3-6 图 3-13a）所示两层刚架，其横梁为无限刚性。设质量集中在楼层上，第一、二层的质量分别为 m_1、m_2，$m_1 = m_2 = m$。层间距离为 l，层间立柱刚度为 EI，试用柔度法求刚架水平振动时的自振频率和主振型。

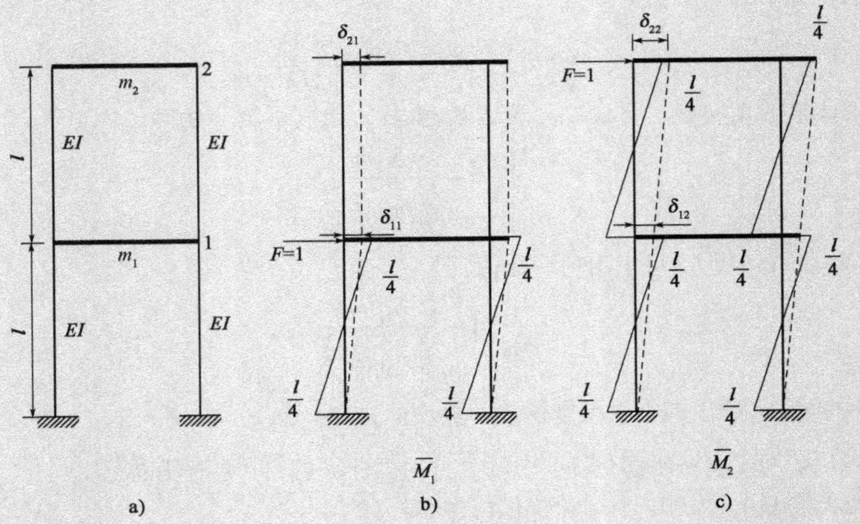

图 3-13

解：先求柔度系数。做 $\overline{M}_1$、$\overline{M}_2$ 图，如图 3-13b）、c）所示，实线部分为弯矩图，虚线部分为变形图。由图乘法求得：

$$\delta_{11} = 4 \times \frac{1}{EI} \times \left[\frac{1}{2} \times \frac{l}{2} \times \frac{l}{4} \times \left(\frac{2}{3} \times \frac{l}{4}\right)\right] = \frac{l^3}{24EI}$$

同理也可得：

$$\delta_{21} = \delta_{12} = \frac{l^3}{24EI} \qquad \delta_{22} = \frac{2l^3}{24EI}$$

然后代入式（3-24），得到：

$$\lambda_1 = 0.109085\,\frac{ml^3}{EI}$$

$$\lambda_2 = 0.015915\,\frac{ml^3}{EI}$$

从而求得两个自振频率如下：

$$\omega_1 = \frac{1}{\sqrt{\lambda_1}} = 3.0277\sqrt{\frac{EI}{ml^3}}$$

$$\omega_2 = \frac{1}{\sqrt{\lambda_2}} = 7.9268\sqrt{\frac{EI}{ml^3}}$$

最后求主振型。由式(3-25)、式(3-26)，得到：

$$\frac{A_{11}}{A_{21}} = \frac{1}{1.618} \qquad \frac{A_{12}}{A_{22}} = \frac{1}{-0.618}$$

可知主振型和图3-6一致。

通过例3-2和例3-6的求解，如果为同一个结构，那么通过静力学分析可知层间刚度 $k = \frac{24EI}{l^3}$，所以可以获得结构的刚度矩阵为：

$$\boldsymbol{K} = \begin{bmatrix} k_{11} & k_{21} \\ k_{12} & k_{22} \end{bmatrix} = \begin{bmatrix} k_1 + k_2 & -k_2 \\ -k_2 & k_2 \end{bmatrix} = \begin{bmatrix} 2k & -k \\ -k & k \end{bmatrix} = \begin{bmatrix} \frac{48EI}{l^3} & -\frac{24EI}{l^3} \\ -\frac{24EI}{l^3} & \frac{24EI}{l^3} \end{bmatrix}$$

结构的柔度矩阵为：

$$\boldsymbol{\delta} = \begin{bmatrix} \delta_{11} & \delta_{21} \\ \delta_{12} & \delta_{22} \end{bmatrix} = \begin{bmatrix} \frac{l^3}{24EI} & \frac{l^3}{24EI} \\ \frac{l^3}{24EI} & \frac{2l^3}{24EI} \end{bmatrix}$$

所以，通过计算，易得到：

$$\boldsymbol{K\delta} = \boldsymbol{I}$$

进一步说明刚度矩阵 $\boldsymbol{K}$ 和柔度矩阵 $\boldsymbol{\delta}$ 互为逆矩阵。

以上原理同样适用于 n 个自由度体系。如果按照柔度法建立微分方程，则可以将 n 个质点的惯性力看作静力荷载[图3-14a)]。

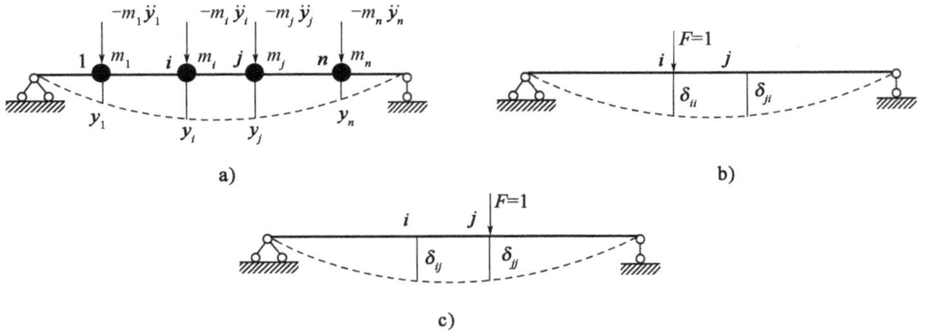

图3-14 多个自由度体系的自由振动(柔度法)

在这些荷载作用下，结构任一质点 m_i 处的位移应该为：

$$y_i = \delta_{i1}(-m_1\ddot{y}_1) + \delta_{i2}(-m_2\ddot{y}_2) + \cdots + \delta_{ij}(-m_j\ddot{y}_j) + \cdots + \delta_{in}(-m_n\ddot{y}_n) \qquad \text{(a)}$$

式中，δ_{ij}是结构的柔度系数，其物理意义如图3-14b)、c)所示。据此，可以建立 n 个位移方程：

$$\left.\begin{aligned}y_1(t)+\delta_{11}m_1\ddot{y}_1(t)+\delta_{12}m_2\ddot{y}_2(t)+\cdots+\delta_{1n}m_n\ddot{y}_n(t)=0\\ y_2(t)+\delta_{21}m_1\ddot{y}_1(t)+\delta_{22}m_2\ddot{y}_2(t)+\cdots+\delta_{2n}m_n\ddot{y}_n(t)=0\\ \cdots\cdots\\ y_n(t)+\delta_{n1}m_1\ddot{y}_1(t)+\delta_{n2}m_2\ddot{y}_2(t)+\cdots+\delta_{nn}m_n\ddot{y}_n(t)=0\end{aligned}\right\}\tag{3-27}$$

写成矩阵形式，就有：

$$\begin{Bmatrix}y_1(t)\\y_2(t)\\\vdots\\y_n(t)\end{Bmatrix}+\begin{bmatrix}\delta_{11}&\delta_{12}&\cdots&\delta_{1n}\\\delta_{21}&\delta_{22}&&\delta_{2n}\\\vdots&&\ddots&\vdots\\\delta_{n1}&\delta_{n2}&\cdots&\delta_{nn}\end{bmatrix}\begin{bmatrix}m_1&&&\\&m_2&&\\&&\ddots&\\&&&m_n\end{bmatrix}\begin{Bmatrix}\ddot{y}_1(t)\\\ddot{y}_2(t)\\\vdots\\\ddot{y}_n(t)\end{Bmatrix}=\begin{Bmatrix}0\\0\\\vdots\\0\end{Bmatrix}\tag{3-28a}$$

或者写为：

$$\boldsymbol{Y}+\boldsymbol{\delta M}\ddot{\boldsymbol{Y}}=\boldsymbol{0}\tag{3-28b}$$

式(3-28a)或式(3-28b)是按照柔度法建立的多自由度无阻尼体系自由振动微分方程。若对式(3-28b)左乘以$\boldsymbol{\delta}^{-1}$，则有：

$$\boldsymbol{\delta}^{-1}\boldsymbol{Y}+\boldsymbol{M}\ddot{\boldsymbol{Y}}=\boldsymbol{0}\tag{3-29}$$

若与式(3-12)对比，显然应有：

$$\boldsymbol{\delta}^{-1}=\boldsymbol{K}\tag{3-30}$$

即柔度矩阵和刚度矩阵是互为逆矩阵，可见无论按刚度或柔度法建立结构的振动微分方程，实质都一样，只是表现形式不同而已。

下面求解方程(3-28b)，设解答为如下形式：

$$\boldsymbol{Y}(t)=\boldsymbol{\Phi}\sin(\omega t+\varphi)\tag{b}$$

式中，$\boldsymbol{\Phi}$是位移幅值向量，可表示为：

$$\boldsymbol{\Phi}=\begin{Bmatrix}A_1\\A_2\\\vdots\\A_n\end{Bmatrix}$$

将式(b)代入式(3-28b)，消去公因子 $\sin(\omega t+\varphi)$ 即得：

$$\left(\boldsymbol{\delta M}-\frac{1}{\omega^2}\boldsymbol{I}\right)\boldsymbol{\Phi}=\boldsymbol{0}\tag{3-31}$$

上式为位移幅值$\boldsymbol{\Phi}$的矩阵方程。为了得到$\boldsymbol{\Phi}$的非零解，应使系数矩阵为零，即：

$$\boldsymbol{D}=\left|\boldsymbol{\delta M}-\frac{1}{\omega^2}\boldsymbol{I}\right|=0\tag{3-32a}$$

方程(3-32a)称为多自由度体系的频率方程。其展开形式如下：

$$\begin{vmatrix} \delta_{11}m_1-\frac{1}{\omega^2} & \delta_{12}m_2 & \cdots & \delta_{1n}m_n \\ \delta_{21}m_1 & \delta_{22}m_2-\frac{1}{\omega^2} & \cdots & \delta_{2n}m_n \\ \vdots & \vdots & \ddots & \vdots \\ \delta_{n1}m_1 & \delta_{n2}m_2 & \cdots & \delta_{nn}m_n-\frac{1}{\omega^2} \end{vmatrix}=0 \tag{3-32b}$$

由此得到关于$\frac{1}{\omega_i^2}$的 n 次代数方程,可以解出 n 个根,即$\frac{1}{\omega_1^2}$、$\frac{1}{\omega_2^2}$、…、$\frac{1}{\omega_n^2}$。进而可求得 n 个频率 ω_1、ω_2、…、ω_n。

最后求与频率 ω_i 相应的主振型 $\boldsymbol{\Phi}_i$。为此,将$\frac{1}{\omega_i^2}$和 $\boldsymbol{\Phi}_i$ 代入式(3-31),得到:

$$\left(\boldsymbol{\delta M}-\frac{1}{\omega^2}\boldsymbol{I}\right)\boldsymbol{\Phi}_i=\boldsymbol{0} \tag{3-33}$$

令 $i=1,2,\cdots,n$,可得 n 个向量方程,由此求出 n 个主振型 $\boldsymbol{\Phi}_1$、$\boldsymbol{\Phi}_2$、…、$\boldsymbol{\Phi}_n$。

例 3-7 试用柔度法求例 3-3 的固有频率和固有振型。

解:设这 3 个集中质量的竖向位移分别为 y_1、y_2、y_3,则系统的质量矩阵为:

$$\boldsymbol{M}=\begin{bmatrix} m_1 & 0 & 0 \\ 0 & m_2 & 0 \\ 0 & 0 & m_3 \end{bmatrix}=\begin{bmatrix} m & 0 & 0 \\ 0 & m & 0 \\ 0 & 0 & m \end{bmatrix} \tag{a}$$

在质量 m_1、m_2、m_3 处分别作用单位力[图 3-15a)],根据材料力学中的图乘法[图 3-15b)]计算公式可得柔度系数:

$$\delta_{11}=\frac{3l^3}{256EI}=\delta_{33}$$

$$\delta_{12}=\frac{11l^3}{768EI}=\delta_{21}=\delta_{32}=\delta_{23} \qquad \delta_{13}=\frac{7l^3}{768EI}=\delta_{31} \qquad \delta_{22}=\frac{1}{48}\frac{l^3}{EI}$$

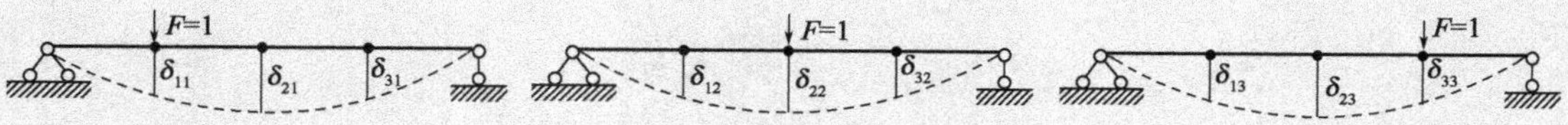

a)

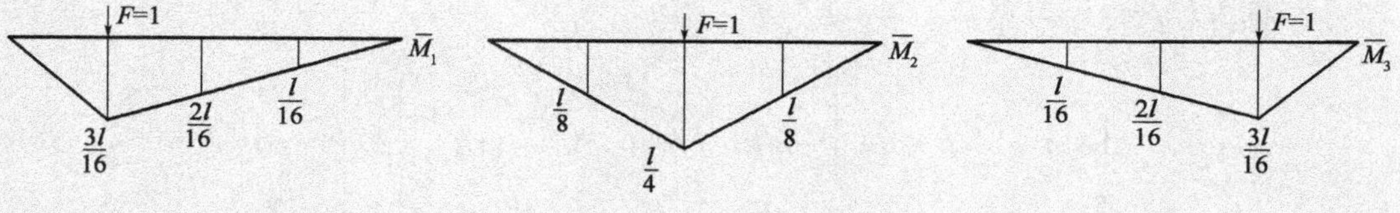

b)

图 3-15

因而可得柔度矩阵：

$$\boldsymbol{\delta} = \begin{bmatrix} \delta_{11} & \delta_{12} & \delta_{13} \\ \delta_{21} & \delta_{22} & \delta_{23} \\ \delta_{31} & \delta_{32} & \delta_{33} \end{bmatrix} = \frac{l^3}{768EI}\begin{bmatrix} 9 & 11 & 7 \\ 11 & 16 & 11 \\ 7 & 11 & 9 \end{bmatrix} \tag{b}$$

根据方程(3-32)可得特征方程：

$$\left|\boldsymbol{\delta M} - \frac{1}{\omega^2}\boldsymbol{I}\right| = \begin{vmatrix} \dfrac{9ml^3}{768EI} - \dfrac{1}{\omega^2} & \dfrac{11ml^3}{768EI} & \dfrac{7ml^3}{768EI} \\ \dfrac{11ml^3}{768EI} & \dfrac{16ml^3}{768EI} - \dfrac{1}{\omega^2} & \dfrac{11ml^3}{768EI} \\ \dfrac{7ml^3}{768EI} & \dfrac{11ml^3}{768EI} & \dfrac{9ml^3}{768EI} - \dfrac{1}{\omega^2} \end{vmatrix} = 0 \tag{c}$$

用 ω^2 乘以特征方程式中每一个元素，并记为：

$$\frac{ml^3\omega^2}{768EI} = \beta \tag{d}$$

则特征方程可写为：

$$\begin{vmatrix} 9\beta - 1 & 11\beta & 7\beta \\ 11\beta & 16\beta - 1 & 11\beta \\ 7\beta & 11\beta & 9\beta - 1 \end{vmatrix} = 0 \tag{e}$$

展开得：

$$28\beta^3 - 78\beta^2 + 34\beta - 1 = 0$$

解得：

$$\beta_1 = 0.0317 \qquad \beta_2 = 0.5000 \qquad \beta_3 = 2.2540$$

代入式(d)可得固有频率为：

$$\begin{aligned} \omega_1 &= 4.9341\sqrt{\frac{EI}{ml^3}} \\ \omega_2 &= 19.5959\sqrt{\frac{EI}{ml^3}} \\ \omega_3 &= 41.6062\sqrt{\frac{EI}{ml^3}} \end{aligned} \tag{f}$$

根据方程(3-31)可得：

$$\left[\boldsymbol{\delta M} - \frac{1}{\omega^2}\boldsymbol{I}\right]\boldsymbol{\Phi} = \begin{bmatrix} 9\beta - 1 & 11\beta & 7\beta \\ 11\beta & 16\beta - 1 & 11\beta \\ 7\beta & 11\beta & 9\beta - 1 \end{bmatrix}\begin{Bmatrix} A_1 \\ A_2 \\ A_3 \end{Bmatrix} = \begin{Bmatrix} 0 \\ 0 \\ 0 \end{Bmatrix}$$

令 $A_{1i} = 1$，分别得到三个固有振型为：

$$\boldsymbol{\Phi}_1 = \begin{Bmatrix} A_{11} \\ A_{21} \\ A_{31} \end{Bmatrix} = \begin{Bmatrix} 1 \\ 1.415 \\ 1 \end{Bmatrix}$$

$$\boldsymbol{\Phi}_2 = \begin{Bmatrix} A_{12} \\ A_{22} \\ A_{32} \end{Bmatrix} = \begin{Bmatrix} 1 \\ 0 \\ -1 \end{Bmatrix}$$

$$\boldsymbol{\Phi}_3 = \begin{Bmatrix} A_{13} \\ A_{23} \\ A_{33} \end{Bmatrix} = \begin{Bmatrix} 1 \\ -1.415 \\ 1 \end{Bmatrix}$$

3 个固有频率对应的振型如例 3-3 所示，梁的实际振动曲线是这 3 条振型曲线的线性组合。

例 3-8 试用柔度法重做例 3-4。设第一层的层间柔度系数为 $\delta_1 = \delta = \frac{1}{k}$，即单位层间力引起的层间位移，则第二、三层柔度系数分别为 $\delta_2 = \frac{3}{k} = 3\delta$、$\delta_3 = \frac{5}{k} = 5\delta$[图 3-16a)]。

解：(1)求自振频率

由图 3-16b)、c)、d)可得，层间柔度系数 $\delta_{11} = \delta = \delta_{21} = \delta_{31} = \delta_{12} = \delta_{31}$，$\delta_{22} = 4\delta = \delta_{23} = \delta_{32}$，$\delta_{33} = 9\delta$，从而得柔度矩阵和质量矩阵：

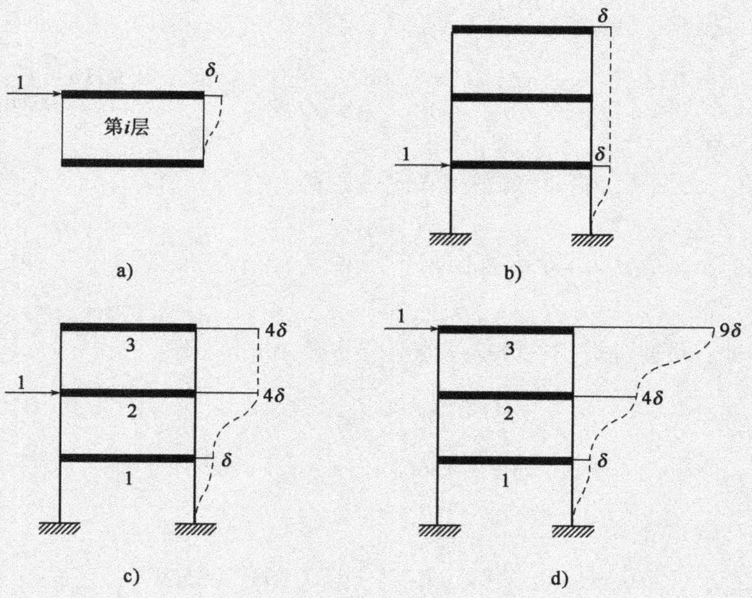

图 3-16

$$\boldsymbol{\delta} = \delta\begin{bmatrix}1 & 1 & 1\\1 & 4 & 4\\1 & 4 & 9\end{bmatrix} \qquad \boldsymbol{M} = m\begin{bmatrix}2 & 0 & 0\\0 & 1 & 0\\0 & 0 & 1\end{bmatrix}$$

因此,

$$\boldsymbol{\delta M} = \delta m\begin{bmatrix}1 & 1 & 1\\1 & 4 & 4\\1 & 4 & 9\end{bmatrix}\begin{bmatrix}2 & 0 & 0\\0 & 1 & 0\\0 & 0 & 1\end{bmatrix} = \delta m\begin{bmatrix}2 & 1 & 1\\2 & 4 & 4\\2 & 4 & 9\end{bmatrix}$$

$$\boldsymbol{\delta M} - \frac{1}{\omega^2}\boldsymbol{I} = \delta m\begin{bmatrix}2-\eta & 1 & 1\\2 & 4-\eta & 4\\2 & 4 & 9-\eta\end{bmatrix} \tag{a}$$

其中,

$$\eta = \frac{1}{\delta m\omega^2} \tag{b}$$

由频率方程(3-32a),其展开式为:

$$\eta^3 - 15\eta^2 + 42\eta - 30 = 0 \tag{c}$$

由此求得 3 个根为:

$$\eta_1 = 11.6031 \qquad \eta_2 = 2.2454 \qquad \eta_3 = 1.1515$$

因此 3 个自振频率为:

$$\omega_1 = 0.2936\frac{1}{\sqrt{\delta m}} \qquad \omega_2 = 0.6673\frac{1}{\sqrt{\delta m}} \qquad \omega_3 = 0.9319\frac{1}{\sqrt{\delta m}}$$

(2)求主振型

首先,求第一主振型。将 ω_1 的值代入式(a),得

$$\boldsymbol{\delta M} - \frac{1}{\omega_1^2}\boldsymbol{I} = \delta m\begin{bmatrix}-9.601 & 1 & 1\\2 & -7.601 & 4\\2 & 4 & -2.601\end{bmatrix}$$

规定 $A_{31}=1$。可通过式(3-33)求其他两个元素 A_{11}、A_{21},即:

$$\left.\begin{aligned}-9.601A_{11} + A_{21} + A_{31} &= 0\\2A_{11} - 7.601A_{21} + 4A_{31} &= 0\end{aligned}\right\} \tag{d}$$

由于 $A_{31}=1$,故式(d)的解为:

$$\boldsymbol{\Phi}_1 = \{A_{11} \quad A_{21} \quad A_{31}\}^{\mathrm{T}} = \{0.163 \quad 0.569 \quad 1\}^{\mathrm{T}}$$

同理可求得第二阶和第三阶振型,即:

$$\boldsymbol{\Phi}_2 = \{A_{12} \quad A_{22} \quad A_{32}\}^{\mathrm{T}} = \{-0.924 \quad -1.227 \quad 1\}^{\mathrm{T}}$$

$$\boldsymbol{\Phi}_3 = \{A_{13} \quad A_{23} \quad A_{33}\}^{\mathrm{T}} = \{2.760 \quad -3.342 \quad 1\}^{\mathrm{T}}$$

结果和例 3-4 的结果一致。

综上所述,不同结构都可以采用刚度法和柔度法求解结构自振频率和自振振型,但是两种方法难易程度不同,有的结构用刚度法较易求得,有的则是采用柔度法较为简便。例如通过例 3-1 和例 3-5 对同一结构进行对比,不难发现采用刚度法计算较为复杂,为了获得刚度系数,需要把一个静定结构转化为超静定结构加以求解。显然,柔度法在类似简支梁或者悬臂梁加集中质量的情况下较为适用。而对于房屋类的层间结构,如果采用柔度法求解,柔度系数不易求得,同时运算也比较烦琐,宜采用刚度法求结构频率及主振型。所以读者在计算过程中,要合理选择计算方法,以达到快速求解的目的。

在多自由度体系中也可以用质量转移法近似求解结构体系的频率。其思路是将体系的分布质量或多个集中质量转移至一个指定的点,由一个相当质量代替,由此可求得体系频率的近似值。

如图 3-17 所示,假定将梁上 i 点质量 M_i 转移至 A 点,根据两者频率相等的原则,有 $\omega_1 = \omega_1'$。于是,按单自由度体系计算公式有 $M_i\delta_{ii} = M_A'\delta_{AA}$,于是由 i 点转移至 A 点的相当质量为:

$$M_A' = \frac{\delta_{ii}}{\delta_{AA}} M_i \tag{3-34}$$

式中,δ_{ii}、δ_{AA} 分别为 i 及 A 处作用单位力时在该处产生的位移。

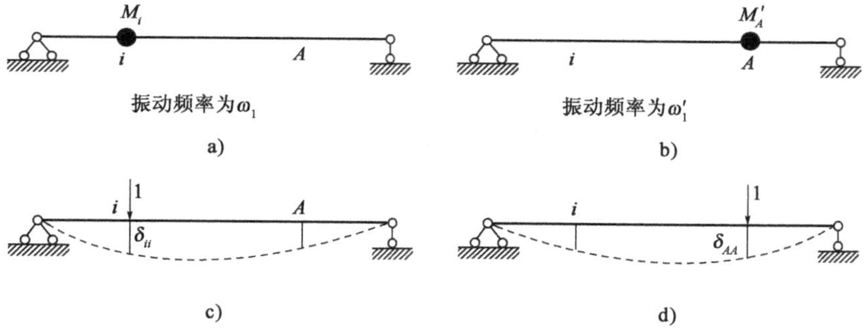

图 3-17 质量转移法

由此类推,可得出将 n 个集中质量 M_i 转移至 A 处时的相当质量:

$$M_A' = \sum_{i=1}^{n} \frac{\delta_{ii}}{\delta_{AA}} M_i \tag{3-35}$$

更为一般的情形,如果将体系的分布质量及多个集中质量同时转移至 A 处,此时相当质量为:

$$M_A' = \frac{1}{\delta_{AA}}\left[\int_0^l m\delta_{xx}\,\mathrm{d}x + \sum_{i=1}^{n} M_i\delta_{ii}\right] \tag{3-36}$$

式中,δ_{xx} 为任意截面作用单位力时在该处产生的位移;m 为梁的均布质量集度;M_i 为集中质量。

例 3-9 用质量转移法求解图 3-18a)中有均布质量带集中质量的简支梁的第一阶频率，设梁的均布质量 $m=\dfrac{M}{3l}$，$M_1=M_2=\dfrac{M}{3}$。

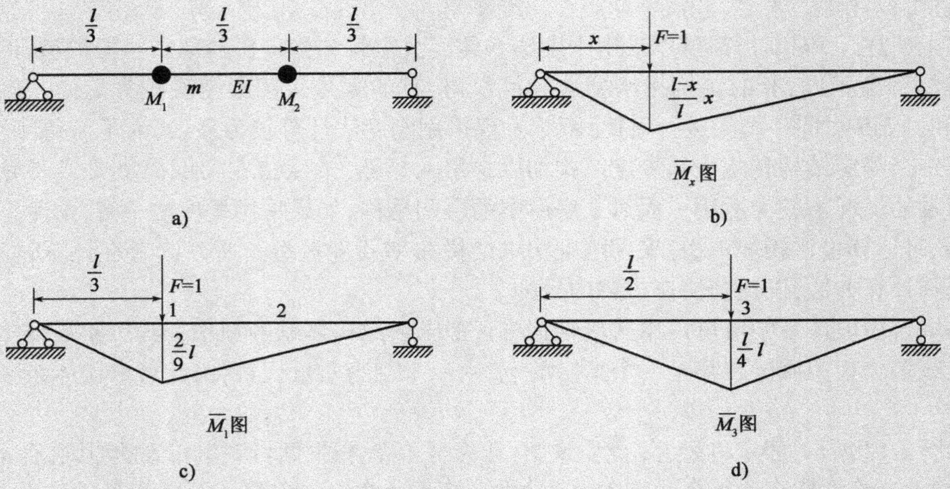

图 3-18

解：由静力学的图乘法求得：

$$\delta_{xx}=\frac{x^2}{3EIl}(l-x)^2$$

$$\delta_{11}=\delta_{22}=\frac{4}{243}\frac{l^3}{EI}\quad \delta_{33}=\frac{l^3}{48EI}$$

可求得转移到跨中的集中质量为：

$$M_3=\frac{1}{\delta_{33}}\left(\int_0^l m\delta_{xx}\mathrm{d}x+M_1\delta_{11}+M_2\delta_{22}\right)$$

$$=\frac{1}{\delta_{33}}\left[\int_0^l \frac{M}{3l}\frac{x^2}{3EIl}(l-x)^2\mathrm{d}x+\frac{M}{3}\times\delta_{11}+\frac{M}{3}\times\delta_{22}\right]=0.7045M$$

则有

$$\omega_1=\sqrt{\frac{1}{M_3\delta_{33}}}=8.2543\sqrt{\frac{EI}{Ml^3}}=0.8363\pi^2\sqrt{\frac{EI}{Ml^3}}$$

第一阶自振频率的精确解为 $\omega_1=0.8655\pi^2\sqrt{\dfrac{EI}{Ml^3}}$，可知误差为 3.4%。

通过转移质量求解的第一阶频率相比精确解要偏低，主要是由于通过转移质量法在某种程度上加大了相当质量，在刚度一定的情况下，相当于质量的增加，使得算出的频率偏低。

由前面的单自由度体系在外荷载作用下的分析可知，结构响应规律必然与结构的质量、刚度及阻尼特性有关。推广到一般的结构体系中，在动力荷载作用下结构的动力响应规律也必然与这些参量有关，上述参量表征了结构动力特性的一些固有量，称为结构的**动力特性**。概括起来，结构的动力特性主要包括结构的自振频率、结构阻尼和结构的振型。掌握结构的动力特性对结构动力分析至关重要。

3.2 振型的正交性

设有 n 个自由度的体系分别以 ω_i 及 ω_j 频率振动时对应的两个主振型分别为 $\boldsymbol{\Phi}_i$ 及 $\boldsymbol{\Phi}_j$，则有如下表达式：

$$\boldsymbol{\Phi}_i^{\mathrm{T}}\boldsymbol{M}\boldsymbol{\Phi}_j = 0 \tag{3-37}$$

及

$$\boldsymbol{\Phi}_i^{\mathrm{T}}\boldsymbol{K}\boldsymbol{\Phi}_j = 0 \tag{3-38}$$

上述方程称为主振型的**正交性**(Orthogonality of mode shape)，其中式(3-37)也称为振型的第一正交性，式(3-38)也称为振型的第二正交性。下面加以证明。

引入式(3-14)：

$$(\boldsymbol{K} - \omega^2\boldsymbol{M})\boldsymbol{\Phi} = \boldsymbol{0}$$

当 $\omega = \omega_i$ 时

$$(\boldsymbol{K} - \omega_i^2\boldsymbol{M})\boldsymbol{\Phi}_i = \boldsymbol{0}$$

即

$$\boldsymbol{K}\boldsymbol{\Phi}_i = \omega_i^2\boldsymbol{M}\boldsymbol{\Phi}_i \tag{3-39}$$

同理，当 $\omega = \omega_j$ 时

$$\boldsymbol{K}\boldsymbol{\Phi}_j = \omega_j^2\boldsymbol{M}\boldsymbol{\Phi}_j \tag{3-40}$$

将式(3-39)转置得：

$$\boldsymbol{\Phi}_i^{\mathrm{T}}\boldsymbol{K}^{\mathrm{T}} = \omega_i^2\boldsymbol{\Phi}_i^{\mathrm{T}}\boldsymbol{M}^{\mathrm{T}} \tag{3-41}$$

将式(3-40)左乘 $\boldsymbol{\Phi}_i^{\mathrm{T}}$，得到：

$$\boldsymbol{\Phi}_i^{\mathrm{T}}\boldsymbol{K}\boldsymbol{\Phi}_j = \omega_j^2\boldsymbol{\Phi}_i^{\mathrm{T}}\boldsymbol{M}\boldsymbol{\Phi}_j \tag{3-42}$$

将式(3-41)右乘 $\boldsymbol{\Phi}_j$，得到：

$$\boldsymbol{\Phi}_i^{\mathrm{T}}\boldsymbol{K}^{\mathrm{T}}\boldsymbol{\Phi}_j = \omega_i^2\boldsymbol{\Phi}_i^{\mathrm{T}}\boldsymbol{M}^{\mathrm{T}}\boldsymbol{\Phi}_j \tag{3-43}$$

由于 $\boldsymbol{M}$ 及 $\boldsymbol{K}$ 为对称矩阵，有 $\boldsymbol{M}^{\mathrm{T}} = \boldsymbol{M}$ 及 $\boldsymbol{K}^{\mathrm{T}} = \boldsymbol{K}$，比较式(3-42)和式(3-43)，得：

$$(\omega_i^2 - \omega_j^2)\boldsymbol{\Phi}_i^{\mathrm{T}}\boldsymbol{M}\boldsymbol{\Phi}_j = 0 \tag{3-44}$$

由于 $\omega_i \neq \omega_j$，故必有：

$$\boldsymbol{\Phi}_i^{\mathrm{T}}\boldsymbol{M}\boldsymbol{\Phi}_j = 0 \tag{3-45}$$

代入式(3-42)和式(3-43)，均可得：

$$\boldsymbol{\Phi}_i^{\mathrm{T}}\boldsymbol{K}\boldsymbol{\Phi}_j = 0 \tag{3-46}$$

对于一般只具有集中质量的结构体系来说，由于质量矩阵 $\boldsymbol{M}$ 通常是对角矩阵，比刚度矩阵 $\boldsymbol{K}$ 更容易求得。所以，利用振型正交性时，式(3-37)比式(3-38)更简便。

主振型之间的正交性从物理意义上的解释是：主振型之间的第一个正交关系的含义就是第 i 阶振型的惯性力在经历第 j 阶振型位移时所做的功等于零(相应于某一主振型的惯性力不会在其他主振型上做功)；而主振型之间的第二个正交关系的含义则是与第 i 阶振型位移有关的等效静力在经历第 j 阶振型位移时所做的功等于零(相应于某一主振型的弹性力不会在

其他主振型上做功)。从能量上的解释是:相应于某一主振型作简谐振动的能量不会转移到其他振型上,也就不会引起其他主振型的振动。

振型正交性是多自由体系的重要动力特性,在动力分析中有极其重要的应用,由式(3-37)、式(3-38)说明各振型的幅值不可能具有完全相同的符号,将所求得的振型结果代入这两个方程式,检验是否满足,从而可以判定计算结果的正确性。

例 3-10 用主振型正交性检验例 3-4 计算结果。

解:由例 3-4 可知质量、刚度矩阵分别为:

$$\boldsymbol{M} = m \times \begin{bmatrix} 2 & 0 & 0 \\ 0 & 1 & 0 \\ 0 & 0 & 1 \end{bmatrix} \qquad \boldsymbol{K} = \frac{k}{15} \times \begin{bmatrix} 20 & -5 & 0 \\ -5 & 8 & -3 \\ 0 & -3 & 3 \end{bmatrix}$$

又知 3 个主振型为:

$$\boldsymbol{\Phi}_1 = \begin{Bmatrix} 0.163 \\ 0.569 \\ 1 \end{Bmatrix} \qquad \boldsymbol{\Phi}_2 = \begin{Bmatrix} -0.924 \\ -1.227 \\ 1 \end{Bmatrix} \qquad \boldsymbol{\Phi}_3 = \begin{Bmatrix} 2.760 \\ -3.342 \\ 1 \end{Bmatrix}$$

(1)验证式(3-37),得:

$$\boldsymbol{\Phi}_1^{\mathrm{T}}\boldsymbol{M}\boldsymbol{\Phi}_2 = \{0.163 \quad 0.569 \quad 1\} m \begin{bmatrix} 2 & 0 & 0 \\ 0 & 1 & 0 \\ 0 & 0 & 1 \end{bmatrix} \begin{Bmatrix} -0.924 \\ -1.227 \\ 1 \end{Bmatrix}$$

$$= m[0.163 \times 2 \times (-0.924) + 0.569 \times 1 \times (-1.227) + 1 \times 1 \times 1]$$

$$= m(1 - 0.9994) = 0.0006m \approx 0$$

同理可得:

$$\boldsymbol{\Phi}_1^{\mathrm{T}}\boldsymbol{M}\boldsymbol{\Phi}_3 = -0.002m \approx 0$$

$$\boldsymbol{\Phi}_2^{\mathrm{T}}\boldsymbol{M}\boldsymbol{\Phi}_3 = 0.0002m \approx 0$$

(2)验证式(3-38),得:

$$\boldsymbol{\Phi}_1^{\mathrm{T}}\boldsymbol{K}\boldsymbol{\Phi}_2 = \{0.163 \quad 0.569 \quad 1\} \frac{k}{15} \begin{bmatrix} 20 & -5 & 0 \\ -5 & 8 & -3 \\ 0 & -3 & 3 \end{bmatrix} \begin{Bmatrix} -0.924 \\ -1.227 \\ 1 \end{Bmatrix}$$

$$= \{0.163 \quad 0.569 \quad 1\} \frac{k}{15} \begin{Bmatrix} -12.345 \\ -8.196 \\ 6.681 \end{Bmatrix}$$

$$= \frac{k}{15}(6.681 - 6.676) = \frac{k}{15} \times 0.005 \approx 0$$

同理可得:

$$\boldsymbol{\Phi}_1^{\mathrm{T}}\boldsymbol{K}\boldsymbol{\Phi}_3 = \frac{k}{15}(24.75 - 24.77) = \frac{k}{15}(-0.02) \approx 0$$

$$\boldsymbol{\Phi}_2^{\mathrm{T}}\boldsymbol{K}\boldsymbol{\Phi}_3 = \frac{k}{15}(34.0720 - 34.0722) = \frac{k}{15}(-0.0002) \approx 0$$

可知,任意两个振型均能满足式(3-37)及式(3-38),即振型正交。

3.3 振型分解法

n 个自由度体系自由振动微分方程可缩记为：

$$\boldsymbol{M}\ddot{\boldsymbol{Y}} + \boldsymbol{K}\boldsymbol{Y} = \boldsymbol{0} \tag{3-47}$$

通常 $\boldsymbol{K}$ 为非对角矩阵，对于只具有集中质量的结构，质量矩阵为对角阵，就 $\boldsymbol{M}$ 而言，如考虑惯性耦联情况（即如在挠曲振动中考虑质量的转动惯性力矩），则 $\boldsymbol{M}$ 亦不是对角矩阵，此时运动方程是高度耦联的，即：

$$\sum_{j=1}^{n}(m_{ij}\ddot{y}_j + k_{ij}y_j) = 0 \qquad (i = 1,2,\cdots,n) \tag{3-48}$$

若能设法对方程组进行解耦，把方程变为一个独立的方程，即可以大大简化计算。前面所建立的多自由度体系振动微分方程，是以各质点的位移 $y_1,y_2,\cdots,y_n$ 为对象来求解的，位移向量为：

$$\boldsymbol{Y} = \{y_1(t) \quad y_2(t) \quad \cdots \quad y_n(t)\}^{\mathrm{T}} \tag{a}$$

也称为几何坐标。为了对方程组进行解耦，进行如下坐标的变换：将结构的 n 个主振型向量 $\boldsymbol{\Phi}_1,\boldsymbol{\Phi}_2,\cdots,\boldsymbol{\Phi}_n$ 作为 n 维向量的一个基，把几何坐标 $\boldsymbol{Y}$ 表示为此基的线性组合，即：

$$\boldsymbol{Y} = q_1(t)\boldsymbol{\Phi}_1 + q_2(t)\boldsymbol{\Phi}_2 + \cdots q_n(t)\boldsymbol{\Phi}_n \tag{3-49}$$

这也就是将位移向量 $\boldsymbol{Y}$ 按各主振型进行分解。式(3-49)具体展开分解为：

$$\boldsymbol{Y} = \begin{Bmatrix} y_1 \\ y_2 \\ \vdots \\ y_n \end{Bmatrix} = q_1(t)\begin{Bmatrix} A_{11} \\ A_{21} \\ \vdots \\ A_{n1} \end{Bmatrix} + q_2(t)\begin{Bmatrix} A_{12} \\ A_{22} \\ \vdots \\ A_{n2} \end{Bmatrix} + \cdots + q_n(t)\begin{Bmatrix} A_{1n} \\ A_{2n} \\ \vdots \\ A_{nn} \end{Bmatrix}$$

$$= \begin{bmatrix} A_{11} & A_{12} & \cdots & A_{1n} \\ A_{21} & A_{22} & \cdots & A_{2n} \\ \vdots & \vdots & & \vdots \\ A_{n1} & A_{2n} & \cdots & A_{nn} \end{bmatrix} \begin{Bmatrix} q_1(t) \\ q_2(t) \\ \vdots \\ q_n(t) \end{Bmatrix} \tag{3-50}$$

可简写为：

$$\boldsymbol{Y} = \boldsymbol{\Phi}\boldsymbol{q} \tag{3-51}$$

这也就把几何坐标 $\boldsymbol{Y}$ 变换成自由度数目相同的另一组新坐标：

$$\boldsymbol{q} = \{q_1 \quad q_2 \quad \cdots \quad q_n\}^{\mathrm{T}} \tag{3-52}$$

$\boldsymbol{q}$ 为前面所述的**广义坐标**。式(3-51)中

$$\boldsymbol{\Phi} = [\boldsymbol{\Phi}_1 \quad \boldsymbol{\Phi}_2 \quad \cdots \quad \boldsymbol{\Phi}_n] \tag{3-53}$$

为振型矩阵，它就是几何坐标和广义坐标的转换矩阵。将式(3-51)代入式(3-47)并将其前乘以 $\boldsymbol{\Phi}^{\mathrm{T}}$，得

$$\boldsymbol{\Phi}^{\mathrm{T}}\boldsymbol{M}\boldsymbol{\Phi}\ddot{\boldsymbol{q}} + \boldsymbol{\Phi}^{\mathrm{T}}\boldsymbol{K}\boldsymbol{\Phi}\boldsymbol{q} = \boldsymbol{0} \tag{b}$$

记

$$\boldsymbol{\Phi}^{\mathrm{T}}\boldsymbol{M}\boldsymbol{\Phi} = \boldsymbol{M}^* \tag{3-54}$$

$$\boldsymbol{\Phi}^{\mathrm{T}}\boldsymbol{K}\boldsymbol{\Phi} = \boldsymbol{K}^* \tag{3-55}$$

则式(b):

$$\boldsymbol{M}^*\ddot{\boldsymbol{q}} + \boldsymbol{K}^*\boldsymbol{q} = \boldsymbol{0} \tag{3-56}$$

其中,M^*,K^* 均为对角矩阵,下面由主振型正交性证明式(3-54)、式(3-55)。

$$\boldsymbol{\Phi}^{\mathrm{T}}\boldsymbol{K}\boldsymbol{\Phi} = \begin{Bmatrix} \boldsymbol{\Phi}_1^{\mathrm{T}} \\ \boldsymbol{\Phi}_2^{\mathrm{T}} \\ \vdots \\ \boldsymbol{\Phi}_n^{\mathrm{T}} \end{Bmatrix} \boldsymbol{K} \{\boldsymbol{\Phi}_1 \quad \boldsymbol{\Phi}_2 \quad \cdots \quad \boldsymbol{\Phi}_n\} = \begin{bmatrix} \boldsymbol{\Phi}_1^{\mathrm{T}}\boldsymbol{K}\boldsymbol{\Phi}_1 & \boldsymbol{\Phi}_1^{\mathrm{T}}\boldsymbol{K}\boldsymbol{\Phi}_2 & \cdots & \boldsymbol{\Phi}_1^{\mathrm{T}}\boldsymbol{K}\boldsymbol{\Phi}_n \\ \boldsymbol{\Phi}_2^{\mathrm{T}}\boldsymbol{K}\boldsymbol{\Phi}_1 & \boldsymbol{\Phi}_2^{\mathrm{T}}\boldsymbol{K}\boldsymbol{\Phi}_2 & \cdots & \boldsymbol{\Phi}_2^{\mathrm{T}}\boldsymbol{K}\boldsymbol{\Phi}_n \\ \cdots & \cdots & \cdots & \cdots \\ \boldsymbol{\Phi}_n^{\mathrm{T}}\boldsymbol{K}\boldsymbol{\Phi}_1 & \boldsymbol{\Phi}_n^{\mathrm{T}}\boldsymbol{K}\boldsymbol{\Phi}_2 & \cdots & \boldsymbol{\Phi}_n^{\mathrm{T}}\boldsymbol{K}\boldsymbol{\Phi}_n \end{bmatrix}$$

$$= \begin{bmatrix} \boldsymbol{\Phi}_1^{\mathrm{T}}\boldsymbol{K}\boldsymbol{\Phi}_1 & & & \\ & \boldsymbol{\Phi}_2^{\mathrm{T}}\boldsymbol{K}\boldsymbol{\Phi}_2 & & \\ & & \ddots & \\ & & & \boldsymbol{\Phi}_n^{\mathrm{T}}\boldsymbol{K}\boldsymbol{\Phi}_n \end{bmatrix} = \begin{bmatrix} k_1^* & & & \\ & k_2^* & & \\ & & \ddots & \\ & & & k_n^* \end{bmatrix} = \boldsymbol{K}^*$$

式中利用了振型正交性,$\boldsymbol{\Phi}_i^{\mathrm{T}}\boldsymbol{K}\boldsymbol{\Phi}_j = 0(i \neq j)$,并令:

$$k_i^* = \boldsymbol{\Phi}_i^{\mathrm{T}}\boldsymbol{K}\boldsymbol{\Phi}_i \tag{c}$$

称为**广义刚度系数**,对应 $\boldsymbol{K}^*$ 称为**广义刚度矩阵**。

同理可得:

$$\boldsymbol{\Phi}^{\mathrm{T}}\boldsymbol{M}\boldsymbol{\Phi} = \begin{Bmatrix} \boldsymbol{\Phi}_1^{\mathrm{T}} \\ \boldsymbol{\Phi}_2^{\mathrm{T}} \\ \vdots \\ \boldsymbol{\Phi}_n^{\mathrm{T}} \end{Bmatrix} \boldsymbol{M} \{\boldsymbol{\Phi}_1 \quad \boldsymbol{\Phi}_2 \quad \cdots \quad \boldsymbol{\Phi}_n\}$$

$$= \begin{bmatrix} \boldsymbol{\Phi}_1^{\mathrm{T}}\boldsymbol{M}\boldsymbol{\Phi}_1 & & & \\ & \boldsymbol{\Phi}_2^{\mathrm{T}}\boldsymbol{M}\boldsymbol{\Phi}_2 & & \\ & & \ddots & \\ & & & \boldsymbol{\Phi}_n^{\mathrm{T}}\boldsymbol{M}\boldsymbol{\Phi}_n \end{bmatrix} = \begin{bmatrix} m_1^* & & & \\ & m_2^* & & \\ & & \ddots & \\ & & & m_n^* \end{bmatrix} = \boldsymbol{M}^*$$

式中,

$$m_i^* = \boldsymbol{\Phi}_i^{\mathrm{T}}\boldsymbol{M}\boldsymbol{\Phi}_i \tag{d}$$

称为**广义质量**(Generalized mass)**系数**;$\boldsymbol{M}^*$ 称为**广义质量矩阵**。

由于 $\boldsymbol{K}^*$ 和 $\boldsymbol{M}^*$ 与振型有关,是通过振型矩阵变换得来的,故又分别称为振型刚度矩阵与振型质量矩阵。它们中的每一个元素对应于一个主振型,如 k_i^*、m_i^* 对应于 i 振型,故是 k_i^* 又称为振型刚度,m_i^* 又称为振型质量。

于是可将式(3-56)化成 n 个独立方程：

$$m_i^* \ddot{q}_i(t) + k_i^* q_i(t) = 0 \quad (i = 1,2,3,\cdots,n) \tag{3-57a}$$

或

$$\ddot{q}_i(t) + \omega_i^2 q_i(t) = 0 \tag{3-57b}$$

式中，$\omega_i^2 = \frac{k_i^*}{m_i^*}$，式(3-57b)的求解和单自由度无阻尼体系自由振动相仿，如果结构初始条件已知，则：

$$q_i(t) = q_{0i}\cos\omega_i t + \frac{\dot{q}_{0i}}{\omega_i}\sin\omega_i t \tag{3-58}$$

式中，q_{0i}、$\dot{q}_{0i}$ 由初始条件决定。

上述步骤称为**振型分解法**(Mode decomposition method)，可将包含 n 个振型的复杂振动分解为 n 个单自由度体系的振动。反过来说，也可将复杂振动用振型分量来表示。在求得广义坐标 $\boldsymbol{q}$ 后，由 n 个振型线性叠加即可得到原几何坐标表示的运动方程解答 $\boldsymbol{Y}$，即式(3-49)故此法又称为**振型叠加法**(Mode superposition method)。这种方法必须在振型已知的条件下才能进行，故在自由振动分析中无法利用，此方法主要用于动载作用下对多自由度体系强迫振动问题求解。

3.4 多自由度有阻尼体系的自由振动

由前面所述可知，要精确描述实际结构体系受到的阻尼是很困难的。为了计算简便，人们通常对阻尼模型进行简化，这里只考虑黏滞阻尼，此时，多自由度体系运动方程为：

$$\boldsymbol{M}\ddot{\boldsymbol{Y}} + \boldsymbol{C}\dot{\boldsymbol{Y}} + \boldsymbol{K}\boldsymbol{Y} = \boldsymbol{0} \tag{3-59}$$

其中：

$$\boldsymbol{C} = \begin{bmatrix} c_{11} & c_{12} & \cdots & c_{1n} \\ c_{21} & c_{22} & \cdots & c_{2n} \\ \vdots & \vdots & \ddots & \vdots \\ c_{n1} & c_{n2} & \cdots & c_{nn} \end{bmatrix}$$

式中，$\boldsymbol{C}$ 称为**阻尼矩阵**(Damping matrix)；元素 c_{ij} 称为阻尼影响因子，它表示 j 点处产生单位速度而其他质点处广义速度为零时在 i 质点处作用的阻尼力。

实际上要测定阻尼矩阵各因子是很困难的，为了简化计算，目前通常采用的方法是假定阻尼矩阵 $\boldsymbol{C}$ 为**瑞利**(Rayleigh)**阻尼矩阵**，可表示为体系质量矩阵 $\boldsymbol{M}$ 与刚度矩阵 $\boldsymbol{K}$ 的某种线性组合，即：

$$\boldsymbol{C} = a\boldsymbol{M} + b\boldsymbol{K} \tag{3-60}$$

式中，a、b 为常数。由于振型对 $\boldsymbol{M}$ 和 $\boldsymbol{K}$ 正交，可以对角化，因而振型对阻尼矩阵 $\boldsymbol{C}$ 也正交，即 $\boldsymbol{C}$ 通过振型变化可以实现对角化，即：

$$\begin{aligned}\boldsymbol{C}^* &= \boldsymbol{\Phi}^{\mathrm{T}}\boldsymbol{C}\boldsymbol{\Phi} = \boldsymbol{\Phi}^{\mathrm{T}}(a\boldsymbol{M} + b\boldsymbol{K})\boldsymbol{\Phi} = a\boldsymbol{\Phi}^{\mathrm{T}}\boldsymbol{M}\boldsymbol{\Phi} + b\boldsymbol{\Phi}^{\mathrm{T}}\boldsymbol{K}\boldsymbol{\Phi}\\ &= a\boldsymbol{M}^* + b\boldsymbol{K}^*\\ &= \begin{bmatrix} am_1^* + bk_1^* & & & \\ & am_2^* + bk_2^* & & \\ & & \ddots & \\ & & & am_n^* + bk_n^* \end{bmatrix} = \begin{bmatrix} c_1^* & & & \\ & c_2^* & & \\ & & \ddots & \\ & & & c_n^* \end{bmatrix}\end{aligned}$$

$\boldsymbol{C}^*$称为广义阻尼矩阵,c_i^* 称为广义阻尼系数,对应于第 i 阶振型,又称为振型阻尼。引用**广义阻尼比** ζ_i

$$\zeta_i = \frac{c_i^*}{c_{ci}} = \frac{am_i^* + bk_i^*}{2m_i^*\omega_i} = \frac{1}{2}\left(\frac{a}{\omega_i} + b\omega_i\right) \qquad (i = 1,2,\cdots,n) \tag{3-61}$$

式中,c_c 称为广义临界阻尼,类似单自由度体系,令 $c_{ci} = 2\omega_i m_i^*$,m_i^* 为第 i 阶振型质量。

通常可由试验测定体系前两阶振型阻尼比 ζ_1 与 ζ_2,于是其他振型阻尼比均可代入不同的频率 ω 值,由(3-61)求得。在求得振型阻尼比后,将式(3-51)代入式(3-59),并在方程(3-59)两边同乘以振型矩阵 $\boldsymbol{\Phi}^{\mathrm{T}}$,利用振型正交性,可得用广义坐标表示的有阻尼的多自由度体系运动方程:

$$m_i^*\ddot{q}_i + c_i^*\dot{q}_i + k_i^* q_i = 0$$

即

$$\ddot{q}_i + 2\omega_i\zeta_i\dot{q}_i + \omega_i^2 q_i = 0 \qquad (i = 1,2,\cdots,n) \tag{3-62}$$

类似于单自由度体系,上式通解为:

$$q_i = \mathrm{e}^{-\zeta_i\omega_i t}(A_i\cos\omega_i' t + B_i\sin\omega_i' t)$$

式中:

$$\omega_i' = \omega_i\sqrt{1 - \zeta_i^2}$$

按式(3-49)的振型叠加,其振动响应的全解为:

$$\boldsymbol{Y} = \sum_{i=1}^{n} q_i\boldsymbol{\Phi}_i = \boldsymbol{\Phi}\boldsymbol{q} \qquad (i = 1,2,\cdots,n)$$

3.5 多自由度体系的强迫振动

3.5.1 多自由度无阻尼体系在简谐荷载作用下的强迫振动

和单自由度体系一样,在激振荷载作用下多自由度体系的强迫振动开始也存在一个过渡阶段。实际上由于阻尼力的存在,体系的振动很快进入稳态振动,所以这里只讨论稳态振动,并以多自由度无阻尼体系在简谐荷载 $\boldsymbol{F}_{\mathrm{P}}(t) = \boldsymbol{F}\sin\theta t$(各荷载的频率与相位都相同)作用下的稳态振动为例,来说明多自由度体系的强迫振动特点,更一般情况将在下节介绍。

1)刚度法

对于如图 3-19 所示 n 个自由度的体系,当各激振力作用在质点上时,可仿照式(3-12)建立方程,以各质点为研究对象,可得体系振动方程表达形式为:

$$\left.\begin{array}{l}m_1\ddot{y}_1+k_{11}y_1+k_{12}y_2+\cdots+k_{1n}y_n=F_1\sin\theta t\\ m_2\ddot{y}_2+k_{21}y_1+k_{22}y_2+\cdots+k_{2n}y_n=F_2\sin\theta t\\ \cdots\cdots\\ m_n\ddot{y}_n+k_{n1}y_1+k_{n2}y_2+\cdots+k_{nn}y_n=F_n\sin\theta t\end{array}\right\}\tag{3-63}$$

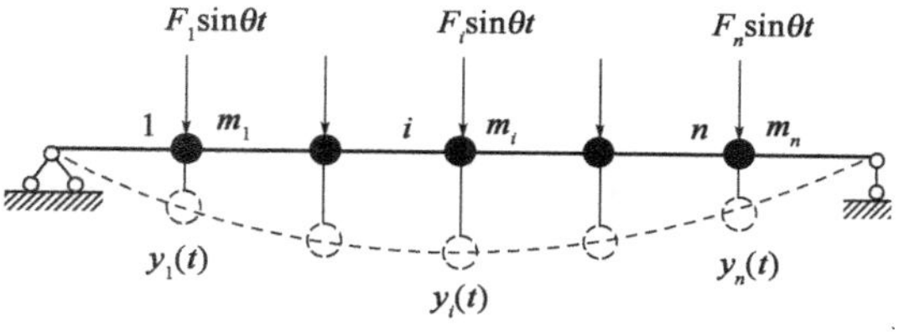

图 3-19　多自由度体系强迫振动(刚度法)

写成矩阵形式为:

$$\boldsymbol{M}\ddot{\boldsymbol{Y}}+\boldsymbol{KY}=\boldsymbol{F}\sin\theta t\tag{3-64}$$

式中,$\boldsymbol{F}=\{F_1\quad F_2\quad\cdots\quad F_n\}$为简谐荷载最大值。在平稳阶段各质点亦均按频率 θ 作同步振动,设:

$$y_i(t)=A_i\sin\theta t\qquad(i=1,2,\cdots,n)$$

式中,A_i 为各质点强迫振动的振幅。即:

$$\boldsymbol{Y}=\boldsymbol{A}\sin\theta t\tag{3-65}$$

代入式(3-64)并消去 $\sin\theta t$ 得:

$$(\boldsymbol{K}-\theta^2\boldsymbol{M})\boldsymbol{A}=\boldsymbol{F}\tag{3-66}$$

由上式便可解算各质点在强迫振动下的振幅值 A_1、A_2、…、A_n。然后代入式(3-65)即可得到各质点的位移方程,并可求得各质点的惯性力:

$$F_{Ii}=-m_i\ddot{y}_i(t)=m_i\theta^2A_i\sin\theta t=F_{Ii}^0\sin\theta t\tag{3-67}$$

或

$$\boldsymbol{F}_I=-\boldsymbol{M}\ddot{\boldsymbol{Y}}=\theta^2\boldsymbol{MA}\sin\theta t=\boldsymbol{F}_I^0\sin\theta t$$

式中,$F_{Ii}^0=m_i\theta^2A_i$ 代表惯性力最大值;$\boldsymbol{F}_I$ 是惯性力向量;$\boldsymbol{F}_I^0=\theta^2\boldsymbol{MA}$ 为惯性力幅值向量。利用此关系,将式(3-66)两边同乘以 θ^2,得:

$$\theta^2(\boldsymbol{K}-\theta^2\boldsymbol{M})\boldsymbol{A}=\theta^2\boldsymbol{F}$$

即

$$\theta^2(\boldsymbol{KM}^{-1}-\theta^2\boldsymbol{I})\boldsymbol{MA}=\theta^2\boldsymbol{F}$$

$$(\boldsymbol{KM}^{-1}-\theta^2\boldsymbol{I})\boldsymbol{F}_I^0=\theta^2\boldsymbol{F}\tag{3-68}$$

式中,$\boldsymbol{I}$ 是单位矩阵。由式(3-68)即可直接求解惯性力幅值。由式(3-65)、式(3-67)及激振力表达式可知位移、惯性力均与激振力同时达到最大值,故可将惯性力和激振力的最大值当作静力荷载作用于结构,以计算最大动力位移和内力。

例 3-11 如图 3-20 所示两层刚架。设楼面质量 $m_1 = 120\times10^3$kg 和 $m_2 = 100\times10^3$kg，柱的质量集中于楼面，单个柱的刚度 $k_1 = 15\times10^6$N/m 和 $k_2 = 10.5\times10^6$N/m；横梁刚度无限大。在刚架的二层沿水平方向作用一个简谐激振力 $F_0\sin\theta$，幅值 $F_0 = 5$kN，机器的转速 $n = 150$r/min。试求刚架的自振频率，第一、二层楼面的振幅和柱端弯矩的幅值。

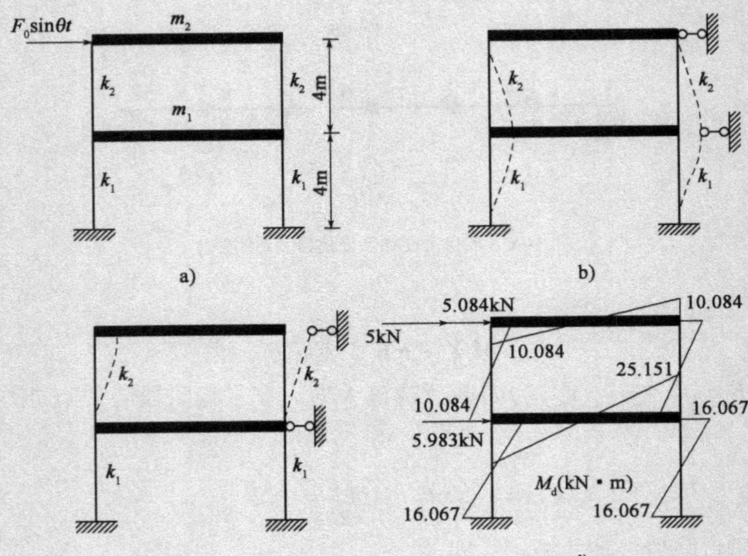

图 3-20

解：(1) 求自振频率

由图 3-20b)、c) 知，$k_{11} = 2k_1 + 2k_2$、$k_{21} = k_{12} = -2k_2$、$k_{22} = 2k_2$

$$\boldsymbol{K} = \begin{bmatrix} 51 & -21 \\ -21 & 21 \end{bmatrix} \times 10^6\text{N/m} \qquad \boldsymbol{M} = \begin{bmatrix} 120 & 0 \\ 0 & 100 \end{bmatrix} \times 10^3\text{kg}$$

代入频率方程(3-6)可解得：

$$\omega_1 = 9.8850\text{rad/s}, \omega_2 = 23.1794\text{rad/s}$$

(2) 求振幅

$$F_1 = 0, F_2 = 5\text{kN}, \theta = \frac{2\pi n}{60} = \frac{2\times3.1416\times150}{60} = 15.71(\text{rad/s})$$

由方程(3-66)

$$(\boldsymbol{K} - \theta^2\boldsymbol{M})\boldsymbol{A} = \boldsymbol{F}$$

展开上式

$$\left.\begin{aligned} (k_{11} - \theta^2 m_1)A_1 + k_{12}A_2 &= F_1 \\ k_{21}A_1 + (k_{22} - \theta^2 m_2)A_2 &= F_2 \end{aligned}\right\}$$

$$\boldsymbol{F}_{\text{P}} = \begin{Bmatrix} F_1 \\ F_2 \end{Bmatrix} = \begin{Bmatrix} 0 \\ 5 \end{Bmatrix} \times 10^3\text{N}$$

$$k_{11} - \theta^2 m_1 = 51\times10^6 - 15.71^2\times120\times10^3 = 2.1384\times10^7(\text{N/m})$$

$$k_{22}-\theta^2 m_2 = 21\times10^6 - 15.71^2\times100\times10^3 = -3.6804\times10^6(\mathrm{N/m})$$

代入方程

$$\left.\begin{aligned}(2.1384\times10^7)A_1-(2.1\times10^7)A_2&=0\\-(2.1\times10^7)A_1-(3.6804\times10^6)A_2&=5\times10^3\end{aligned}\right\}$$

$$A_1=-0.202\times10^{-3}\mathrm{m}=-0.202\mathrm{mm}$$

$$A_2=-0.206\times10^{-3}\mathrm{m}=-0.206\mathrm{mm}$$

(3)求柱端弯矩幅值

楼层最大惯性力为：

$$F_{I1}^0=\theta^2 m_1A_1=15.71^2\times120\times10^3\times0.202\times10^{-3}=5.983(\mathrm{kN})$$

$$F_{I2}^0=\theta^2 m_2A_2=15.71^2\times100\times10^3\times0.206\times10^{-3}=5.084(\mathrm{kN})$$

将最大惯性力、简谐荷载的幅值同时作用于结构上，按静力分析法求得最大弯矩，如图3-20d)所示。

2)柔度法

图3-21所示，简支梁(不计自身质量)上有 n 个集中质点，并且承受 k 个简谐周期荷载 $F_1\sin\theta t$、$F_2\sin\theta t$、…、$F_k\sin\theta t$ 的作用。不考虑阻尼作用，按照柔度法建立位移方程为：

$$y_i=\delta_{i1}F_{I1}+\delta_{i2}F_{I2}+\cdots\delta_{in}F_{In}+\Delta_{iP}\sin\theta t \tag{3-69}$$

其中，

$$\Delta_{iP}=\sum_{j=1}^{k}\delta'_{ij}F_j \tag{3-70}$$

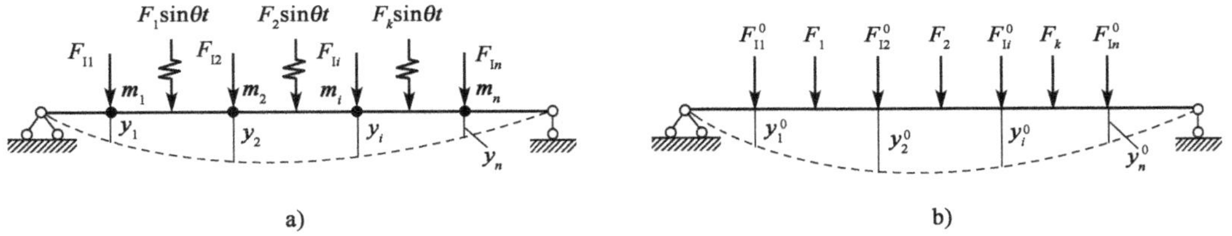

图3-21 多自由度体系的强迫振动(柔度法)

为各激振荷载幅值在质点 m_i 处所引起的静力位移，其中，δ'_{ij}为激振荷载处的柔度系数，注意与质点处的柔度系数的区别 δ_{ij}，当激振荷载位置与质点位置重合时两者相等。根据上式，对 n 个质点建立 n 个这样的方程，并考虑到：

$$F_{Ii}=-m_i\ddot{y}_i(t) \tag{3-71}$$

故式(3-69)可写为：

$$\left.\begin{aligned}y_1(t)+\delta_{11}m_1\ddot{y}_1(t)+\delta_{12}m_2\ddot{y}_2(t)+\cdots\delta_{1n}m_n\ddot{y}_n(t)&=\Delta_{1P}\sin\theta t\\y_2(t)+\delta_{21}m_1\ddot{y}_1(t)+\delta_{22}m_2\ddot{y}_2(t)+\cdots\delta_{2n}m_n\ddot{y}_n(t)&=\Delta_{2P}\sin\theta t\\&\cdots\cdots\\y_n(t)+\delta_{n1}m_1\ddot{y}_1(t)+\delta_{n2}m_2\ddot{y}_2(t)+\cdots\delta_{nn}m_n\ddot{y}_n(t)&=\Delta_{nP}\sin\theta t\end{aligned}\right\} \tag{3-72}$$

写成矩阵形式，则有：

$$\boldsymbol{Y}+\boldsymbol{\delta M}\ddot{\boldsymbol{Y}}=\boldsymbol{\Delta}_{\mathrm{P}}\sin\theta t \tag{3-73}$$

式中，$\boldsymbol{\Delta}_{\mathrm{P}}=\{\Delta_{1\mathrm{P}}\quad\Delta_{2\mathrm{P}}\quad\cdots\quad\Delta_{n\mathrm{P}}\}^{\mathrm{T}}$。

在稳态振动阶段，各质点将按照激振力频率 θ 做同步简谐振动，即：

$$y_i(t)=A_i\sin\theta t\qquad(i=1,2,\cdots,n) \tag{3-74}$$

式中，A_i 为质点 m_i 的振幅。将式(3-74)代入式(3-72)并注意到$\ddot{y}_i=-A_i\theta^2\sin\theta t$，可得：

$$\left.\begin{aligned}
&\left(\delta_{11}m_1-\frac{1}{\theta^2}\right)A_1+\delta_{12}m_2A_2+\cdots+\delta_{1n}m_nA_n+\frac{\Delta_{1\mathrm{P}}}{\theta^2}=0\\
&\delta_{21}m_1A_1+\left(\delta_{22}m_2-\frac{1}{\theta^2}\right)A_2+\cdots+\delta_{2n}m_nA_n+\frac{\Delta_{2\mathrm{P}}}{\theta^2}=0\\
&\cdots\cdots\\
&\delta_{n1}m_1A_1+\delta_{n2}m_2A_2+\cdots+\left(\delta_{nn}m_n-\frac{1}{\theta^2}\right)A_n+\frac{\Delta_{n\mathrm{P}}}{\theta^2}=0
\end{aligned}\right\} \tag{3-75}$$

或写成：

$$\left(\boldsymbol{\delta M}-\frac{1}{\theta^2}\boldsymbol{I}\right)\boldsymbol{A}+\frac{1}{\theta^2}\boldsymbol{\Delta}_{\mathrm{P}}=\boldsymbol{0} \tag{3-76}$$

式中，$\boldsymbol{I}$ 是单元矩阵；$\boldsymbol{A}$ 是振幅向量。

解此方程组即可求出各质点在纯强迫振动下的振幅 A_1、A_2、$\cdots$、A_n，再代入式(3-74)可得到各质点的振动方程，从而得质点的惯性力为：

$$F_{\mathrm{I}i}=-m_i\ddot{y}_i(t)=m_i\theta^2A_i\sin\theta t=F_{\mathrm{I}i}^0\sin\theta t \tag{3-77}$$

式中，$F_{\mathrm{I}i}^0=m_i\theta^2A_i$ 代表惯性力最大值。

前面已指出，由于位移、惯性力均与激振力同时达到最大值，故可将惯性力和激振力的最大值当作静力荷载加到结构中进行计算。

为了便于求惯性力最大值 $F_{\mathrm{I}i}^0$，可利用 $F_{\mathrm{I}i}^0=m_i\theta^2A_i$ 的关系，将式(3-75)改写成：

$$\left.\begin{aligned}
&\left(\delta_{11}-\frac{1}{m_1\theta^2}\right)F_{\mathrm{I}1}^0+\delta_{12}F_{\mathrm{I}2}^0+\cdots+\delta_{1n}F_{\mathrm{I}n}^0+\Delta_{1\mathrm{P}}=0\\
&\delta_{21}F_{\mathrm{I}1}^0+\left(\delta_{22}-\frac{1}{m_2\theta^2}\right)F_{\mathrm{I}2}^0+\cdots+\delta_{2n}F_{\mathrm{I}n}^0+\Delta_{2\mathrm{P}}=0\\
&\cdots\cdots\\
&\delta_{n1}F_{\mathrm{I}1}^0+\delta_{n2}F_{\mathrm{I}2}^0+\cdots+\left(\delta_{nn}-\frac{1}{m_n\theta^2}\right)F_{\mathrm{I}n}^0+\Delta_{n\mathrm{P}}=0
\end{aligned}\right\} \tag{3-78}$$

或写成：

$$\left(\boldsymbol{\delta}-\frac{1}{\theta^2}\boldsymbol{M}^{-1}\right)\boldsymbol{F}_{\mathrm{I}}^0+\boldsymbol{\Delta}_{\mathrm{P}}=\boldsymbol{0} \tag{3-79}$$

式中，$\boldsymbol{F}_{\mathrm{I}}^0$ 是最大惯性力向量。这样便可以直接解出各惯性力幅值。

当 $\theta=\omega_k(k=1,2,\cdots,n)$，即激振力频率和体系任意一阶自振频率相等时，由式(3-14)可知，此时式(3-66)的 $\boldsymbol{A}$ 矩阵系数行列式为0，体系振幅、惯性力及内力均无限大，这便是共振现象。实际上由于阻尼的存在，振幅等量值不会无限大，但是位移过大时，结构也有危险，应该予以避免。

例 3-12 如图 3-22 所示为悬臂梁装有两台发电机，自重均为 $G=30\text{kN}$，激振力最大值为$F_0=5\text{kN}$。$E=210\times10^9\text{Pa}$，$I=2.4\times10^{-4}\text{m}^4$，梁重不计。试求发电机 D 不开动而发电机 C 以转速 300r/min 时梁的最大动力弯矩。

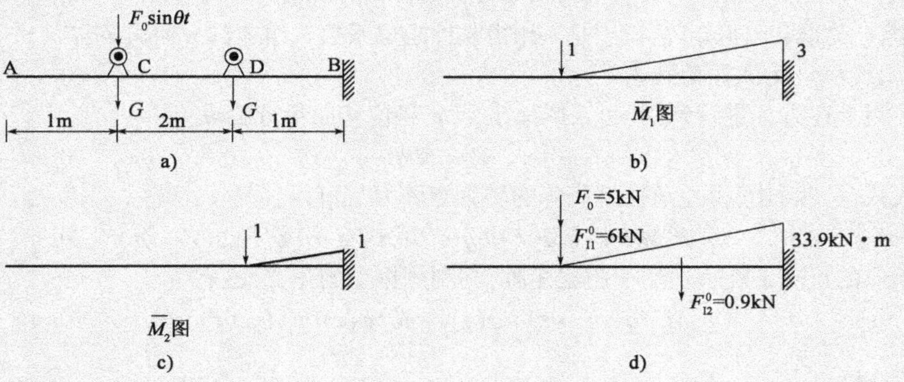

图 3-22

解：由图 3-22b)、c) 图乘法可得：

$$\delta_{11}=\frac{1}{EI}\left(\frac{1}{2}\times3\times3\times\frac{2}{3}\times3\right)=\frac{9}{EI}$$

$$\delta_{22}=\frac{1}{EI}\left(\frac{1}{2}\times1\times1\times\frac{2}{3}\times1\right)=\frac{1}{3EI}$$

$$\delta_{12}=\delta_{21}=\frac{1}{EI}\left(\frac{1}{2}\times1\times1\times\frac{8}{3}\right)=\frac{4}{3EI}$$

$$\Delta_{1P}=\delta_{11}F_0=\frac{9F_0}{EI}\quad\Delta_{2P}=\delta_{21}F_0=\frac{4F_0}{3EI}$$

$n=300\text{r/min}$，则 $\theta=\dfrac{2\pi n}{60}=10\pi\text{rad/s}$。

代入最大惯性力式(3-78)，并乘以 EI，得：

$$\left.\begin{aligned}\left[9-\frac{50400}{\left(\frac{30}{9.8}\right)\times(10\pi)^2}\right]F_{I1}^0+\frac{4}{3}F_{I2}^0+9F_0=0\\ \frac{4}{3}F_{I1}^0+\left[\frac{1}{3}-\frac{50400}{\left(\frac{30}{9.8}\right)\times(10\pi)^2}\right]F_{I2}^0+\frac{4}{3}F_0=0\end{aligned}\right\}$$

$$\left.\begin{aligned}-7.6985F_{I1}^0+1.3333F_{I2}^0+45=0\\ 1.3333F_{I1}^0-16.3652F_{I2}^0+6.6667=0\end{aligned}\right\}$$

$$F_{I1}^0=6.00\text{kN},F_{I2}^0=0.90\text{kN}$$

将惯性力 F_{I1}^0、F_{I2}^0和 F_0 作用到结构上，然后按静力计算可得最大动力弯矩，如图 3-22d) 所示。

3.5.2 多自由度有阻尼体系任意激振荷载下的强迫振动

对于多自由度有阻尼体系在任意激振荷载下的强迫振动，其运动方程的一般形式为：

$$\boldsymbol{M}\ddot{\boldsymbol{Y}} + \boldsymbol{C}\dot{\boldsymbol{Y}} + \boldsymbol{KY} = \boldsymbol{F}_{\mathrm{P}}(t) \tag{3-80}$$

式中，$\boldsymbol{C}$ 为瑞利阻尼矩阵，设它是一个由黏性阻尼系数 c_{ij} 组成的 n 阶方阵，$\boldsymbol{F}_{\mathrm{P}}(t) = \{F_1(t), F_2(t), \cdots, F_n(t)\}$ 为激振荷载。

为了对上述方程进行解耦，引入广义坐标 $\boldsymbol{q}$，将位移向量分解成：

$$\boldsymbol{Y} = \boldsymbol{\Phi q}$$

代入式(3-80)中，再左乘振型矩阵的转置矩阵 $\boldsymbol{\Phi}^{\mathrm{T}}$，可得：

$$\boldsymbol{\Phi}^{\mathrm{T}}\boldsymbol{M\Phi}\ddot{\boldsymbol{q}} + \boldsymbol{\Phi}^{\mathrm{T}}\boldsymbol{C\Phi}\dot{\boldsymbol{q}} + \boldsymbol{\Phi}^{\mathrm{T}}\boldsymbol{K\Phi q} = \boldsymbol{\Phi}^{\mathrm{T}}\boldsymbol{F}_{\mathrm{P}}(t) \tag{a}$$

注意到相应的正交条件也适用于阻尼矩阵，则利用振型的正交性，有：

$$\boldsymbol{M}^{*}\ddot{\boldsymbol{q}}(t) + \boldsymbol{C}^{*}\dot{\boldsymbol{q}}(t) + \boldsymbol{K}^{*}\boldsymbol{q}(t) = \boldsymbol{F}_{\mathrm{P}}^{*}(t) \tag{b}$$

式中：

$$\boldsymbol{F}_{\mathrm{P}}^{*}(t) = \boldsymbol{\Phi}^{\mathrm{T}}\boldsymbol{F}_{\mathrm{P}}(t) = \begin{Bmatrix} \boldsymbol{\Phi}_1^{\mathrm{T}}\boldsymbol{F}_{\mathrm{P}}(t) \\ \boldsymbol{\Phi}_2^{\mathrm{T}}\boldsymbol{F}_{\mathrm{P}}(t) \\ \vdots \\ \boldsymbol{\Phi}_n^{\mathrm{T}}\boldsymbol{F}_{\mathrm{P}}(t) \end{Bmatrix} = \begin{Bmatrix} F_{\mathrm{P}1}^{*}(t) \\ F_{\mathrm{P}2}^{*}(t) \\ \vdots \\ F_{\mathrm{P}n}^{*}(t) \end{Bmatrix} \tag{c}$$

式中，$F_{\mathrm{P}i}^{*}(t) = \boldsymbol{\Phi}_i^{\mathrm{T}}\boldsymbol{F}_{\mathrm{P}}(t)$ 称为相应第 i 阶主振型的广义荷载；$\boldsymbol{F}_{\mathrm{P}}^{*}(t)$ 则称为广义荷载向量。

由于 $\boldsymbol{M}^{*}$、$\boldsymbol{C}^{*}$、$\boldsymbol{K}^{*}$ 是对角矩阵，方程(b)可分解为：

$$m_i^{*}\ddot{q}_i + c_i^{*}\dot{q}_i + k_i^{*}q_i = F_{\mathrm{P}i}^{*}(t) \tag{3-81}$$

式中，$m_i^{*} = \boldsymbol{\Phi}_i^{\mathrm{T}}\boldsymbol{M\Phi}_i$，$c_i^{*} = \boldsymbol{\Phi}_i^{\mathrm{T}}\boldsymbol{C\Phi}_i$，$k_i^{*} = \boldsymbol{\Phi}_i^{\mathrm{T}}\boldsymbol{K\Phi}_i$ 分别为第 i 阶振型的广义质量、广义阻尼、广义刚度。

式(3-81)可以进一步写成

$$\ddot{q}_i + 2\zeta_i\omega_i\dot{q}_i + \omega_i^2 q_i = \frac{F_{\mathrm{P}i}^{*}(t)}{m_i^{*}} \quad (i = 1,2,\cdots,n) \tag{3-82}$$

式中，ζ_i 为第 i 阶振型的广义阻尼比，而 $c_i^{*} = 2\zeta_i\omega_i m_i^{*}$ 为第 i 阶振型的广义阻尼系数。进行这样的变换是因为用每一阶振型的阻尼比确定阻尼，比求阻尼矩阵的系数要方便。

和单自由度体系振动问题一样，式(3-82)可用杜哈梅(Duhamel)积分求得广义坐标 $q_i(t)$ 的响应：

$$q_i(t) = \frac{1}{m_i^{*}\omega_i'}\int_0^t F_{\mathrm{P}i}^{*}(\tau)\mathrm{e}^{-\zeta_i\omega_i(t-\tau)}\sin\omega_i'(t-\tau)\mathrm{d}\tau \quad (i = 1,2,\cdots,n) \tag{3-83}$$

式中，$\omega_i' = \sqrt{1-\zeta^2}\,\omega_i$，为有阻尼第 i 阶频率。利用振型叠加法，就可求得位移向量 $\boldsymbol{Y}$。

$$\boldsymbol{Y} = \sum_{i=1}^{n} q_i\boldsymbol{\Phi}_i = \boldsymbol{\Phi q}$$

所以，对于考虑阻尼的多自由度体系在任意荷载下的振动响应求解步骤如下：

(1)求体系的各阶自振频率 ω_i 和对应的振型 $\boldsymbol{\Phi}_i$。

(2)计算各振型对应的广义质量 m_i^*、广义阻尼 c_i^*、广义刚度 k_i^* 和广义荷载 F_{Pi}^*。

(3)根据 ω_1、ω_2 及已知的前两阶振型对应的阻尼比 ζ_1、ζ_1，求出参数 a、b；再根据式(3-61)求出其他振型阻尼比。

(4)用杜哈梅(Duhamel)积分求解广义坐标 $q_i(t)$。

(5)用振型叠加法计算位移响应向量。

例3-13 如图3-23a)所示，结构为无质量简支梁，分别在梁的三分点处有两个质量为 m 的质点，在结构的质点2处受到突加荷载

$$F_P(t)=\begin{cases}0 & (t<0)\\ F & (t>0)\end{cases}$$

作用，试求两质点的位移和梁的弯矩。

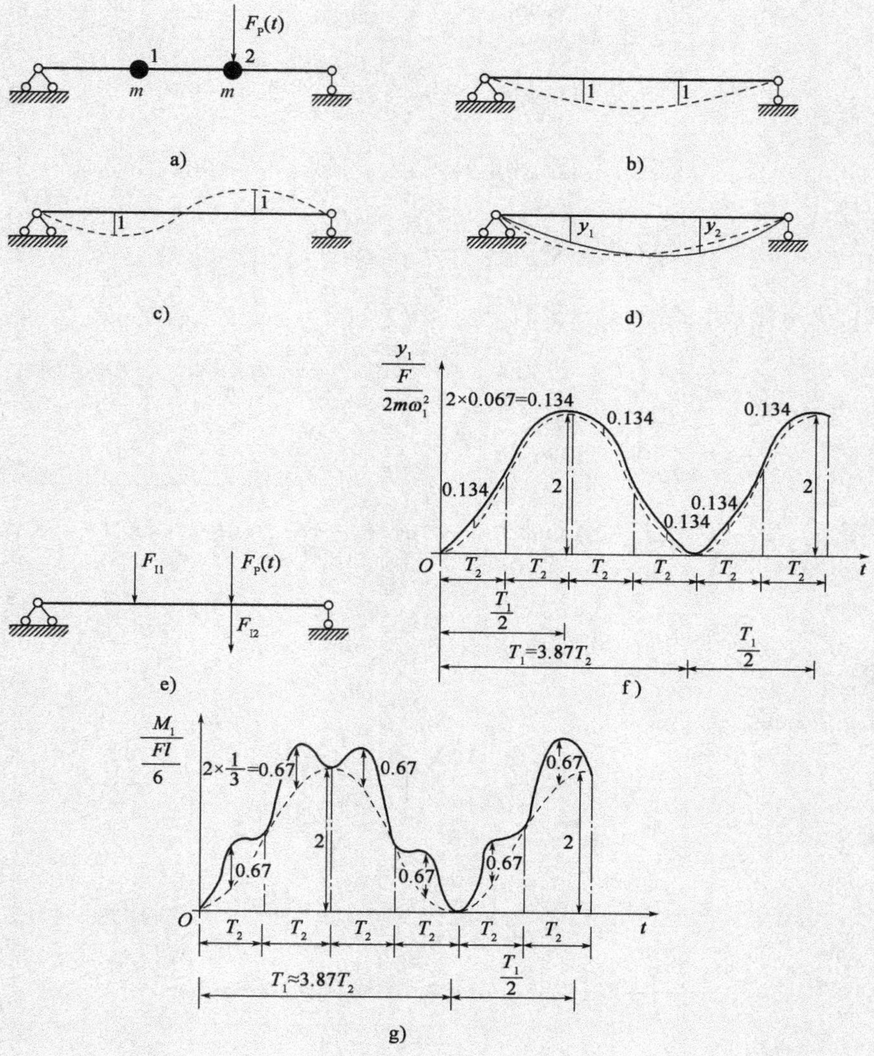

图 3-23

解:(1)求位移

①由例 3-1 类似求得结构的两个自振频率及振型,如图 3-23b)、c)所示。

$$\omega_1 = 5.69\sqrt{\frac{EI}{ml^3}} \qquad \omega_2 = 22.05\sqrt{\frac{EI}{ml^3}}$$

$$\boldsymbol{\Phi}_1 = \begin{Bmatrix} 1 \\ 1 \end{Bmatrix} \qquad \boldsymbol{\Phi}_2 = \begin{Bmatrix} 1 \\ -1 \end{Bmatrix}$$

②广义质量为:

$$m_1^* = \boldsymbol{\Phi}_1^{\mathrm{T}}\boldsymbol{M}\boldsymbol{\Phi}_1 = \{1 \quad 1\}\begin{bmatrix} m & 0 \\ 0 & m \end{bmatrix}\begin{Bmatrix} 1 \\ 1 \end{Bmatrix} = 2m$$

$$m_2^* = \boldsymbol{\Phi}_2^{\mathrm{T}}\boldsymbol{M}\boldsymbol{\Phi}_2 = \{1 \quad -1\}\begin{bmatrix} m & 0 \\ 0 & m \end{bmatrix}\begin{Bmatrix} 1 \\ -1 \end{Bmatrix} = 2m$$

广义荷载为:

$$F_{\mathrm{P1}}^*(t) = \boldsymbol{\Phi}_1^{\mathrm{T}}\boldsymbol{F}_{\mathrm{P}}(t) = \{1 \quad 1\}\begin{Bmatrix} 0 \\ F \end{Bmatrix} = F$$

$$F_{\mathrm{P2}}^*(t) = \boldsymbol{\Phi}_2^{\mathrm{T}}\boldsymbol{F}_{\mathrm{P}}(t) = \{1 \quad -1\}\begin{Bmatrix} 0 \\ F \end{Bmatrix} = -F$$

③求广义坐标。由式(3-83)可知:

$$q_1(t) = \frac{1}{m_1^*\omega_1}\int_0^t F_{p1}^*(\tau)\sin\omega_1(t-\tau)\mathrm{d}\tau = \frac{1}{2m\omega_1}\int_0^t F\sin\omega_1(t-\tau)\mathrm{d}\tau$$
$$= \frac{F}{2m\omega_1^2}(1-\cos\omega_1 t)$$

$$q_2(t) = \frac{1}{m_2^*\omega_2}\int_0^t F_{p2}^*(\tau)\sin\omega_2(t-\tau)\mathrm{d}\tau = \frac{1}{2m\omega_2}\int_0^t (-F)\sin\omega_2(t-\tau)\mathrm{d}\tau$$
$$= -\frac{F}{2m\omega_2^2}(1-\cos\omega_2 t)$$

④求位移:

由 $\boldsymbol{Y}=\boldsymbol{\Phi q}$,得

$$\boldsymbol{Y} = \begin{Bmatrix} y_1(t) \\ y_2(t) \end{Bmatrix} = \begin{bmatrix} 1 & 1 \\ 1 & -1 \end{bmatrix}\begin{Bmatrix} q_1 \\ q_2 \end{Bmatrix}$$

即

$$y_1(t) = q_1 + q_2 = \frac{F}{2m\omega_1^2}\left[(1-\cos\omega_1 t) - \left(\frac{\omega_1}{\omega_2}\right)^2(1-\cos\omega_2 t)\right]$$
$$= \frac{F}{2m\omega_1^2}[(1-\cos\omega_1 t) - 0.0667(1-\cos\omega_2 t)]$$

$$y_2(t) = q_1 - q_2 = \frac{F}{2m\omega_1^2}[(1-\cos\omega_1 t) + 0.0667(1-\cos\omega_2 t)]$$

两个质点位移图大致形状如图 3-23d)所示。由上式可见,第二振型所占的分量比第一振型小很多。一般来说,多自由度体系的动力位移主要是由前几个较低频率的振型组成,更高的振型则影响很小,可以忽略不计。还要注意,第一振型和第二振型频率不同,它们并不是同时达到最大值,故求最大位移不能简单地把两个分量最大值叠加。

(2)求弯矩

两个质点的惯性力分别为:

$$F_{I1} = -m_1\ddot{y}_1 = -\frac{F}{2}(\cos\omega_1 t - \cos\omega_2 t)$$

$$F_{I2} = -m_2\ddot{y}_2 = -\frac{F}{2}(\cos\omega_1 t + \cos\omega_2 t)$$

然后由图 3-23e)所示便可求梁的动力弯矩。例如截面 1 的弯矩:

$$\begin{aligned} M_1(t) &= F_{I1}\frac{2l}{9} + [F + F_{I2}]\frac{l}{9} \\ &= \frac{Fl}{6}\left[(1-\cos\omega_1 t) - \frac{1}{3}(1-\cos\omega_2 t)\right] \end{aligned}$$

截面 1 的位移 $y_1(t)$ 和弯矩 $M_1(t)$ 随时间变化曲线图 3-23f)、g)所示。其中,虚线表示第一振型分量。由此可见,位移时程曲线中,第二振型分量比第一振型分量小很多,可以忽略,但在弯矩时程曲线中,第二振型分量不可忽略,此时需考虑两个振型的影响。

例 3-14 如图 3-24 所示,在第二层质量块处,突然施加荷载 $F_{P2}(t) = (2\times10^6\text{N})\sin\theta t$,$n = 250\text{r/min}$,其中阻尼比 $\zeta_1 = \zeta_2 = 0.05$。求各层位移响应。

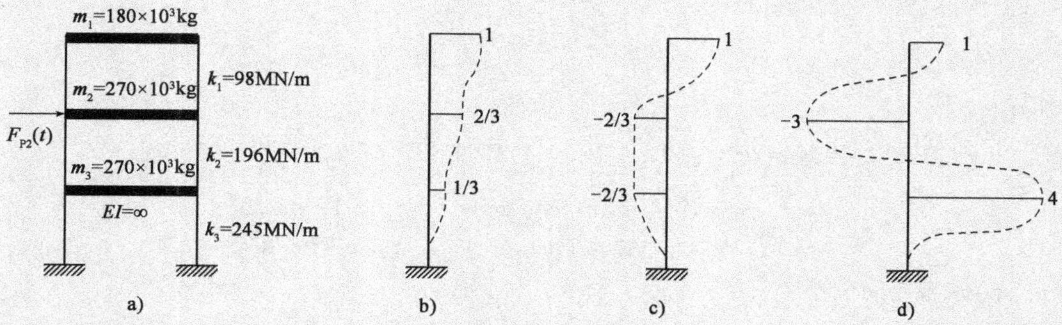

图 3-24

解:(1)求频率和振型

写出质量矩阵和刚度矩阵后由式(3-15a)可求得结构的前三阶频率分别为:$\omega_1 = 13.47\text{rad/s}$,$\omega_2 = 30.12\text{rad/s}$,$\omega_3 = 46.67\text{rad/s}$,以及振型矩阵[图 3-24b)、c)、d)]:

$$\boldsymbol{\Phi} = \begin{bmatrix} 1 & 1 & 1 \\ 2/3 & -2/3 & -3 \\ 1/3 & -2/3 & 4 \end{bmatrix}$$

(2)求广义质量矩阵

$$\boldsymbol{M}^{*}=\boldsymbol{\Phi}^{\mathrm{T}}\boldsymbol{M}\boldsymbol{\Phi}=\begin{bmatrix}1 & 2/3 & 1/3\\ 1 & -2/3 & -2/3\\ 1 & -3 & 4\end{bmatrix}\begin{bmatrix}180 & 0 & 0\\ 0 & 270 & 0\\ 0 & 0 & 270\end{bmatrix}\begin{bmatrix}1 & 1 & 1\\ 2/3 & -2/3 & -3\\ 1/3 & -2/3 & 4\end{bmatrix}\times 10^{3}$$

$$=\begin{bmatrix}330 & 0 & 0\\ 0 & 420 & 0\\ 0 & 0 & 6930\end{bmatrix}\times 10^{3}(\mathrm{kg})$$

(3)求广义荷载矩阵

$$\boldsymbol{F}_{\mathrm{P}}^{*}(t)=\boldsymbol{\Phi}^{\mathrm{T}}\boldsymbol{F}_{\mathrm{P}}(t)=\begin{bmatrix}1 & 2/3 & 1/3\\ 1 & -2/3 & -2/3\\ 1 & -3 & 4\end{bmatrix}\begin{Bmatrix}0\\ 2\sin\theta t\\ 0\end{Bmatrix}\times 10^{6}=\begin{Bmatrix}1.333\\ -1.333\\ -6\end{Bmatrix}\times 10^{6}\sin\theta t(\mathrm{N})$$

(4)计算第三振型的阻尼比ζ_3

由于$\omega_1=13.47\mathrm{rad/s}$,$\omega_2=30.12\mathrm{rad/s}$,$\zeta_1=\zeta_2=0.05$,代入式(3-61)解得:

$$a=0.9308\mathrm{rad/s}\qquad b=0.002294\mathrm{s/rad}$$

将a、b及ω_3代入式(3-61)可得:

$$\zeta_3=0.0635$$

(5)计算广义坐标

当激振力为简谐荷载时,由式(2-25)~式(2-29)得:

$$q_i(t)=\frac{F_{\mathrm{P}i}^{*}}{m_i^{*}\omega_i^{2}}\cdot\frac{1}{\sqrt{(1-\alpha_i)^{2}+(2\zeta_i\alpha_i)^{2}}}\sin(\theta t-\varphi_i)\qquad \alpha_i=\frac{\theta}{\omega_i}(\text{频率比})$$

相位角由下式计算

$$\varphi_i=\arctan\frac{2\zeta_i\alpha_i}{1-\alpha_i}$$

所以

$$q_1(t)=7.995\sin(\theta t-\varphi_1)\qquad \varphi_1=175°59'50''\qquad \theta=\frac{2\pi n}{60}=26.18\mathrm{rad/s}$$

$$q_2(t)=-13.482\sin(\theta t-\varphi_2)\qquad \varphi_2=19°34'15''$$

$$q_3(t)=-0.557\sin(\theta t-\varphi_3)\qquad \varphi_3=5°56'8''$$

(6)求各层间位移

$$\boldsymbol{Y}=\boldsymbol{\Phi}\boldsymbol{q}$$

$$y_1(t)=\{1\quad 1\quad 1\}\{q_1\quad q_2\quad q_3\}^{\mathrm{T}}=1\times q_1+1\times q_2+1\times q_3$$

$$=7.995\sin(\theta t-175°59'50'')-13.482\sin(\theta t-19°34'15'')-0.557\sin(\theta t-5°56'8'')$$

写成单项式:

$$y_1(t)=A_1\sin(\theta t-\alpha_1)=21.63\sin(\theta t-190°42'20'')$$

同理

$$y_2(t)=\left\{\frac{2}{3}\quad -\frac{2}{3}\quad -3\right\}\{q_1\quad q_2\quad q_3\}^{\mathrm{T}}=A_2\sin(\theta t-\alpha_2)=6.036\sin(\theta t-36°9'40'')$$

$$y_3(t)=\left\{\frac{1}{3}\quad -\frac{2}{3}\quad 4\right\}\{q_1\quad q_2\quad q_3\}^{\mathrm{T}}=A_3\sin(\theta t-\alpha_3)=4.594\sin(\theta t-40°4'55'')$$

思考题

3-1 对比刚度法和柔度法求频率的原理和计算步骤,柔度矩阵和刚度矩阵中的每一个元素的含义是什么？在什么情况下用刚度法较好？什么情况下用柔度法较好？

3-2 什么是主振型？在何种情况下多自由度体系才按某一主振型振动？

3-3 结构的动力特性一般指什么？

3-4 梁和刚架结构在用刚度法求解刚度系数 k_{ij} 时有何不同？

3-5 什么是主振型的正交性？振型正交性有何应用？

3-6 不同的振型对刚度矩阵正交,对柔度矩阵是否也具有正交性？为什么？

3-7 什么是振型刚度,什么是振型质量,什么是振型阻尼,什么是振型叠加法？

3-8 两自由度的体系有多少个发生共振的可能性？为什么？

练习题

3-1 试求题 3-1 图所示梁的自振频率和振型。

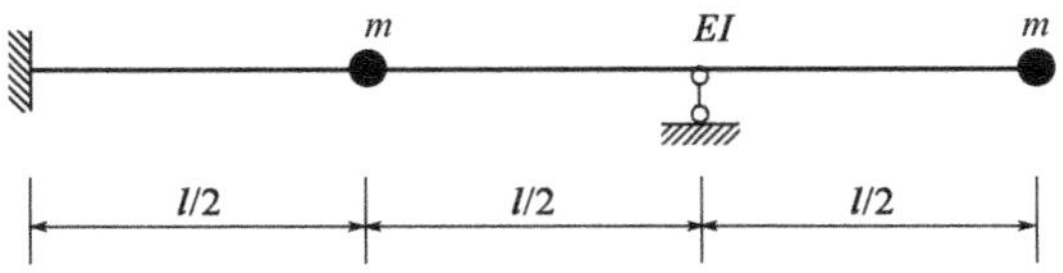

题 3-1 图

3-2 用柔度法列出题 3-2 图所示结构的运动方程,并求其自振频率和振型(绘出振型图)。

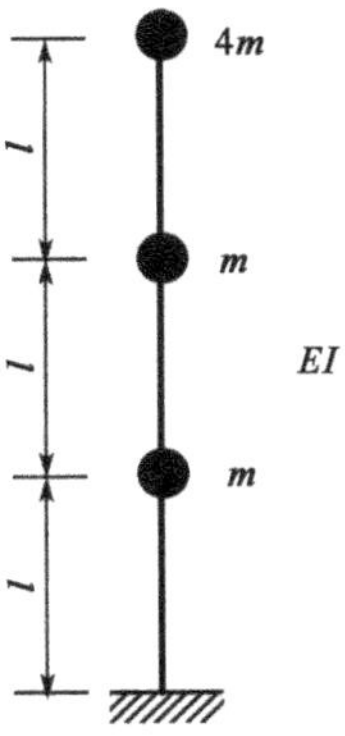

题 3-2 图

3-3 用刚度法列出题 3-3 图所示结构的运动方程,并求其自振频率和振型(绘出振型图)。

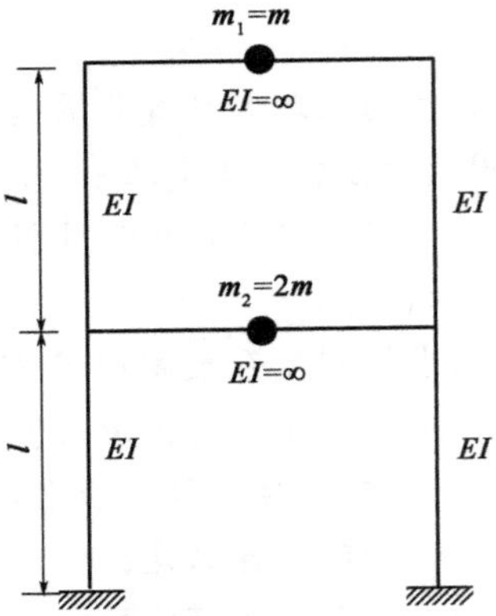

题 3-3 图

3-4 验算题 3-2 所求得的各主振型相互之间的正交性。

3-5 如题 3-5 图所示结构，已知 $F=1000\text{N}$，$l=2\text{m}$，$\theta=2\sqrt{\dfrac{EI}{ml^3}}$，$EI=9\times10^6\text{N}\cdot\text{m}^2$。求结构质量处最大竖向位移和最大水平位移（不考虑阻尼影响）。

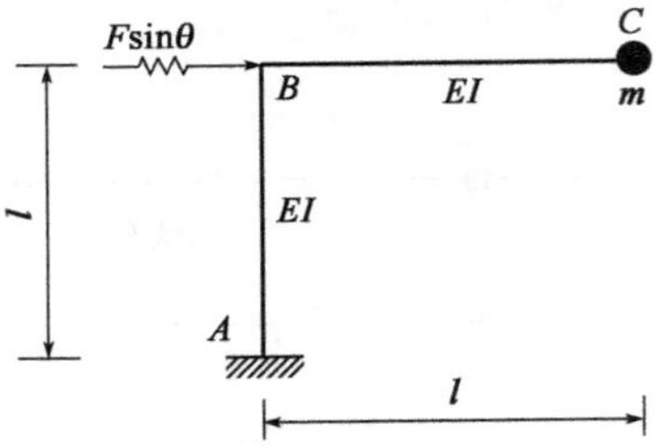

题 3-5 图

第 4 章

无限自由度体系的自由振动

前面章节介绍了**离散系统**(Discrete system)的自由振动和强迫振动问题,其运动方程通过有限数目的位移坐标进行描述,运动方程是常微分方程。然而,真实结构系统的质量、刚度和阻尼总是沿其几何形状连续分布的,严格来讲都是**连续系统**(Continuous system)或**分布系统**(Distributed system),理论上应该取无限个坐标才能精确描述其振动响应。在很多情况下,用有限个自由度去近似描述连续系统,可使得问题得以简化,并得到切合实际的解答。但在有些情况下,也可以对某些特殊的弹性体,例如形状规则、边界条件简单的杆、梁、板、壳等,直接按无限自由度体系进行计算,不但计算过程简单迅速,而且可以避免从无限自由度体系到有限自由度体系的离散化所造成的误差,即可以获得理论上的精确解,这种精确解有时也用来检验各种近似方法的精确程度。与离散系统不同,具有无限自由度的连续体系结构位移是连续函数,不仅与时间有关,还与位置有关,因此体系的运动方程是偏微分方程。

本章主要介绍等截面直杆运动方程的建立、方程的求解和体系的动力特性等基本概念,更为详细的论述可参考有关书籍。

4.1 初等梁的弯曲自由振动

考虑结构自身质量的弹性体系均为无限自由度体系,现以图 4-1 所示梁为例研究其自由振动的问题。

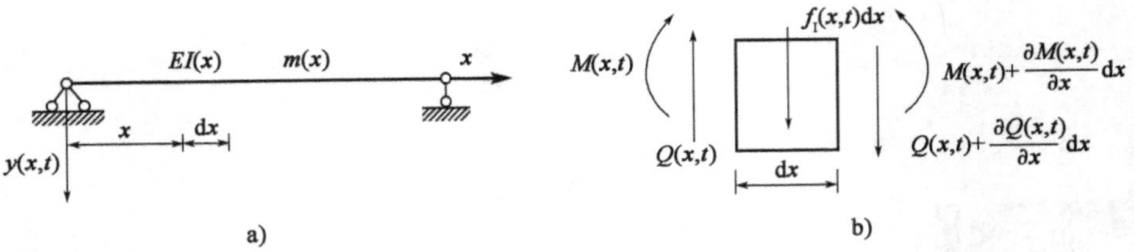

图 4-1 无限自由度体系梁的振动

对于单位长度刚度为 $EI(x)$ 、质量为 $m(x)$ 的长细杆,假定梁的弯曲引起的竖向位移为 $y(x,t)$,在其本身对称平面内做弯曲振动[图 4-1b)]。设 dx 段梁的弯矩为 $M(x,t)$,剪力为 $Q(x,t)$,力的正负号与材料力学规定相同。如图 4-1b)所示,假定在任一时刻 t ,取微段 dx 为隔离体,则微段 dx 上的惯性力可表示为:

$$f_{\mathrm{I}}(x,t)\mathrm{d}x = -m(x)\mathrm{d}x\frac{\partial^2 y(x,t)}{\partial t^2} \tag{a}$$

利用达朗贝尔原理建立平衡条件,由 $\sum Y = 0$ 得:

$$-Q(x,t) + \left[Q(x,t) + \frac{\partial Q(x,t)}{\partial x}\mathrm{d}x\right] + f_{\mathrm{I}}\mathrm{d}x = 0 \tag{b}$$

即

$$\frac{\partial Q(x,t)}{\partial x} - m(x)\frac{\partial^2 y(x,t)}{\partial t^2} = 0 \tag{4-1}$$

对微段中心取矩,得:

$$M(x,t) + Q(x,t)\frac{\mathrm{d}x}{2} + \left[Q(x,t) + \frac{\partial Q(x,t)}{\partial x}\mathrm{d}x\right]\frac{\mathrm{d}x}{2} - \left[M(x,t) + \frac{\partial M(x,t)}{\partial x}\mathrm{d}x\right] = 0 \tag{4-2}$$

整理式(4-2),并忽略 dx 的高阶无穷小量,可得:

$$\frac{\partial M(x,t)}{\partial x} = Q(x,t) \tag{4-3}$$

由材料力学知识可知:

$$M(x,t) = -EI\frac{\partial^2 y(x,t)}{\partial x^2} \tag{c}$$

由式(4-3)及式(c)可得:

$$\frac{\partial Q(x,t)}{\partial x} = \frac{\partial^2 M(x,t)}{\partial x^2} = \frac{\partial^2}{\partial x^2}\left[-EI\frac{\partial^2 y(x,t)}{\partial x^2}\right] = -\frac{\partial^2}{\partial x^2}\left[EI\frac{\partial^2 y(x,t)}{\partial x^2}\right] \tag{4-4}$$

将式(4-4)代入式(4-1)得:

$$\frac{\partial^2}{\partial x^2}\left[EI(x)\frac{\partial^2 y(x,t)}{\partial x^2}\right] + m(x)\frac{\partial^2 y(x,t)}{\partial t^2} = 0 \tag{4-5}$$

对于变截面梁, EI 为变量,则上式为变系数微分方程,难以直接求解析解,可由差分法等近似方法求解。对于 EI 、m 为常量的等截面梁,由式(4-5)得:

$$EI\frac{\partial^4 y(x,t)}{\partial x^4} + m\frac{\partial^2 y(x,t)}{\partial t^2} = 0 \tag{4-6}$$

上式为单梁弯曲振动微分方程普遍形式,可用分离变量法求解。

类似振型分解,设

$$y(x,t) = \phi(x)q(t) \tag{4-7}$$

式中，$\phi(x)$ 为坐标函数；$q(t)$ 为时间函数，即广义坐标。

将式(4-7)代入式(4-6)得：

$$\frac{\phi^{(4)}(x)}{\phi(x)} = -\frac{m}{EI}\frac{\ddot{q}(t)}{q(t)} \tag{d}$$

为方便记述，字母对几何坐标的偏导用“′”表示，字母对时间的偏导用“·”表示。

由于两个不同变量的函数相等，它们必须等于某个常量，设该常量为 λ^4，有

$$\frac{\phi^{(4)}(x)}{\phi(x)} = -\frac{m}{EI}\frac{\ddot{q}(t)}{q(t)} = \lambda^4 \tag{4-8}$$

即

$$\left.\begin{aligned} \phi^{(4)}(x) - \lambda^4\phi(x) &= 0 \\ \ddot{q}(t) + \frac{\lambda^4 EI}{m}q(t) &= 0 \end{aligned}\right\} \tag{e}$$

上式实际为两个微分方程，记

$$\omega^2 = \frac{\lambda^4 EI}{m} \tag{4-9}$$

式(e)可写为：

$$\left.\begin{aligned} \phi^{(4)}(x) - \lambda^4\phi(x) &= 0 \\ \ddot{q}(t) + \omega^2 q(t) &= 0 \end{aligned}\right\} \tag{4-10}$$

第一个方程的解 $\phi(x)$ 一般形式为：

$$\phi(x) = D_1 e^{\lambda x} + D_2 e^{-\lambda x} + D_3 e^{i\lambda x} + D_4 e^{-i\lambda x} \tag{f}$$

应用欧拉公式可变换为：

$$\phi(x) = B_1 \mathrm{ch}\lambda x + B_2 \mathrm{sh}\lambda x + B_3 \cos\lambda x + B_4 \sin\lambda x \tag{4-11}$$

式中，$D_i\ (i=1\cdots4)$、$B_i\ (i=1\cdots4)$ 为待定系数，由边界条件确定。

式(4-11)中 $\phi(x)$ 表示振动挠曲线形状，故又称为**振型函数**，频率参数 λ 的求解方法类似于有限自由度体系。将结构的**边界条件**代入式(4-11)可得到关于 B_i 为未知元的齐次方程组，因为 B_i 要有非零解，则 B_i 系数所组成的行列式必须等于零，于是可得到频率方程，进而可求得 λ 值。由于频率方程为超越方程，λ 有无限个解，对应无限个频率 ω 值。将不同的 λ 值代入含 B_i 的齐次方程组，可确定常数 B_i 的相对值(即确定它们的比值)，于是得到与 λ 值(相当于频率 ω)相应的振型函数。

对于土木工程结构来说，一般的边界条件为：

$$\left.\begin{aligned} &\text{简支端 } y = M = 0, \text{即 } \phi(x) = 0, \frac{d^2\phi(x)}{dx^2} = 0 \\ &\text{固定端 } y = y' = 0, \text{即 } \phi(x) = 0, \frac{d\phi(x)}{dx} = 0 \\ &\text{自由端 } M = Q = 0, \text{即} \frac{d^2\phi(x)}{dx^2} = 0, \frac{d^3\phi(x)}{dx^3} = 0 \end{aligned}\right\} \tag{4-12}$$

式(4-10)中的第二个方程的解一般形式为：

$$q(t) = C_1\cos\omega t + C_2\sin\omega t \tag{4-13a}$$

或

$$q(t) = A\sin(\omega t + \varphi) \tag{4-13b}$$

式(4-13)中的 $q(t)$ 表示各质点位移随时间的变化规律；ω 表示振动频率；积分常数 A、φ（或 C_1、C_2）由初始条件 $q(t=0) = q_0$、$\dot{q}(t=0) = \dot{q}_0$ 确定，即：

$$q(t) = q_0\cos\omega t + \frac{\dot{q}_0}{\omega}\sin\omega t \tag{4-14}$$

综合分析式(4-7)、式(4-11)、式(4-14)，可得到结构在某个特定的初始条件下按相应的主振型振动的解为：

$$y(x,t) = A\phi(x)\sin(\omega t + \varphi) \tag{4-15}$$

无限自由度体系的频率方程为超越方程，其解答有无穷多个，即结构有无穷多个自振频率和振型。但在实用中一般只需求出最低的几个频率。对于每个频率 ω_i 和振型 ϕ_i，式(4-6)都有如式(4-15)的特解。所以在任意的初始条件作用下结构产生复杂振动，式(4-6)的全解为各特解的线性组合，即：

$$y(x,t) = \sum_{i=1}^{\infty} c_i\phi_i(x)\sin(\omega_i t + \varphi_i) \tag{4-16}$$

例 4-1 求等截面简支梁[图 4-2a)]的自振频率与主振型。

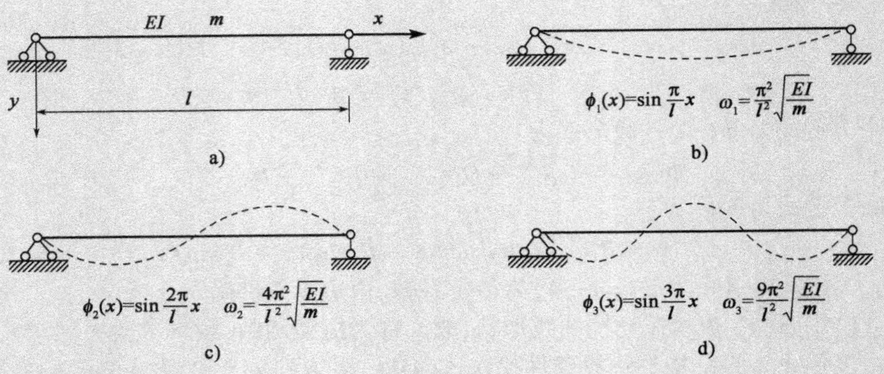

图 4-2

解：由左端边界条件：

$$\left.\begin{aligned} \phi(0) &= 0 \\ \phi''(0) &= 0 \end{aligned}\right\}$$

代入式(4-11)可得：

$$\left.\begin{aligned} B_1 + B_3 &= 0 \\ B_1 - B_3 &= 0 \end{aligned}\right\}$$

可解得 $B_1 = B_3 = 0$。

由右端边界条件：

$$\left.\begin{aligned} \phi(l) &= 0 \\ \phi''(l) &= 0 \end{aligned}\right\}$$

可得：

$$\left.\begin{aligned} B_2\mathrm{sh}\lambda l + B_4\sin\lambda l &= 0 \\ B_2\mathrm{sh}\lambda l - B_4\sin\lambda l &= 0 \end{aligned}\right\}$$

上式可写成矩阵形式：

$$\begin{bmatrix} \mathrm{sh}\lambda l & \sin\lambda l \\ \mathrm{sh}\lambda l & -\sin\lambda l \end{bmatrix} \begin{Bmatrix} B_2 \\ B_4 \end{Bmatrix} = \begin{Bmatrix} 0 \\ 0 \end{Bmatrix} \tag{a}$$

因为 $B_1 = B_3 = 0$，为了不使 B_2、B_4 不全为0，令此齐次方程组待定常数 B_2、B_4 的系数行列式为零，得：

$$\begin{vmatrix} \mathrm{sh}\lambda l & \sin\lambda l \\ \mathrm{sh}\lambda l & -\sin\lambda l \end{vmatrix} = 0 \tag{b}$$

展开得：

$$\sin\lambda l \cdot \mathrm{sh}\lambda l = 0 \tag{c}$$

其中，若

$$\mathrm{sh}\lambda l = 0$$

则 $\lambda = 0$，无工程意义，故

$$\sin\lambda l = 0$$

则其根为：

$$\lambda_n = \frac{n\pi}{l} \qquad (n = 1,2,\cdots)$$

于是由式(4-9)，可得出第 n 阶振动频率：

$$\omega_n = \lambda_n^2\sqrt{\frac{EI}{m}} = \left(\frac{n^2\pi^2}{l^2}\right)\sqrt{\frac{EI}{m}}$$

每一个频率 ω_n 对应于一个主振型 $\phi_n(x)$，将 $\sin\lambda l = 0$ 及 $B_1 = B_3 = 0$ 代入式(a)，可得到 $B_1 = B_2 = B_3 = 0$，于是得到振型函数的一般式为：

$$\phi_n(x) = B_4\sin\frac{n\pi}{l}x \tag{d}$$

将 $n = 1,2,3$ 分别代入上式，可得到简支梁的前三阶振型函数，其振型图如图4-2b)、c)、d)所示。

自由振动方程的一般解为各振型的线性叠加，把(d)代入式(4-16)，即：

$$y(x,t) = \sum_{n=1}^{\infty} B_n\sin\frac{n\pi}{l}x\sin(\omega_n t + \varphi_n)$$

例4-2 求匀质悬臂梁的自振频率与主振型[图4-3a)]。

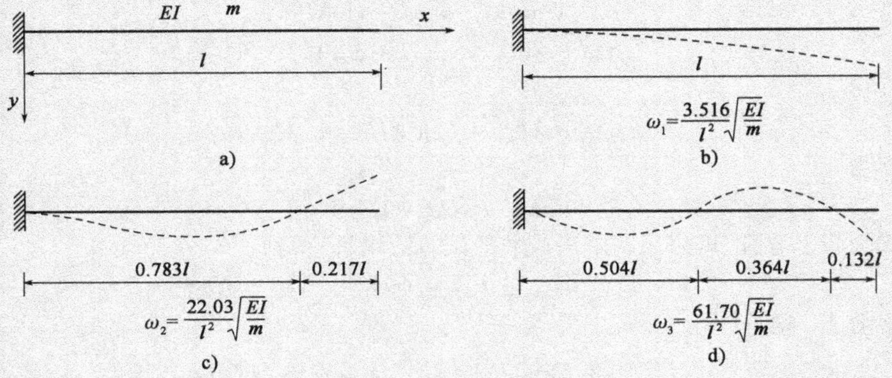

图 4-3

[上述内容配有数字资源，请扫描封二(封面背面)的二维码，免费观看]。

解:由已知振型函数

$$\phi(x) = B_1\mathrm{ch}\lambda x + B_2\mathrm{sh}\lambda x + B_3\cos\lambda x + B_4\sin\lambda x$$

可知

$$\phi'(x) = \lambda(B_1\mathrm{sh}\lambda x + B_2\mathrm{ch}\lambda x - B_3\sin\lambda x + B_4\cos\lambda x)$$

$$\phi''(x) = \lambda^2(B_1\mathrm{ch}\lambda x + B_2\mathrm{sh}\lambda x - B_3\cos\lambda x - B_4\sin\lambda x)$$

$$\phi'''(x) = \lambda^3(B_1\mathrm{sh}\lambda x + B_2\mathrm{ch}\lambda x + B_3\sin\lambda x - B_4\cos\lambda x)$$

由固定端边界条件:

$$\left.\begin{aligned}\phi(0) &= 0\\ \phi'(0) &= 0\end{aligned}\right\}$$

得

$$\left.\begin{aligned}B_1 + B_3 &= 0\\ B_2 + B_4 &= 0\end{aligned}\right\} \tag{a}$$

即 $B_1 = -B_3$, $B_2 = -B_4$ 。

由自由端边界条件:

$$\left.\begin{aligned}\phi''(l) &= 0\\ \phi'''(l) &= 0\end{aligned}\right\}$$

得

$$\left.\begin{aligned}B_1\mathrm{ch}\lambda l + B_2\mathrm{sh}\lambda l - B_3\cos\lambda l - B_4\sin\lambda l &= 0\\ B_1\mathrm{sh}\lambda l + B_2\mathrm{ch}\lambda l + B_3\sin\lambda l - B_4\cos\lambda l &= 0\end{aligned}\right\}$$

上面 4 个方程消去 B_3 与 B_4 ,得:

$$\left.\begin{aligned}B_1(\mathrm{ch}\lambda l + \cos\lambda l) + B_2(\mathrm{sh}\lambda l + \sin\lambda l) &= 0\\ B_1(\mathrm{sh}\lambda l - \sin\lambda l) + B_2(\mathrm{ch}\lambda l + \cos\lambda l) &= 0\end{aligned}\right\} \tag{b}$$

或

$$\begin{bmatrix}\mathrm{ch}\lambda l + \cos\lambda l & \mathrm{sh}\lambda l + \sin\lambda l\\ \mathrm{sh}\lambda l - \sin\lambda l & \mathrm{ch}\lambda l + \cos\lambda l\end{bmatrix}\begin{Bmatrix}B_1\\ B_2\end{Bmatrix} = \begin{Bmatrix}0\\ 0\end{Bmatrix} \tag{c}$$

令此齐次方程组的系数行列式等于零,即:

$$\begin{vmatrix}\mathrm{ch}\lambda l + \cos\lambda l & \mathrm{sh}\lambda l + \sin\lambda l\\ \mathrm{sh}\lambda l - \sin\lambda l & \mathrm{ch}\lambda l + \cos\lambda l\end{vmatrix} = 0$$

展开得:

$$(\mathrm{ch}\lambda l + \cos\lambda l)^2 - (\mathrm{sh}^2\lambda l - \sin^2\lambda l) = 0$$

化简为:

$$\mathrm{ch}\lambda l \cdot \cos\lambda l + 1 = 0$$

上式为超越方程,可采用图解法或数值试算法求解,得到:

$$\lambda_1 l = 1.875 \qquad \lambda_2 l = 4.694 \qquad \lambda_3 l = 7.855 \tag{d}$$

于是由式(4-9)可知:

$$\omega_1 = \frac{3.516}{l^2}\sqrt{\frac{EI}{m}} = 0.356\left(\frac{\pi}{l}\right)^2\sqrt{\frac{EI}{m}}$$

$$\omega_2 = \frac{22.034}{l^2}\sqrt{\frac{EI}{m}} = 2.232\left(\frac{\pi}{l}\right)^2\sqrt{\frac{EI}{m}}$$

$$\omega_3 = \frac{61.701}{l^2}\sqrt{\frac{EI}{m}} = 6.252\left(\frac{\pi}{l}\right)^2\sqrt{\frac{EI}{m}}$$

由式(c)可得：

$$B_2 = -\frac{\text{ch}\lambda l + \cos\lambda l}{\text{sh}\lambda l + \sin\lambda l}B_1 = \frac{\sin\lambda l - \text{sh}\lambda l}{\text{ch}\lambda l + \cos\lambda l}B_1 \tag{e}$$

于是将式(a)、式(e)代入 $\phi(x)$ 表达式，可得相应的振型函数：

$$\phi(x) = B_1\left[\text{ch}\lambda x - \cos\lambda x + \frac{\text{ch}\lambda l + \cos\lambda l}{\text{sh}\lambda l + \sin\lambda l}(\sin\lambda x - \text{sh}\lambda x)\right] \tag{f}$$

将式(d)代入式(f)，分别得到悬臂梁前三阶振型，其形状如图 4-3b)、c)、d)所示。

仿照前面例子，可以得到其他边界条件下均质梁弯曲振动自振频率和振型的表达式，见表 4-1。

各种边界条件下的匀质直梁弯曲振动自振频率和振型 表 4-1

支撑形式及边界条件	频率方程及根 λl ($\omega = \lambda^2\sqrt{EI/m}$)	振型函数 $\phi(x)$
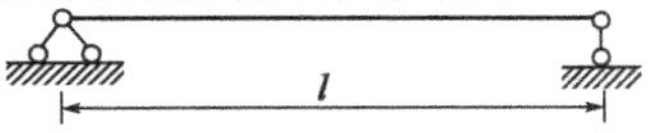 简支-简支 $y_0 = M_0 = 0$ $y_x(l) = M_x(l) = 0$	$\sin\lambda l = 0$ $j\pi \quad (j = 1,2,\cdots,\infty)$	$\sin\frac{j\pi x}{l} \quad (j = 1,2,\cdots,\infty)$
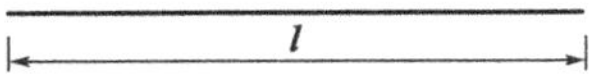 自由-自由 $M_0 = Q_0 = 0$ $M_x(l) = Q_x(l) = 0$	$\text{ch}\lambda l\cos\lambda l = 1$ 0.0;4.730;7.853; $(2j+1)\pi/2 \quad (j \geqslant 3)$	$\text{ch}\lambda x + \cos\lambda x -$ $\frac{\text{ch}\lambda l - \cos\lambda l}{\text{sh}\lambda l - \sin\lambda l}(\text{sh}\lambda x + \sin\lambda x)$
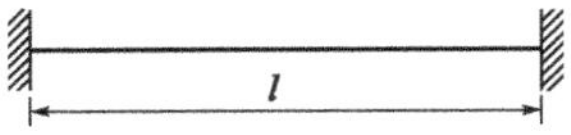 固支-固支 $y_0 = \phi_0 = 0$ $y_x(l) = \varphi_x(l) = 0$	$\text{ch}\lambda l\cos\lambda l = 1$ 4.730;7.853; $(2j+1)\pi/2 \quad (j \geqslant 3)$	$\text{ch}\lambda x - \cos\lambda x -$ $\frac{\text{ch}\lambda l - \cos\lambda l}{\text{sh}\lambda l - \sin\lambda l}(\text{sh}\lambda x - \sin\lambda x)$
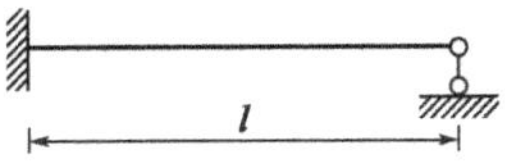 固支-简支 $y_0 = \phi_0 = 0$ $y_x(l) = M_x(l) = 0$	$\tan\lambda l = \frac{\text{sh}\lambda l}{\text{ch}\lambda l}$ 3.927;7.069;10.210;… $\left(j+\frac{1}{4}\right)\pi \quad (j \geqslant 3)$	$\sin\lambda x - \text{sh}\lambda x +$ $\frac{\text{sh}\lambda l - \sin\lambda l}{\cos\lambda l - \text{ch}\lambda l}(\cos\lambda x - \text{ch}\lambda x)$
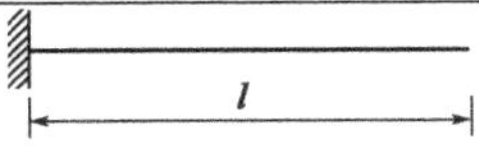 固支-自由 $y_0 = \phi_0 = 0$ $M_x(l) = Q_x(l) = 0$	$\text{ch}\lambda l\cos\lambda l = -1$ 1.875;4.694; $(2j-1)\pi/2 \quad (j \geqslant 3)$	$\text{ch}\lambda x - \cos\lambda x -$ $\frac{\text{ch}\lambda l + \cos\lambda l}{\text{sh}\lambda l + \sin\lambda l}(\text{sh}\lambda x - \sin\lambda x)$

由前所述,可以得出:

(1)无限自由度体系的频率方程为超越方程,通常不能直接求解,只能用图解法或数值试算法等近似求解,一般情况只需求结构前3阶或前5阶频率与振型。

(2)对称结构,其主振型必定为正对称的或反对称的,两者交替出现。可利用对称性简化计算。如图4-4a)所示两跨连续梁,对称的主振型振动时中间截面支承相当于固定支座,可用图4-4b)所示单跨梁计算原结构对称振动的频率和振型;以反对称振型振动时中间截面支承为简支,可利用图4-4c)所示单跨梁计算原结构反对称振动的频率和振型。

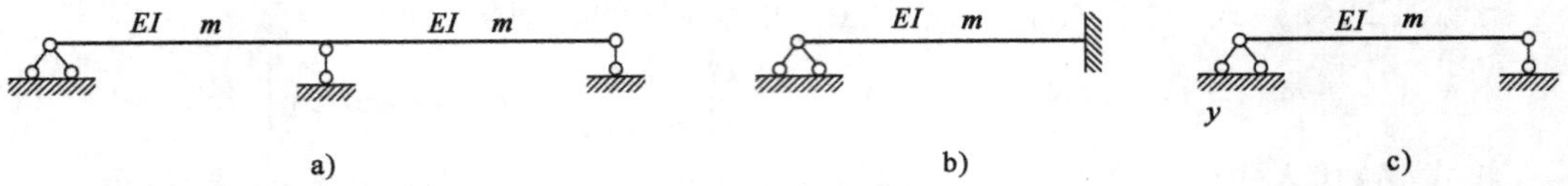

图 4-4

(3)如同多自由度体系一样无限自由度体系也存在振型正交性,即有 $\int_0^l m(x)\phi_i(x)\phi_j(x) = 0$ 及 $\int_0^l EI(x)\phi''_i(x)\phi''_j(x) = 0$,证明见4.4节。因此单跨梁振动挠曲线中的节点(幅值零点即反弯点)数比振型序数少1,如第二振型的振动挠曲线必定有一个节点,以此类推。

(4)梁的频率与 EI 成正比,与 m 成反比,与跨径 l 的平方成反比,可见改变跨径对频率的影响十分显著。

4.2 考虑剪切变形的初等梁自由振动

对于长度(或跨度)远大于横截面尺寸的杆件而言,弯曲变形是主要的,前面所述梁的弯曲振动适用于这种情形。对短杆而言,即杆件长度并不比截面尺寸大许多,甚至极为接近时,由实测及理论分析可知,无论在静载或动载作用下,短杆变形以剪切变形为主,可以略去弯曲变形的影响,此类杆件称之为剪切杆。工程中许多构筑物如低桥墩、油罐、冷却塔等,都可简化为剪切杆计算。

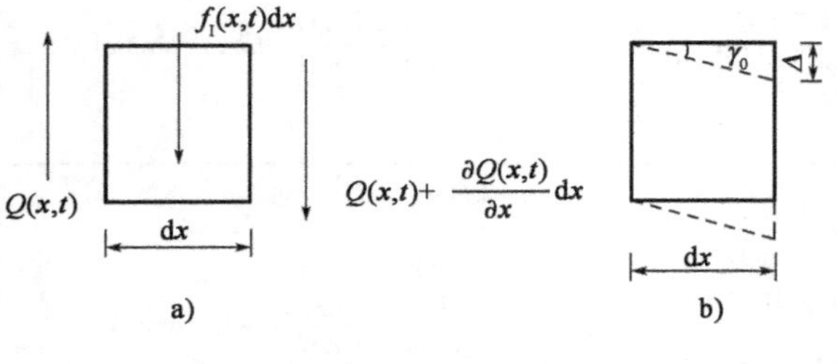

图4-5 考虑剪切变形的梁的振动

首先建立剪切自由振动的微分方程,从杆件中任取微段为隔离体[图4-5a)],忽略弯矩的作用,进行分析。

只考虑剪力作用,由达朗贝尔原理建立平衡条件, $\sum Y = 0$,得:

$$-Q(x,t) + \left[Q(x,t) + \frac{\partial Q(x,t)}{\partial x}dx\right] + f_I dx = 0 \tag{a}$$

代入 $f_I(x,t)$ 表达式并整理:

$$\frac{\partial Q(x,t)}{\partial x} - m(x)\frac{\partial^2 y(x,t)}{\partial t^2} = 0 \tag{4-17}$$

剪力 Q 是惯性力的函数,即剪切变形产生的位移 y 的函数,须将 Q 用位移 y 表示,这就需要利用几何关系与物理关系。

首先由几何关系求剪切变形,先假定剪应变沿截面均匀分布,如图 4-5b)所示,以 γ_0 表示剪切应变,Δ 是微段 $\mathrm{d}x$ 由于剪切变形产生的竖向位移增量,它也是 x 与 t 的函数,即:

$$\Delta = \frac{\partial y(x,t)}{\partial x}\mathrm{d}x \tag{b}$$

又

$$\Delta = \gamma_0 \mathrm{d}x \tag{c}$$

故有

$$\gamma_0 = \frac{\partial y(x,t)}{\partial x} \tag{4-18}$$

由 $\tau = G\gamma_0$,即:

$$\gamma_0 = \frac{\tau}{G} = \frac{Q}{GA} \tag{d}$$

式中,G 为剪切弹性模量;A 为横截面面积。

实际上剪力沿截面不是均匀分布的,引入**剪力不均匀修正系数** μ(shear correction coefficient),于是

$$\gamma_0 = \mu\frac{Q}{GA} \tag{4-19}$$

式中,μ 为与截面形状有关的系数,简称截面形状系数,圆截面 $\mu = \frac{32}{27}$,矩形 $\mu = 1.2$。

由式(4-18)及式(4-19)可得:

$$Q(x,t) = \frac{GA}{\mu}\frac{\partial y(x,t)}{\partial x} \tag{4-20}$$

再将式(4-20)代入式(4-17),得到:

$$\frac{\partial}{\partial x}\left[\frac{GA}{\mu}\frac{\partial y(x,t)}{\partial x}\right] = m(x)\frac{\partial^2 y(x,t)}{\partial t^2} \tag{4-21}$$

上式即为考虑杆件剪切振动的微分方程,对于变截面杆,A 是 x 的函数,则式(4-21)为变系数微分方程,难以直接求解。

对于等截面杆,式(4-21)可简化为:

$$\frac{\partial^2 y(x,t)}{\partial x^2} = \frac{\mu m}{GA}\frac{\partial^2 y(x,t)}{\partial t^2} \tag{4-22}$$

采用分离变量法求解,设

$$y(x,t) = \phi(x)q(t) = \phi(x)\sin(\omega t + \varphi) \tag{e}$$

将上式代入式(4-22),得:

$$\frac{\mathrm{d}^2\phi(x)}{\mathrm{d}x^2} + \lambda^2\phi(x) = 0 \tag{4-23}$$

式中,$\lambda^2 = \frac{\mu m\omega^2}{GA}$,故

$$\omega = \lambda\sqrt{\frac{GA}{\mu m}} \tag{4-24}$$

式(4-23)中 $\phi(x)$ 的一般解为:

$$\phi(x) = B_1\cos\lambda x + B_2\sin\lambda x \tag{4-25}$$

待定系数由杆件每一端提供一个边界条件来确定。由此可见,与梁弯曲振动的做法类似,由式(4-24)和式(4-25)可求考虑剪切变形的等截面自由振动的自振频率和振型。

例 4-3 求等截面悬臂梁的剪切振动的自振频率和主振型[图 4-6a)]。

解:利用边界条件,由于不考虑弯曲效应,则固定端位移为零的边界条件可知

$$\phi(0) = 0$$

代入式(4-25)有:

$$B_1 = 0$$

由于不考虑弯曲效应,则自由端边界条件为:

$$Q(l) = 0$$

由 $Q = GA\gamma_0 = GA\phi'(x)$,即:

$$Q(l) = GA\phi'(l) = 0 \qquad \phi'(l) = 0$$

故有:

$$\phi'(l) = B_2\lambda\cos\lambda l = 0$$

由于 B_1 和 B_2 都不能全为零(若全为零,结构将处于静止状态),于是有:

$$\cos\lambda l = 0$$

其根为:

$$\lambda_n l = \frac{(2n-1)}{2}\pi \qquad (n = 1,2,3\cdots)$$

代入式(4-24)得:

$$\omega_n = \lambda_n\sqrt{\frac{GA}{\mu m}} = \frac{(2n-1)\pi}{2l}\sqrt{\frac{GA}{\mu m}} \qquad (n = 1,2,3\cdots)$$

将其值代入式(4-25),得到相应的振型函数:

$$\phi_n(x) = B_n\sin\frac{(2n-1)}{2l}\pi x \qquad (n = 1,2,3\cdots)$$

设 $B_n = 1$,给出前三个主振型,如图 4-6b)、c)、d)所示。

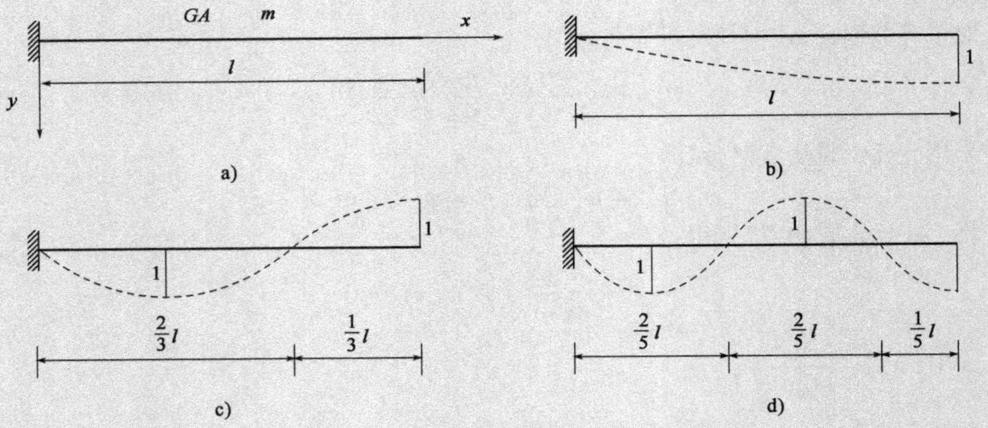

图 4-6 等截面悬臂梁的剪切振动振型

如前所述,可得出剪切振动的一些特性:

(1)频率与剪切刚度 GA 有关,与抗弯刚度 EI 无关。故剪切杆沿截面两个主轴方向的自振频率相同,尽管截面两个方向尺寸很不相同,这是剪切振动的基本特性,利用这个特性可以检验杆件变形的性质,从而选用合理的计算方法。

(2)比较等截面悬臂杆的剪切自由振动与弯曲自由振动两者的主振型形状,两者是大不相同的。如第一主振型,剪切自由振动在悬臂端转角为零,与固定端情形相同;而弯曲振动只在固定端转角为零,在悬臂端转角不为零,这是剪切振动与弯曲振动的又一重大的区别。

上面将弹性体系按无限自由度体系研究了弯曲振动及剪切振动两种主要的振动形式(扭转与拉压轴向振动微分方程与剪切振动相同,解答类似),目的在于深入分析其振动的特性,同时求得前面几个振型的精确解,以便与后面的近似解法结果比较其精度。由于在动力效应中前面几个振型分量起主要作用,故对弹性体系的强迫振动无须按无限自由度体系分析,可按前面所述多自由度体系去计算。

对于高跨比很大的深梁来说,还必须同时计入剪切变形和转动惯量的影响,振动方程比较复杂,感兴趣的读者,可参考其他书籍。

4.3 考虑轴力影响的初等梁弯曲自由振动

在图 4-1 的基础上,结构还承受平行于 x 轴的力 N 作用,如图 4-7 所示。假定轴力 N 的作用点始终处于截面形心位置,作用线平行于构件的原始轴线,并假设在结构发生运动时它的作用线方向和大小不变。

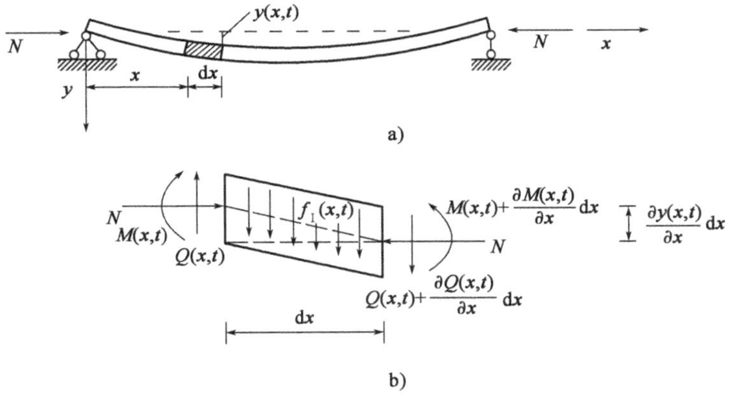

图 4-7 考虑轴力影响的初等梁振动

由图 4-7 看出,轴力对竖向平衡无影响,因为它的方向不随梁的弯曲而变化,所以式(4-1)仍然成立。另外,由于轴力的作用点随梁的弯曲而改变,轴力和竖向位移相互影响,产生力矩平衡表达式中的附加项,故微段上的力矩平衡发生了变化,对微段中心取力矩,平衡方程变为:

$$M(x,t)+Q(x,t)\frac{\mathrm{d}x}{2}+N\frac{1}{2}\frac{\partial y(x,t)}{\partial x}\mathrm{d}x-\left[M(x,t)+\frac{\partial M(x,t)}{\partial x}\mathrm{d}x\right]+\left[Q(x,t)+\frac{\partial Q(x,t)}{\partial x}\mathrm{d}x\right]\frac{\mathrm{d}x}{2}+N\frac{1}{2}\frac{\partial y(x,t)}{\partial x}\mathrm{d}x=0 \tag{4-26}$$

忽略 dx 的高阶无穷小量,得到横向剪力:

$$Q(x,t) = -N\frac{\partial y(x,t)}{\partial x} + \frac{\partial M(x,t)}{\partial x} \tag{4-27}$$

将式(4-27)代入式(4-1),并利用材料力学式 $M(x,t) = -EI(x)\dfrac{\partial^2 y(x,t)}{\partial x^2}$,则考虑轴力影响的自由振动方程为:

$$\frac{\partial^2}{\partial x^2}\left[EI(x)\frac{\partial^2 y(x,t)}{\partial x^2}\right] + N\frac{\partial^2 y(x,t)}{\partial x^2} + m(x)\frac{\partial^2 y(x,t)}{\partial t^2} = 0 \tag{4-28}$$

将式(4-28)和式(4-5)相比较可以看出,轴力和曲率的乘积形成作用在梁上的附加作用荷载。同时,应注意到所推导的剪力 Q 始终是竖向作用的,不与弹性曲线垂直。

当杆件为等截面时,式(4-28)改写成

$$EI\frac{\partial^4 y(x,t)}{\partial x^4} + N\frac{\partial^2 y(x,t)}{\partial x^2} + m\frac{\partial^2 y(x,t)}{\partial t^2} = 0 \tag{4-29}$$

用分离变量法,将 $y(x,t) = \phi(x)q(t)$ 代入上式,可以得到:

$$\frac{\phi^{(4)}(x)}{\phi(x)} + \frac{N}{EI}\frac{\phi''(x)}{\phi(x)} = -\frac{m}{EI}\frac{\ddot{q}(t)}{q(t)}$$

同理,两个不同变量的函数相等,则它们必须等于某个常数,设该常量为 λ^4,则有:

$$\frac{\phi^{(4)}(x)}{\phi(x)} + \frac{N}{EI}\frac{\phi''(x)}{\phi(x)} = -\frac{m}{EI}\frac{\ddot{q}(t)}{q(t)} = \lambda^4$$

即

$$\left.\begin{aligned}\ddot{q}(t) + \frac{\lambda^4 EI}{m}q(t) = 0\\ \phi^{(4)}(x) + \frac{N}{EI}\phi''(x) - \lambda^4\phi(x) = 0\end{aligned}\right\}$$

并令

$$\omega^2 = \frac{\lambda^4 EI}{m} \tag{4-30}$$

$$\left.\begin{aligned}\ddot{q}(t) + \omega^2 q(t) = 0\\ \phi^{(4)}(x) + \frac{N}{EI}\phi''(x) - \frac{m\omega^2}{EI}\phi(x) = 0\end{aligned}\right\} \tag{4-31}$$

式(4-31)第一式和式(4-10)第二式相同,说明常量轴力不影响自由振动的简谐性质。

下面以轴力 N 作为一个基本参数,由式(4-31)导出梁的自由振动的频率和振型表达式:

$$\phi^{(4)}(x) + \beta^2\phi''(x) - \lambda^4\phi(x) = 0 \tag{4-32}$$

$$\beta^2 = \frac{N}{EI}$$

$$\lambda^4 = \frac{m\omega^2}{EI}$$

假定解为 $\phi(x) = ce^{\alpha x}$ 作为上式的解,代入式(4-32),得:

$$(\alpha^4 + \beta^2\alpha^2 - \lambda^4)ce^{\alpha x} = 0$$

解得:

$$\alpha_{1,2}=\pm ib,\text{或}\alpha_{3,4}=\pm c$$

其中

$$b=\sqrt{\left(\lambda^4+\frac{\beta^4}{4}\right)^{\frac{1}{2}}+\frac{\beta^2}{2}}\qquad c=\sqrt{\left(\lambda^4+\frac{\beta^4}{4}\right)^{\frac{1}{2}}-\frac{\beta^2}{2}}\tag{4-33}$$

最后可导出振型函数的表达式为：

$$\phi(x)=B_1\text{ch}cx+B_2\text{sh}cx+B_3\cos bx+B_4\sin bx\tag{4-34}$$

待定系数 $B_1\sim B_4$ 通过边界条件得到，并进一步计算自振频率和主振型。作用在梁轴的轴向力，对梁振动特性有显著影响。

当考虑轴向力时，代入简支梁的边界条件，由式(4-34)得到关于 $B_1\sim B_4$ 的方程根，令其系数行列式为零可得 λ，进而由式(4-30)得到考虑轴力影响的简支梁的自振频率为：

$$\omega_n=\frac{n^2\pi^2}{l^2}\sqrt{1-\frac{N}{n^2\pi^2EI/l^2}}\sqrt{\frac{EI}{m}}\tag{4-35}$$

将 λ 代入 $B_1\sim B_4$ 的方程组，可求 $B_1\sim B_4$ 相对比值，并代入式(4-34)得到振型函数为：

$$\phi(x)=B_4\sin\frac{n\pi x}{l}\qquad(n=1,2,\cdots)\tag{4-36}$$

从式(4-35)可知，轴向力为正时，梁承受压力，其自振频率减小，相当于减低梁的刚度，且压力越大，频率低得越多；当压力为 $\frac{\pi^2EI}{l^2}$ 时，即达到简支梁的临界荷载，梁的一阶频率为零，结构失稳。轴力为负值时，梁承受拉力，引起自振频率有所增加，相当于提高了梁的刚度。一般轴力远小于临界荷载时，对梁的自振频率影响很小，可以忽略不计。

4.4 振型的正交性

关于振型的正交性，在多自由度体系中论证过，这一性质同样存在于无限自由度体系中，但这里是以积分形式表达的。在本节的讨论中，沿梁长度方向的刚度和质量可以是任意变化的。

对梁的竖向振动，令 $\phi_i(x)$ 和 $\phi_j(x)$ 分别代表第 i 阶固有频率 ω_i 和第 j 阶固有频率 ω_j 对应的两个不同阶的主振型函数，如图4-8所示。图中同时绘出了相应的惯性力 $f_{Ii}(x,t)$ 和 $f_{Ij}(x,t)$。运用功的互等定理，即第 i 阶振型的惯性力在第 j 阶振型的变位上所做的功等于第 j 阶振型的惯性力在第 i 阶振型的变位上所做的功，写成

$$\int_0^l f_{Ii}(x,t)y_j(x,t)\mathrm{d}x=\int_0^l f_{Ij}(x,t)y_i(x,t)\mathrm{d}x\tag{a}$$

注意到

$$f_{Ii}(x,t)=-m(x)\frac{\partial^2y_i(x,t)}{\partial t^2}\tag{b}$$

而

$$y_i(x,t)=\phi_i(x)\sin(\omega_it+\varphi_i)\tag{c}$$

将式(b)、式(c)代入式(a)，整理得：

$$\int_0^l m(x)\phi_i(x)\,\omega_i^2\sin(\omega_it+\varphi_i)\phi_j(x)\sin(\omega_jt+\varphi_j)\mathrm{d}x$$

$$= \int_0^l m(x)\phi_j(x)\,\omega_j^2\sin(\omega_j t+\varphi_j)\phi_i(x)\sin(\omega_i t+\varphi_i)\mathrm{d}x$$

改写为：

$$(\omega_i^2-\omega_j^2)\int_0^l m(x)\phi_i(x)\phi_j(x)\mathrm{d}x = 0 \tag{d}$$

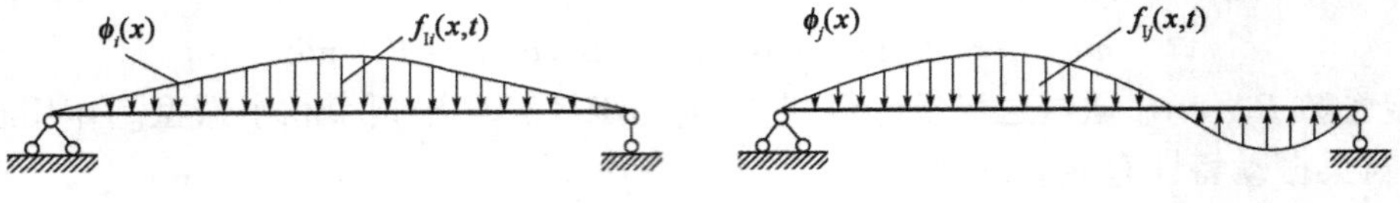

图 4-8　主振型

当 $\omega_i \neq \omega_j$ 时，有：

$$\int_0^l m(x)\phi_i(x)\phi_j(x)\mathrm{d}x = 0 \qquad (i\neq j) \tag{4-37a}$$

这就是主振型关于质量 $m(x)$ 的正交关系式。

对于等截面梁，上式可写成：

$$\int_0^l \phi_i(x)\phi_j(x)\mathrm{d}x = 0 \qquad (i\neq j) \tag{4-37b}$$

对于变截面梁，由式(4-5)可得自由振动方程：

$$\frac{\partial^2}{\partial x^2}\left[EI(x)\frac{\partial^2 y(x,t)}{\partial x^2}\right]+m(x)\frac{\partial^2 y(x,t)}{\partial t^2} = 0 \tag{e}$$

为方便记述，将 y 对几何坐标的偏导用“′”表示，y 对时间的偏导用“·”表示，则式(e)变为：

$$[EI(x)y'']''+m(x)\ddot{y} = 0 \tag{f}$$

令任一时刻 t，梁按频率 ω_i 振动时，有：

$$y_i(x,t) = \phi_i(x)\sin(\omega_i t+\varphi_i)$$

代入式(f)并消去 $\sin(\omega_i t+\varphi_i)$，得：

$$[EI(x)\phi''_i(x)]'' = \omega_i^2 m(x)\phi_i(x) \tag{4-38}$$

从上式可以看出，惯性力项 $m(x)\phi_i(x)$ 可以等价地用含弯曲刚度的横向荷载表示：

$$\frac{1}{\omega_i^2}[EI(x)\phi''_i(x)]''$$

于是，在方程(4-38)两边同乘 $\phi_j(x)$ 并进行积分，结合(4-37a)可得到关于 $EI(x)$ 的正交关系式为：

$$\int_0^l \phi_j(x)\,[EI(x)\phi''_i(x)]''\mathrm{d}x = 0 \qquad (i\neq j) \tag{4-39}$$

由式(4-39)，还可推导出更为方便的表达式。将其进行分部积分，得：

$$\begin{aligned}\int_0^l \phi_j(x)\,[EI(x)\phi''_i(x)]''\mathrm{d}x &= \{\phi_j(x)\,[EI(x)\phi''_i(x)]'\}\Big|_0^l-\int_0^l \phi'_j(x)\,[EI(x)\phi''_i(x)]'\mathrm{d}x\\ &= \{\phi_j(x)\,[EI(x)\phi''_i(x)]'\}\Big|_0^l-\{\phi'_j(x)EI(x)\phi''_i(x)\}\Big|_0^l+\\ &\quad\int_0^l EI(x)\phi''_i(x)\phi''_j(x)\mathrm{d}x\end{aligned} \tag{4-40}$$

式(4-40)中,前两项由不同的边界条件而定,对简支、固定和自由端,这两项皆为零,则式(4-40)变成:

$$\int_0^l EI(x)\phi''_i(x)\phi''_j(x)\mathrm{d}x = 0 \qquad (i \neq j) \tag{4-41a}$$

对等截面梁,有:

$$\int_0^l \phi''_i(x)\phi''_j(x)\mathrm{d}x = 0 \qquad (i \neq j) \tag{4-41b}$$

同样,可写出轴向、剪切和扭转振动的正交关系式。对轴向振动,只需将式(4-41)中的弯曲刚度 $EI(x)$ 换成轴向刚度 $EA(x)$;对剪切振动,只需将式(4-41)中的弯曲刚度 $EI(x)$ 换成剪切刚度 $GA(x)$ 即可。

思考题

4-1 无限自由度体系动位移的特点是什么?

4-2 多自由度体系与无限自由度体系的运动微分方程有什么不同?

4-3 讨论无限自由度体系振动的主要目的是什么?如何应用到实际工程中?

练习题

4-1 求题4-1图所示等截面梁的前两阶自振频率和振型,设其分布质量 m,刚度为 EI。

4-2 求题4-2图所示等截面梁的前两阶自振频率和振型,设其分布质量 m,刚度为 EI。

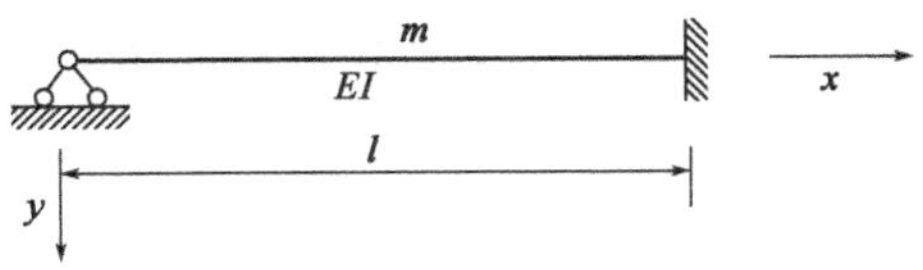

题 4-1 图

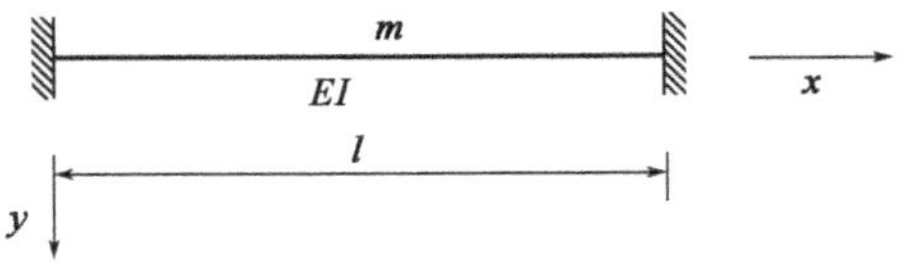

题 4-2 图

4-3 求题4-3图所示一端固定一端弹簧支撑的第一自振频率。已知 $k = \dfrac{5EI}{l^3}$。

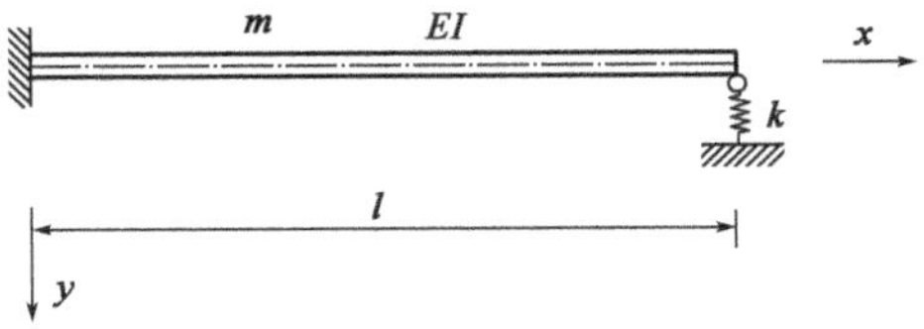

题 4-3 图

第5章 自振频率的实用计算

在进行结构动力分析时,对只有几个自由度的体系,只需求一阶或二阶振型就可以求得动力响应的近似解;而对于包含几十或更多自由度的体系,此时采用前面介绍的求解频率方程的精确方法,计算工作量很大。从实际的要求来说,特别是求解基本频率时,可以采用一些近似方法。

本章主要介绍结构自振频率和振型的实用计算方法(能量法和有限元法)以及在工程中的应用。

5.1 能 量 法

能量法的基本原理建立在能量守恒定律基础上,也就是说,如果没有阻尼耗散能量,那么在自由振动体系中,能量应保持常量。

5.1.1 瑞利法

首先,介绍单自由度无阻尼体系自由振动的情况,进而推广到一般的多自由度体系及无限自由度体系的情况。

1)单自由度体系

单自由度无阻尼体系(如无阻尼弹簧 - 质量体系)自由振动的位移响应随时间的变化规

律为：

$$y(t) = A\sin(\omega t + \varphi) \tag{5-1}$$

式中，A 为振幅；ω 为自振频率；φ 为初相位。

则体系速度为：

$$\dot{y}(t) = A\omega\cos(\omega t + \varphi) \tag{5-2}$$

当 $\cos(\omega t + \varphi) = 0$ 时，速度为零，从而动能为零，而位移和变形能（或位能）达到最大值，其最大变形能为：

$$V_{\max} = \frac{1}{2}ky_{\max}^2 = \frac{1}{2}kA^2 \tag{5-3}$$

当 $\sin(\omega t + \varphi) = 0$ 时，位移和变形能为零，而速度和动能达到最大值，其最大动能为：

$$T_{\max} = \frac{1}{2}m\dot{y}_{\max}^2 = \frac{1}{2}mA^2\omega^2 \tag{5-4}$$

对于无阻尼自由振动的体系，能量必须守恒，则最大动能必等于最大变形能，即：

$$V_{\max} = T_{\max} \tag{5-5}$$

将式(5-3)与式(5-4)代入式(5-5)中，得到：

$$\omega = \sqrt{\frac{k}{m}} \tag{5-6}$$

式(5-6)显然与第2章求得的频率计算公式完全一样。由于这里采用能量守恒定律得到，因此这种方法称为**能量法**，又称为 Rayleigh 法。对于简单的单自由度体系，这种方法的优点并不明显，它的主要用处是对多自由度体系及无限自由度体系进行频率近似分析。

2）多自由度体系

如图5-1所示，以简支梁为例，多自由度无阻尼体系自由振动的位移向量 $\boldsymbol{Y}$ 用式(5-7)来表示。

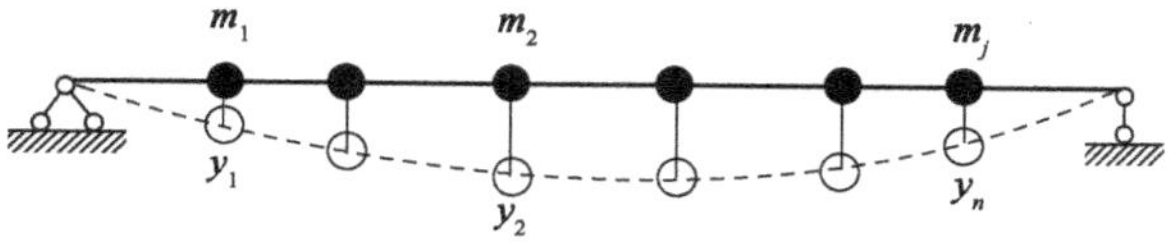

图5-1 多自由度体系

即

$$\boldsymbol{Y} = \boldsymbol{\Phi}\sin(\omega t + \varphi) \tag{5-7}$$

式中，$\boldsymbol{Y} = \{y_1(t) \quad y_2(t) \quad \cdots \quad y_n(t)\}^{\mathrm{T}}$，$\boldsymbol{\Phi} = \{A_1 \quad A_2 \quad \cdots \quad A_n\}^{\mathrm{T}}$ 称为位移 $\boldsymbol{Y}$ 的幅值向量，即振型。

而速度向量为：

$$\dot{\boldsymbol{Y}} = \boldsymbol{\Phi}\omega\cos(\omega t + \varphi) \tag{5-8}$$

用矩阵形式给出体系的最大动能为：

$$T_{\max} = \frac{1}{2}\dot{\boldsymbol{Y}}_{\max}^{\mathrm{T}}\boldsymbol{M}\dot{\boldsymbol{Y}}_{\max} \tag{5-9}$$

体系的最大变形能为：

$$V_{\max} = \frac{1}{2}\boldsymbol{Y}_{\max}^{\mathrm{T}}\boldsymbol{K}\boldsymbol{Y}_{\max} \tag{5-10}$$

将式(5-8)代入式(5-9)中,得到:

$$T_{\max} = \frac{1}{2}\omega^2 \boldsymbol{\Phi}^{\mathrm{T}} \boldsymbol{M} \boldsymbol{\Phi} \tag{5-11}$$

将式(5-7)代入式(5-10)中,得到:

$$V_{\max} = \frac{1}{2}\boldsymbol{\Phi}^{\mathrm{T}} \boldsymbol{K} \boldsymbol{\Phi} \tag{5-12}$$

按照能量守恒定律,最大动能与最大变形能相等,所以有:

$$\omega^2 = \frac{\boldsymbol{\Phi}^{\mathrm{T}} \boldsymbol{K} \boldsymbol{\Phi}}{\boldsymbol{\Phi}^{\mathrm{T}} \boldsymbol{M} \boldsymbol{\Phi}} \tag{5-13}$$

对于第 i 阶振型:

$$\omega_i^2 = \frac{\boldsymbol{\Phi}_i^{\mathrm{T}} \boldsymbol{K} \boldsymbol{\Phi}_i}{\boldsymbol{\Phi}_i^{\mathrm{T}} \boldsymbol{M} \boldsymbol{\Phi}_i} \tag{5-14}$$

对于式(5-14),由于频率的计算需要先知道相应的振型,但是在频率未求得之前,振型同样是未知的。因此,用式(5-14)无法精确计算体系的频率,也就是说,只能采用假定的振型来计算。对此,实际分析时先假定一个与体系第 i 阶振型接近的向量函数 $\boldsymbol{\Phi}'_i$,以此向量函数代替第 i 阶振型 $\boldsymbol{\Phi}_i$,利用式(5-14)来计算相应的近似频率,即:

$$\omega_i'^2 = \frac{\boldsymbol{\Phi}'^{\mathrm{T}}_i \boldsymbol{K} \boldsymbol{\Phi}'_i}{\boldsymbol{\Phi}'^{\mathrm{T}}_i \boldsymbol{M} \boldsymbol{\Phi}'_i} \tag{5-15}$$

当 $i = 1$ 时,可得基本频率的求解公式:

$$\omega_1'^2 = \frac{\boldsymbol{\Phi}'^{\mathrm{T}}_1 \boldsymbol{K} \boldsymbol{\Phi}'_1}{\boldsymbol{\Phi}'^{\mathrm{T}}_1 \boldsymbol{M} \boldsymbol{\Phi}'_1} \tag{5-16}$$

对于高阶频率,可采用其他的方法(如 Rayleigh-Ritz 法、迭代法、子空间迭代法等)进行计算。

现在出现这样一个问题,为了保证用能量法求得的近似频率能够获得较正确的结果,应该如何选取合理的位移向量呢?我们知道,体系自由振动中的位移是由惯性力作用引起的,为了减少计算工作量,假定惯性荷载为运动质量所对应的重量 $m_i g$,而将此重量沿振动方向作用在结构上,由此产生在质量处的挠度向量记为 $\boldsymbol{\Phi}'_1$,作为近似的第一振型,代入式(5-16)中计算第一阶频率。实践证明,这样计算出的基频具有良好的精度。

例 5-1 图 5-2a)所示带有 2 个集中质量的悬臂梁,梁的抗弯刚度 $EI = 6.0 \times 10^6 \mathrm{N \cdot m^2}$,悬臂梁本身质量不计,集中质量为 $m_1 = m_2 = m = 5000\mathrm{kg}$,集中质量相距 $l = 5\mathrm{m}$ 。试用能量法求体系的第一阶频率。

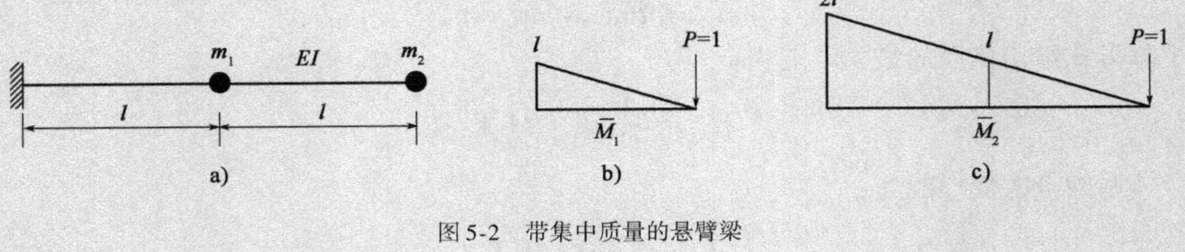

图 5-2 带集中质量的悬臂梁

解:体系柔度系数可由图 5-2b)、c)采用结构力学图乘法求得:

$$\delta_{11} = \frac{1}{EI} \times \frac{1}{2} \times l \times l \times \frac{2}{3}l = \frac{1}{3}\frac{l^3}{EI}$$

$$\delta_{21} = \delta_{12} = \frac{1}{EI} \times \frac{1}{2} \times l \times l \times \left(l + \frac{2}{3}l\right) = \frac{5}{6}\frac{l^3}{EI}$$

$$\delta_{22} = \frac{1}{EI} \times \frac{1}{2} \times 2l \times 2l \times \frac{2}{3} \times 2l = \frac{8}{3}\frac{l^3}{EI}$$

将运动质量所对应的重量 m_1g 、m_2g 沿振动方向作用在结构上,得各质量的静位移为:

$$A_1 = \delta_{11}m_1g + \delta_{12}m_2g = \frac{1}{3}\frac{l^3}{EI}mg + \frac{5}{6}\frac{l^3}{EI}mg = \frac{7}{6}\frac{mgl^3}{EI}$$

$$A_2 = \delta_{21}m_1g + \delta_{22}m_2g = \frac{5}{6}\frac{l^3}{EI}mg + \frac{8}{3}\frac{l^3}{EI}mg = \frac{7}{2}\frac{mgl^3}{EI}$$

由此产生的两点处位移向量记为 $\boldsymbol{\Phi}'_1$,作为近似的第一振型,则:

$$\boldsymbol{\Phi}'_1 = \begin{Bmatrix} A_1 \\ A_2 \end{Bmatrix} = \frac{7mgl^3}{6EI}\begin{Bmatrix} 1 \\ 3 \end{Bmatrix}$$

体系的质量矩阵和刚度矩阵分别为:

$$\boldsymbol{M} = \begin{bmatrix} 1 & 0 \\ 0 & 1 \end{bmatrix} m$$

$$\boldsymbol{K} = \boldsymbol{\delta}^{-1} = \begin{bmatrix} 16 & -5 \\ -5 & 2 \end{bmatrix} \frac{6EI}{7l^3}$$

将上式结果代入式(5-16),得:

$$\omega_1'^2 = \frac{12}{35}\frac{EI}{ml^3} = 3.2914$$

$$\omega'_1 = 1.8142(\text{rad/s})$$

自振频率的精确解为 $\omega_1 = 1.8090\text{rad/s}$,近似计算频率与精确解的误差仅为 0.291%。可见将运动质量对应的"重量"沿振动方向作用在结构上,将由此产生的静位移作为近似的第一振型,按能量法计算得到的第一阶频率具有相当高的精度。

3)无限自由度体系

图 5-3 表示一变截面的简支梁,可将其视作无限自由度体系。与离散系统不同,具有无限自由度的连续体系结构振动位移是连续函数,不仅与时间有关,还与位置有关,对于无阻尼固有振动,梁的竖向振动位移函数可表示为:

$$y(x,t) = \phi(x)\sin(\omega t + \varphi) \tag{5-17}$$

式中, $\phi(x)$ 为满足梁位移边界条件的振型函数; ω 为梁的自振频率(可参考第 4 章)。

于是,梁的动能可表示为:

$$T = \frac{1}{2}\int_0^l m(x)\left[\frac{\partial y(x,t)}{\partial t}\right]^2 \mathrm{d}x = \frac{1}{2}\omega^2\cos^2(\omega t + \varphi)\int_0^l m(x)\phi^2(x)\mathrm{d}x \tag{5-18}$$

式中, $m(x)$ 为梁的分布质量。

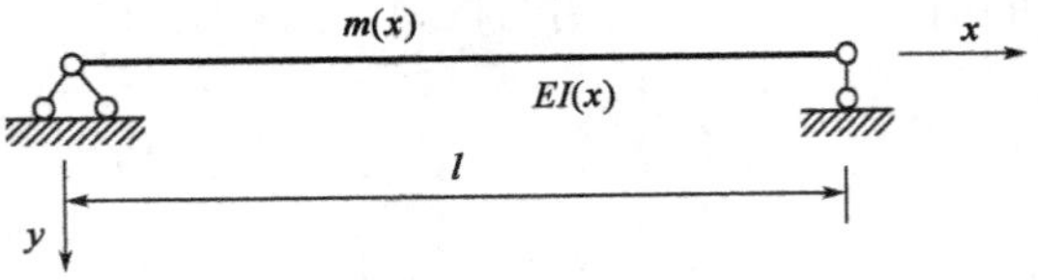

图 5-3　无限自由度体系

则无限自由度体系最大动能：

$$T_{\max} = \frac{1}{2}\omega^2\int_0^l m(x)\phi^2(x)\mathrm{d}x \tag{5-19}$$

梁的变形能可表示为：

$$V = \frac{1}{2}\int_0^l \frac{M^2(x,t)}{EI(x)}\mathrm{d}x = \frac{1}{2}\int_0^l EI(x)\left[\frac{\partial^2 y(x,t)}{\partial x^2}\right]^2\mathrm{d}x = \frac{1}{2}\sin^2(\omega t+\varphi)\int_0^l EI(x)\left[\frac{\mathrm{d}^2\phi(x)}{\mathrm{d}x^2}\right]^2\mathrm{d}x \tag{5-20}$$

式中，$EI(x)$ 为梁的抗弯刚度；$M(x,t)$ 为截面弯矩。

则无限自由度体系最大变形能：

$$V_{\max} = \frac{1}{2}\int_0^l EI(x)\left[\frac{\mathrm{d}^2\phi(x)}{\mathrm{d}x^2}\right]^2\mathrm{d}x \tag{5-21}$$

按照能量守恒定律，最大动能与最大变形能相等，如果将 $\frac{\mathrm{d}^2\phi(x)}{\mathrm{d}x^2}$ 简写成 $\phi''(x)$，则式(5-19)和式(5-21)经过变换有：

$$\omega^2 = \frac{\int_0^l EI(x)[\phi''(x)]^2\mathrm{d}x}{\int_0^l m(x)\phi^2(x)\mathrm{d}x} \tag{5-22}$$

对于第 i 阶振型：

$$\omega_i^2 = \frac{\int_0^l EI(x)[\phi''_i(x)]^2\mathrm{d}x}{\int_0^l m(x)\phi_i^2(x)\mathrm{d}x} \tag{5-23}$$

用上述方法计算体系的振动频率时，频率的精度取决于所假定的位移函数，原则上，只要满足体系的约束条件，此位移函数可以任意选取。如果选取的位移函数就是体系的真实振型，那么得到的振动频率是精确的。但是对于不是真实振型的位移函数，为了保持体系的平衡，就必须有附加的外部约束作用，这样附加约束将使体系等代刚度增加，从而使计算的频率增大。因此，用真实振型所得到的频率是用能量法求得的频率中最低的一个。

另外，要很好地假设出接近于更高阶振型的位移向量，是非常困难的，所以一般只用式(5-23)来计算基本频率。对于第一振型函数的选择，也可类似于多自由度体系振型向量选取，假定惯性荷载为运动质量 $m(x)\mathrm{d}x$ 所对应的重量。

如果考虑在坐标 x_1、x_2、…、x_j 处分别有集中质量 M_1、M_2、…、M_j（如桥梁工程中的横隔梁），则梁的第 i 阶固有频率：

$$\omega_i^2 = \frac{\int_0^l EI(x)[\phi''_i(x)]^2\mathrm{d}x}{\int_0^l m(x)\phi_i^2(x)\mathrm{d}x + \sum_{k=1}^{j} M_k\phi_i^2(x_k)} \tag{5-24}$$

例 5-2 如图 5-4a)所示,用瑞利法计算等截面固端梁的一阶固有频率。

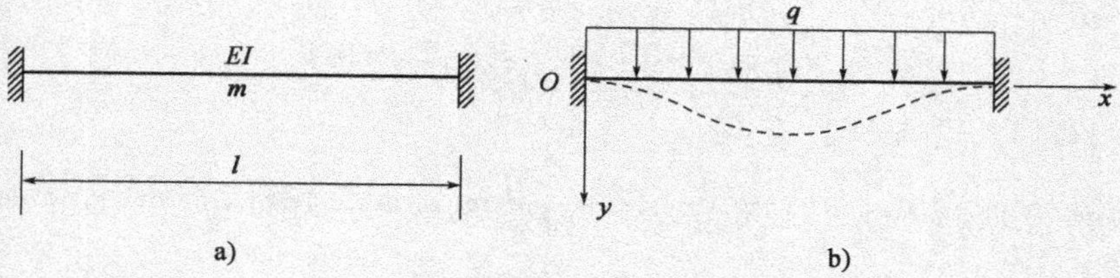

图 5-4 固端梁

解:如图 5-4b)所示,假定梁的一阶振型函数为:

$$\phi(x) = \frac{ql^4}{24EI}\left(\frac{x^2}{l^2} - 2\frac{x^3}{l^3} + \frac{x^4}{l^4}\right) = A\left(\frac{x^2}{l^2} - 2\frac{x^3}{l^3} + \frac{x^4}{l^4}\right)$$

它是取自均布荷载下两端固结梁的挠度函数,可以验证该函数满足几何约束条件,则体系最大动能和变形能分别为:

$$T_{\max} = \frac{1}{2}\omega^2\int_0^l m\phi^2(x)\,\mathrm{d}x = mA^2\omega^2\frac{l}{1260}$$

$$V_{\max} = \frac{1}{2}\int_0^l EI[\phi''(x)]^2\mathrm{d}x = EIA^2\frac{2}{5l^3}$$

由 $T_{\max} = V_{\max}$ 可得:

$$\omega = \frac{22.4499}{l^2}\sqrt{\frac{EI}{m}}$$

与精确结果一致。类似于多自由度体系,只要假设的振型函数比较接近真实振型,通过瑞利法就能得到较精确的频率值。

5.1.2 *里兹法

里兹法也属于能量法,它改进了前述的瑞利法,可以用来求解出更精确的基频,同时也可以用来求得高阶固有频率及振型的近似值。下面以多个带集中质量的变截面简支梁为例,如图 5-5 所示,可以很清晰地看到,当梁为有刚度、均布质量时,为无限自由度体系。

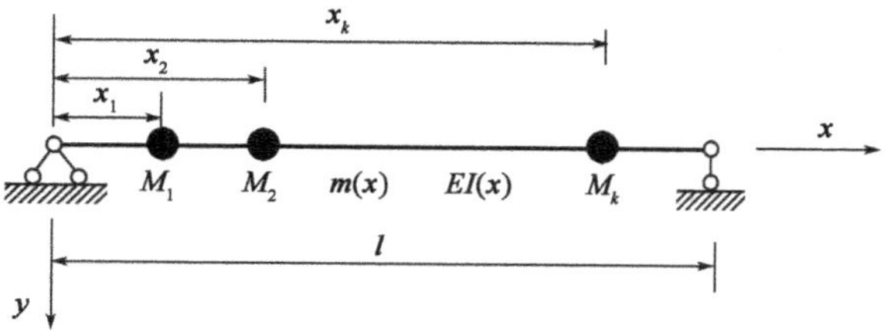

图 5-5 带集中质量的无限自由度体系

里兹法选择一条含多个参变量的函数逼近真实的挠曲线 $\phi(x)$,即使得选取的函数在有限个点上与真实挠曲线重合。假定的变形曲线为:

$$\phi(x) = \sum_{i=1}^{n} C_i\phi_i(x) \tag{5-25}$$

式中,$\phi_i(x)$ 为预先选定的满足位移边界条件的曲线;C_i 为待定参数。这就是把瑞利法加以拓展,并可以改善精度。为了尽可能减少附加约束的影响,参数 C_i 的选择应使式(5-24)所确定的频率为极小值,于是数学上就形成一个极值条件:

$$\frac{\partial(\omega^2)}{\partial C_i} = 0 \qquad (i = 1,2,\cdots,n) \tag{5-26}$$

将式(5-23)代入式(5-26),有:

$$\frac{\partial}{\partial C_i}\int_0^l EI\left[\phi''(x)\right]^2 \mathrm{d}x\int_0^l m(x)\phi^2(x)\mathrm{d}x - \frac{\partial}{\partial C_i}\int_0^l m(x)\phi^2(x)\mathrm{d}x\int_0^l EI\left[\phi''(x)\right]^2 \mathrm{d}x = 0$$

将上式两边同除以 $\int_0^l m(x)\phi^2(x)\mathrm{d}x$,可得:

$$\frac{\partial}{\partial C_i}\int_0^l EI\left[\phi''(x)\right]^2 \mathrm{d}x - \frac{\frac{\partial}{\partial C_i}\int_0^l m(x)\phi^2(x)\mathrm{d}x\int_0^l EI\left[\phi''(x)\right]^2 \mathrm{d}x}{\int_0^l m(x)\phi^2(x)\mathrm{d}x} = 0 \tag{a}$$

将式(5-23)代入式(a)得:

$$\frac{\partial}{\partial C_i}\int_0^l EI\left[\phi''(x)\right]^2 \mathrm{d}x - \omega^2\frac{\partial}{\partial C_i}\int_0^l m(x)\phi^2(x)\mathrm{d}x = 0 \tag{5-27}$$

将式(5-25)代入式(5-27),可得:

$$\frac{\partial}{\partial C_i}\int_0^l EI\left[C_1\phi_1''(x) + C_2\phi_2''(x) + \cdots C_n\phi_n''(x)\right]^2 \mathrm{d}x - \omega^2\frac{\partial}{\partial C_i}\int_0^l m(x)\left[C_1\phi_1(x) + C_2\phi_2(x) + \cdots + C_n\phi_n(x)\right]^2 \mathrm{d}x = 0$$

做偏导数运算,可得:

$$\begin{aligned} &2\frac{\partial}{\partial C_i}\int_0^l EI\left[C_1\phi_1''(x) + C_2\phi_2''(x) + \cdots C_n\phi_n''(x)\right]\phi_i''(x)\mathrm{d}x - \\ &2\omega^2\frac{\partial}{\partial C_i}\int_0^l m(x)\left[C_1\phi_1(x) + C_2\phi_2(x) + \cdots C_n\phi_n(x)\right]\phi_i(x)\mathrm{d}x = 0 \end{aligned} \tag{b}$$

这样的方程有 n 个,即 $i = 1,2\cdots,n$ 。注意到 $C_i(i = 1,2,\cdots,n)$ 是常数,故可以从积分号中提出,则上述 n 个方程依次为:

$$C_1\int_0^l EI\left[\phi_1''(x)\right]^2 \mathrm{d}x + C_2\int_0^l EI\phi_2''(x)\phi_1''(x)\mathrm{d}x + \cdots + C_n\int_0^l EI\phi_n''(x)\phi_1''(x)\mathrm{d}x -$$

$$\omega^2\left\{C_1\int_0^l m(x)\left[\phi_1(x)\right]^2 \mathrm{d}x + C_2\int_0^l m(x)\phi_2(x)\phi_1(x)\mathrm{d}x + \cdots + C_n\int_0^l m(x)\phi_n(x)\phi_1(x)\mathrm{d}x\right\} = 0$$

$$C_1\int_0^l EI\phi_1''(x)\phi_2''(x)\mathrm{d}x + C_2\int_0^l EI\left[\phi_2''(x)\right]^2 \mathrm{d}x + \cdots + C_n\int_0^l EI\phi_n''(x)\phi_2''(x)\mathrm{d}x -$$

$$\omega^2\left\{C_1\int_0^l m(x)\phi_1(x)\phi_2(x)\mathrm{d}x + C_2\int_0^l m(x)\left[\phi_2(x)\right]^2 \mathrm{d}x + \cdots + C_n\int_0^l m(x)\phi_n(x)\phi_2(x)\mathrm{d}x\right\} = 0$$

……

$$C_1\int_0^l EI\phi_1''(x)\phi_n''(x)\mathrm{d}x + C_2\int_0^l EI\phi_2''(x)\phi_n''(x)\mathrm{d}x + \cdots + C_n\int_0^l EI\left[\phi_n''(x)\right]^2 \mathrm{d}x -$$

$$\omega^2\left\{C_1\int_0^l m(x)\phi_1(x)\phi_n(x)\mathrm{d}x + C_2\int_0^l m(x)\phi_2(x)\phi_n(x)\mathrm{d}x + \cdots + C_n\int_0^l m(x)\left[\phi_n(x)\right]^2 \mathrm{d}x\right\} = 0$$

令

$$k_{ij} = \int_0^l EI\phi_i''(x)\phi_j''(x)\mathrm{d}x \qquad m_{ij} = \int_0^l m\phi_i(x)\phi_j(x)\mathrm{d}x \tag{5-28}$$

则上面的方程组可以表示为如下的矩阵形式：

$$\begin{bmatrix} k_{11} & k_{12} \cdots k_{1n} \\ k_{21} & k_{22} \cdots k_{2n} \\ \vdots & \vdots \quad \vdots \\ k_{n1} & k_{n2} \cdots k_{nn} \end{bmatrix} \begin{Bmatrix} C_1 \\ C_2 \\ \vdots \\ C_n \end{Bmatrix} - \omega^2 \begin{bmatrix} m_{11} & m_{12} \cdots m_{1n} \\ m_{21} & m_{22} \cdots m_{2n} \\ \vdots & \vdots \quad \vdots \\ m_{n1} & m_{n2} \cdots m_{nn} \end{bmatrix} \begin{Bmatrix} C_1 \\ C_2 \\ \vdots \\ C_n \end{Bmatrix} = \begin{Bmatrix} 0 \\ 0 \\ \vdots \\ 0_n \end{Bmatrix} \tag{5-29a}$$

或简写为：

$$(\boldsymbol{K} - \omega^2 \boldsymbol{M})\boldsymbol{C} = 0 \tag{5-29b}$$

式中，$\boldsymbol{C} = \{C_1 C_2 C_3 \cdots C_n\}^{\mathrm{T}}$ 为参数列向量，而 $\boldsymbol{K}$ 和 $\boldsymbol{M}$ 均为对称矩阵，其中元素由式(5-28)定义。

如果梁上有 k 个集中质量 M_i，则式(5-28)的 m_{ij}：

$$m_{ij} = \int_0^l m\phi_i(x)\phi_j(x)\mathrm{d}x + \sum_{s=1}^{k} M_s \phi_i(x_s)\phi_j(x_s)$$

例 5-3 一个等截面简支梁，刚度为 EI，均布质量为 $m = \dfrac{M}{3l}$，在三等分点分别有两个集中质量，质量 $M_1 = M_2 = \dfrac{M}{3}$，如图 5-6 所示，用里兹法求结构的前两阶频率。

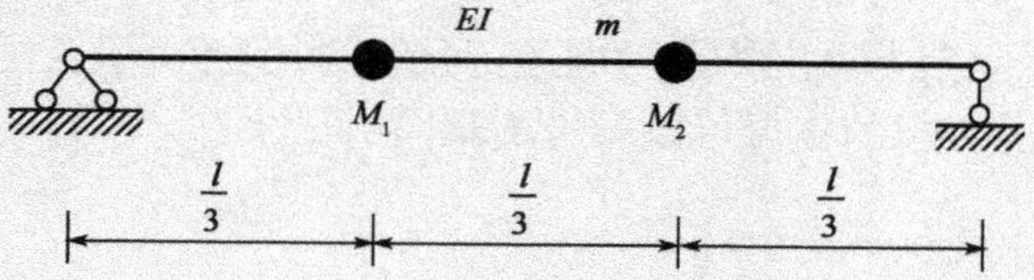

图 5-6

解：设

$$\phi(x) = C_1\phi_1(x) + C_2\phi_2(x) \tag{a}$$

其中

$$\phi_1(x) = \sin\frac{\pi x}{l}, \phi_2(x) = \sin\frac{2\pi x}{l}$$

式中，$\phi_1(x)$、$\phi_2(x)$ 分别为等截面简支梁的第一阶振型和第二阶振型函数。

$$k_{11} = \int_0^l EI\phi''_1(x)\phi''_1(x)\mathrm{d}x = \int_0^l EI\left(\frac{\pi}{l}\right)^4 \sin^2\frac{\pi x}{l}\mathrm{d}x = \frac{\pi^4 EI}{2l^3}$$

$$k_{12} = k_{21} = 0 \qquad k_{22} = \int_0^l EI\left(\frac{2\pi}{l}\right)^4 \sin^2\frac{2\pi x}{l}\mathrm{d}x = 8\frac{\pi^4 EI}{l^3}$$

$$m_{11} = \int_0^l m\phi_1^2(x)\mathrm{d}x + M_1\phi_1^2\left(\frac{l}{3}\right) + M_2\phi_1^2\left(\frac{2l}{3}\right) = \frac{2}{3}M$$

$$m_{12} = m_{21} = 0 \qquad m_{22} = \frac{2}{3}M$$

将上式带入式(5-29b)，可得：

$$\left(\begin{bmatrix} \dfrac{\pi^4 EI}{2l^3} & 0 \\ 0 & 8\dfrac{\pi^4 EI}{l^3} \end{bmatrix} - \omega^2 \begin{bmatrix} \dfrac{2M}{3} & 0 \\ 0 & \dfrac{2M}{3} \end{bmatrix}\right)\begin{Bmatrix} C_1 \\ C_2 \end{Bmatrix} = \begin{Bmatrix} 0 \\ 0 \end{Bmatrix} \tag{b}$$

由于 C_1、C_2,不全为0,所以

$$\begin{vmatrix} \frac{\pi^4 EI}{2l^3}-\frac{2M}{3}\omega^2 & 0 \\ 0 & 8\frac{\pi^4 EI}{l^3}-\frac{2M}{3}\omega^2 \end{vmatrix}=0 \tag{c}$$

求得

$$\omega_1^2=\frac{3\pi^4 EI}{4Ml^3} \qquad \omega_2^2=12\frac{\pi^4 EI}{Ml^3}$$

则

$$\omega_1=0.8660\pi^2\sqrt{\frac{EI}{Ml^3}} \qquad \omega_2=3.4641\pi^2\sqrt{\frac{EI}{Ml^3}}$$

而该体系的自振频率的精确解为 $\omega_1=0.8655\pi^2\sqrt{\frac{EI}{Ml^3}}$, $\omega_2=3.3971\pi^2\sqrt{\frac{EI}{Ml^3}}$,可以看出结构第一阶频率和精确解误差小于0.1%,但是结构第二阶频率相差较大。为减小第二阶频率的误差,可多设几个函数,使函数的线性组合更接近真实振型函数。

此外,将 ω_i 代入(b)中可求得 C_i 比值,将 C_i 代入(a)中进而求得第 i 阶近似振型。

注意到,以上是以无限自由度体系为例进行介绍的,实际上里兹法也可以用于多自由度体系,这里不再赘述,感兴趣的读者可以参考文献[12]。

5.2 * 有限单元法求自振频率

所谓有限单元法,就是人为地将连续体(无限个自由度)划分为有限个单元(有限个自由度),以单元连接处(结点)的位移作为基本未知量,按经典位移法的计算步骤,以计算机为工具,求解结构响应的一种数值分析的方法。

有限元法用于结构动力分析称为结构动力有限元法,动力有限元法可用于求解大型复杂结构的动力学问题。动力有限元法是将一个本来属于无限自由度体系的动力问题转化为一个多自由度体系的问题,该多自由度体系是以有限个结点位移为广义坐标的,即动力自由度。在基本概念上,动力有限元法与结构静力有限元法完全类似,是一个先离散化后综合的过程,只不过前者多了一个惯性力,即多了一个质量矩阵,而其形成方法与静力有限元法中的刚度矩阵是类似的。

在动力有限元法中,建立质量矩阵有两种方法:一是将全部质量换算成集中质量放在结点上,形成对角**集中质量矩阵**(Lumped mass matrix),此种情况与多自由度体系中用到的集中质量矩阵类似。二是根据能量原理计算每一单元的质量系数,形成所谓的**一致质量矩阵**(Consistent mass matrix)。一致质量矩阵不是对角矩阵,这是两者唯一不同之处,但这对运动方程及方程的求解并没有本质上的区别。

对于比较复杂的结构,要准确地假设其整体位移函数是难以做到的。此时,可将结构分割成有限个单元,在单元内部可采用统一的、相对比较简单的位移函数,而将结构作为这些单元的集合来分析。在本章中,体系的控制方程即单元和结构刚度方程是通过一般静力学方法推

导得到的,且方程是精确的。而对于杆件体系的动力学问题和一般连续体的静力或动力学问题来说,通常只能先根据近似的位移函数,利用虚功原理或其他能量原理导出反映单元性态的控制方程,在此基础上再按照单元的集成规则推导得到整个系统的控制方程。此时,单元和结构的控制方程通常是近似的。

5.2.1 单元刚度矩阵

以下介绍虚功原理推导单元刚度矩阵的方法,这是一种更为普遍适用的方法。采用这一方法也可以推导出单元的质量矩阵。

设有一个任意梁单元,如图 5-7 所示,E、A、I 和 l 分别为材料的弹性模量、单元横截面面积、惯性矩和单元长度。单元两端的结点号分别为 i 和 j,ixy 为单元局部坐标系,x 表示单元任意截面的位置,y 为应变点至中性轴距离。

若单元发生图示的位移,由材料力学可知单元轴线上任意点的轴向位移 u 是 x 的线性函数,而横向位移 v 是 x 的三次函数,即位移函数为:

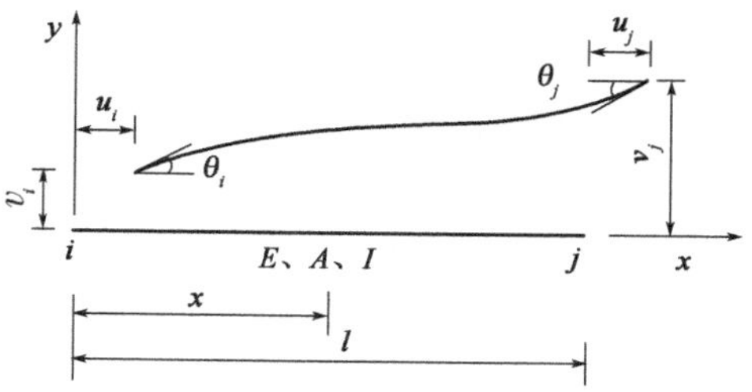

图 5-7 平面梁单元

$$\left.\begin{aligned} u &= a_0 + a_1 x \\ v &= b_0 + b_1 x + b_2 x^2 + b_3 x^3 \end{aligned}\right\} \tag{a}$$

式中,a_0、a_1 和 b_0、b_1、b_2、b_3 为待定参数,相对于 6 个广义坐标,可根据单元两端的位移条件确定。

上述位移函数在单元两端的值等于单元的结点位移 $\boldsymbol{e}$,于是有:

$$\left.\begin{aligned} u_i &= (u)_{x=0} = a_0, u_j = (u)_{x=l} = a_0 + a_1 l \\ v_i &= (v)_{x=0} = b_0, v_j = (v)_{x=l} = b_0 + b_1 l + b_2 l^2 + b_3 l^3 \\ \theta_i &= \left(\frac{\mathrm{d}v}{\mathrm{d}x}\right)_{x=0} = b_1, \theta_j = \left(\frac{\mathrm{d}v}{\mathrm{d}x}\right)_{x=l} = b_1 + 2b_2 l + 3b_3 l^2 \end{aligned}\right\}$$

将以上 6 个单元位移边界条件联立,就可以解得 a_0、a_1、b_0、b_1 和 b_2、b_3 等 6 个待定参数。或者说,可以用结点位移表达这些参数。将以上参数代入式(a),并将方程写为矩阵形式,得:

$$\boldsymbol{w} = \boldsymbol{N}\boldsymbol{\Delta}^{\mathrm{e}} \tag{5-30}$$

式中,$\boldsymbol{w} = (u \quad v)^{\mathrm{T}}$ 为单元轴线上任意点的位移向量;

$$\boldsymbol{\Delta}^{\mathrm{e}} = (u_i \quad v_i \quad \theta_i \quad u_j \quad v_j \quad \theta_j)^{\mathrm{T}}$$

$\boldsymbol{\Delta}^{\mathrm{e}}$ 为单元结点位移向量;$\boldsymbol{N}$ 称为形函数(Shape function)矩阵,它给出了单元轴线上任意点的位移与结点位移之间的关系,其表达式为:

$$\boldsymbol{N} = \begin{bmatrix} 1-\dfrac{x}{l} & 0 & 0 & \dfrac{x}{l} & 0 & 0 \\ 0 & 1-3\left(\dfrac{x}{l}\right)^2+2\left(\dfrac{x}{l}\right)^3 & x\left(1-\dfrac{x}{l}\right)^2 & 0 & 3\left(\dfrac{x}{l}\right)^2-2\left(\dfrac{x}{l}\right)^3 & x\left(\dfrac{x}{l}-1\right)\left(\dfrac{x}{l}\right) \end{bmatrix} = \begin{bmatrix} \boldsymbol{N}_1 \\ \boldsymbol{N}_2 \end{bmatrix} \tag{5-31}$$

式中，$\boldsymbol{N}_1$、$\boldsymbol{N}_2$ 分别为轴向位移和横向位移的形函数矩阵。

梁单元一般可忽略剪切变形的影响。此时，单元的线应变 $\boldsymbol{\varepsilon}$ 可表示为：

$$\boldsymbol{\varepsilon} = \begin{Bmatrix} \varepsilon_{\mathrm{a}} \\ \varepsilon_{\mathrm{b}} \end{Bmatrix} = \begin{Bmatrix} \dfrac{\mathrm{d}u}{\mathrm{d}x} \\ -y\dfrac{\mathrm{d}^2 v}{\mathrm{d}x^2} \end{Bmatrix} \tag{b}$$

式中，ε_{a} 为轴向线应变；ε_{b} 为弯曲线应变。将式(5-30)、式(5-31)代入式(b)，经微分方程运算可得：

$$\boldsymbol{\varepsilon} = \boldsymbol{B\Delta}^{\mathrm{e}} \tag{5-32}$$

式中，$\boldsymbol{B}$ 称为应变-位移转换(Strain-displacement transformation)矩阵，它给出了单元上任意点的应变与结点位移的关系，其表达式为：

$$\boldsymbol{B} = \begin{bmatrix} -\dfrac{1}{l} & 0 & 0 & \dfrac{1}{l} & 0 & 0 \\ 0 & \dfrac{6}{l^2}\left(1-\dfrac{2x}{l}\right)y & \dfrac{2}{l}\left(2-\dfrac{3x}{l}\right)y & 0 & \dfrac{6}{l^2}\left(\dfrac{2x}{l}-1\right)y & \dfrac{2}{l}\left(2-\dfrac{3x}{l}\right)y \end{bmatrix} \tag{5-33}$$

根据胡克定律，梁单元上任意点的应力可表示为：

$$\boldsymbol{\sigma} = \begin{Bmatrix} \sigma_{\mathrm{a}} \\ \sigma_{\mathrm{b}} \end{Bmatrix} = E\boldsymbol{\varepsilon} = E\boldsymbol{B\Delta}^{\mathrm{e}} \tag{5-34}$$

式中，σ_{a}、σ_{b} 分别为由拉压和弯曲引起的截面正应力。

至此，单元上任意点的位移、应变和应力均已通过单元两端的结点位移表达。以下利用虚功原理来导出单元刚度矩阵。

设单元轴线处发生虚位移 $\delta\boldsymbol{w}$，由式(5-30)可知：

$$\delta\boldsymbol{w} = \boldsymbol{N}\,\delta\boldsymbol{\Delta}^{\mathrm{e}}$$

式中，$\delta\boldsymbol{\Delta}^{\mathrm{e}}$ 为结点虚位移向量。利用式(5-32)，单元的虚应变 $\delta\boldsymbol{\varepsilon}$ 可表示为：

$$\delta\boldsymbol{\varepsilon} = \boldsymbol{B}\,\delta\boldsymbol{\Delta}^{\mathrm{e}}$$

存在于单元中的应力 $\boldsymbol{\sigma}$ 在上述虚应变中所做的虚功为：

$$\delta W_i = \int_V \delta\,\boldsymbol{\varepsilon}^{\mathrm{T}}\boldsymbol{\sigma}\mathrm{d}V = \int_V \delta\boldsymbol{\Delta}^{\mathrm{eT}}\boldsymbol{B}^{\mathrm{T}}E\boldsymbol{B\Delta}^{\mathrm{e}}\mathrm{d}V = \delta\int_V \boldsymbol{\Delta}^{\mathrm{eT}}\boldsymbol{B}^{\mathrm{T}}E\boldsymbol{B\Delta}^{\mathrm{e}}\mathrm{d}V \tag{c}$$

单元杆端力 $\boldsymbol{F}^{\mathrm{e}}$ 由于虚位移而做的功为：

$$\delta W_{\mathrm{e}} = \delta\boldsymbol{\Delta}^{\mathrm{eT}}\boldsymbol{F}^{\mathrm{e}} \tag{d}$$

由虚功原理 $\delta W_i = \delta W_{\mathrm{e}}$，将式(c)、式(d)代入后可得：

$$\boldsymbol{F}^{\mathrm{e}} = E\int_V \boldsymbol{B}^{\mathrm{T}}\boldsymbol{B}\mathrm{d}V\boldsymbol{\Delta}^{\mathrm{e}} \tag{e}$$

记

$$\boldsymbol{k}^{\mathrm{e}} = E\int_V \boldsymbol{B}^{\mathrm{T}}\boldsymbol{B}\mathrm{d}V \tag{5-35}$$

则式(e)可表示为：

$$\boldsymbol{F}^{\mathrm{e}} = \boldsymbol{k}^{\mathrm{e}}\boldsymbol{\Delta}^{\mathrm{e}} \tag{5-36}$$

式(5-36)反映了单元杆端力与杆端位移之间的关系。其中，$\boldsymbol{k}^{\mathrm{e}}$ 即为单元刚度矩阵。将式(5-33)代入式(5-35)，通过积分运算可得到单元刚度矩阵的显式如下：

$$
\boldsymbol{k}^{e}=\begin{bmatrix}
\frac{EA}{l} & 0 & 0 & -\frac{EA}{l} & 0 & 0\\
0 & \frac{12EI}{l^3} & \frac{6EI}{l^2} & 0 & -\frac{12EI}{l^3} & \frac{6EI}{l^2}\\
0 & \frac{6EI}{l^2} & \frac{4EI}{l} & 0 & -\frac{6EI}{l^2} & \frac{2EI}{l}\\
-\frac{EA}{l} & 0 & 0 & \frac{EA}{l} & 0 & 0\\
0 & -\frac{12EI}{l^3} & -\frac{6EI}{l^2} & 0 & \frac{12EI}{l^3} & -\frac{6EI}{l^2}\\
0 & \frac{6EI}{l^2} & \frac{2EI}{l} & 0 & -\frac{6EI}{l^2} & \frac{4EI}{l}
\end{bmatrix}\tag{5-37}
$$

由式(5-37)得到的一般梁单元刚度矩阵与直接利用静力法推导得到的公式完全相同。由此可见,当位移函数精确符合单元的实际变形时,由虚功原理推导的单元刚度矩阵便是精确的。

5.2.2 单元质量矩阵

若梁单元上有结间荷载作用,则在发生虚位移时外力虚功还应包括结间荷载所做的虚功。如设单元上作用由荷载集度为 $\boldsymbol{p}$ 的分布荷载,其沿局部坐标系 x 、y 轴方向的分量为 p_x 、p_y ,即:

$$
\boldsymbol{p}=\begin{Bmatrix} p_x \\ p_y \end{Bmatrix}
$$

式中,p_x 、p_y 均为截面位置变量 x 的函数,则当单元发生虚位移时分布力 $\boldsymbol{p}$ 所做的虚功为:

$$
\delta W'_{e}=\int_0^l \delta\,\boldsymbol{w}^{\mathrm{T}}\boldsymbol{p}\,\mathrm{d}x=\delta\boldsymbol{\Delta}^{e\mathrm{T}}\int_0^l \boldsymbol{N}^{\mathrm{T}}\boldsymbol{p}\,\mathrm{d}x \tag{f}
$$

对照式(d)可知,由此引起的等效结点力为:

$$
\boldsymbol{F}^{e'}=\int_0^l \boldsymbol{N}^{\mathrm{T}}\boldsymbol{p}\,\mathrm{d}x \tag{g}
$$

如果将梁单元在振动过程中受到的分布惯性力作为一种随时间变化的分布荷载看待,即有:

$$
\boldsymbol{p}(x,t)=\begin{Bmatrix} p_x(x,t) \\ p_y(x,t) \end{Bmatrix}=-\rho A\cdot\begin{Bmatrix} \ddot{u}(x,t) \\ \ddot{v}(x,t) \end{Bmatrix}=-\rho A\,\ddot{\boldsymbol{w}}(x,t) \tag{h}
$$

式中,$\ddot{u}(x,t)$ 、$\ddot{v}(x,t)$ 分别为单元轴线上任意点沿局部坐标系 x 、y 轴方向的加速度;ρ 为单元材料的密度。

将式(5-30)代入式(h),则有:

$$
\boldsymbol{p}(x,t)=-\rho A\boldsymbol{N}\,\ddot{\boldsymbol{\Delta}}^{e}(x,t) \tag{i}
$$

将上式代入式(g),即可得到由分布质量的惯性力所引起的等效结点力为:

$$
\boldsymbol{F}^{e'}=\int_0^l \boldsymbol{N}^{\mathrm{T}}\boldsymbol{p}(x,t)\,\mathrm{d}x=-\rho A\int_0^l \boldsymbol{N}^{\mathrm{T}}\boldsymbol{N}\,\mathrm{d}x\,\ddot{\boldsymbol{\Delta}}^{e} \tag{j}
$$

根据结点的平衡条件,惯性力所引起的单元杆端力 $\boldsymbol{F}_{\mathrm{I}}^{e}$ 应是上述等效结点力的负值,即

$$
\boldsymbol{F}_{\mathrm{I}}^{e}=\rho A\int_0^l \boldsymbol{N}^{\mathrm{T}}\boldsymbol{N}\,\mathrm{d}x\,\ddot{\boldsymbol{\Delta}}^{e} \tag{k}
$$

记

$$m^{e} = \rho A\int_{0}^{l} N^{T} N dx \tag{5-38}$$

称为单元的**一致质量矩阵**,代入式(k)得:

$$F_{I}^{e} = m^{e} \ddot{\Delta}^{e} \tag{5-39}$$

将式(5-31)代入式(5-38),经积分可得:

$$m^{e} = \frac{\rho Al}{420}\begin{bmatrix} 140 & 0 & 0 & 70 & 0 & 0 \\ 0 & 156 & 22l & 0 & 54 & -13l \\ 0 & 22l & 4l^2 & 0 & 13l & -3l^2 \\ 70 & 0 & 0 & 140 & 0 & 0 \\ 0 & 54 & 13l & 0 & 156 & -22l \\ 0 & -13l & -3l^2 & 0 & -22l & 4l^2 \end{bmatrix} \tag{5-40}$$

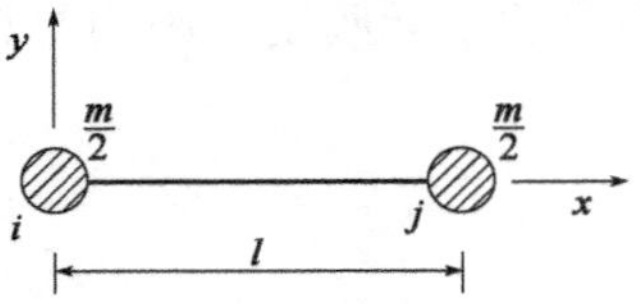

图 5-8　单元集中质量

即为平面梁单元的一致质量矩阵。可见单元一致质量矩阵为对称矩阵,它的某一列元素代表了某结点位移加速度等于1时所引起的各单元杆端力,一致质量矩阵采用了计算刚度系数时所用的插值函数。

若将单元的质量等分成两半,分别集中于单元的两端,如图 5-8所示。则按照以上同样的方法可推导得平面梁单元的集中质量矩阵为:

$$m^{e} = \frac{\rho Al}{2}\begin{bmatrix} 1 & 0 & 0 & 0 & 0 & 0 \\ 0 & 1 & 0 & 0 & 0 & 0 \\ 0 & 0 & 0 & 0 & 0 & 0 \\ 0 & 0 & 0 & 1 & 0 & 0 \\ 0 & 0 & 0 & 0 & 1 & 0 \\ 0 & 0 & 0 & 0 & 0 & 0 \end{bmatrix} \tag{5-41}$$

这里假定质量集中在没有转动惯量的点上,所以与任何一个转动自由度相关联的质量为零。(当然,如果与一个转动自由度相对应的是一个具有有限转动惯量的刚体质量,则该自由度对角线上的质量系数等于质量的转动惯量。)

可见单元集中质量矩阵是对角矩阵。

下面对两种质量矩阵做以下说明:

(1)一致质量矩阵中的元素 m_{ij} 的物理意义:第 j 个自由度方向产生单位加速度时,在第 i 个自由度方向的惯性力。

(2)单元质量矩阵 $\boldsymbol{m}^{e}$ 和整体质量矩阵 $\boldsymbol{M}$ 均为对称矩阵。单元一致质量矩阵 $\boldsymbol{m}^{e}$ 是正定的,单元集中质量矩阵 $\boldsymbol{m}^{e}$,当 $m_{ii} > 0$ 时,是正定的,当对角线上出现零元素时,是半正定的。

(3)若形函数 $\boldsymbol{N}$ 确能反映单元的真实变形,则用一致质量矩阵计算所得的结果是比较精确的,频率与振型比较可靠。但假定的单元位移模式总是与真实位移模式有差距,相当于人为引入了约束,这等于增加了结构的刚度;而将质量集中在若干个结点上,人为去掉了一些约束,用集中质量矩阵计算也可以得到比一致质量矩阵更为精确的结果。

一般来说,用一致质量矩阵计算得到的频率是结构真实频率的上限,而用集中质量矩阵计算得到的频率是真实频率的下限。

(4)单元一致质量矩阵为满阵,数值计算费时;而集中质量矩阵为对角阵,占用内存较少,计算简单且省时,所以工程上常采用集中质量法计算结构的频率和振型。

(5)在有限元法中,频率或振型等于引入约束条件后整体质量矩阵的阶数。

5.2.3 自振频率

以上介绍的有限单元法是以结点位移来表达振动体系的位移形态,从而将无限自由度体系的振动转化为有限自由度体系的振动。

利用以上推导得到的式(5-40)或式(5-41)计算出各单元质量矩阵后,即可按照矩阵位移法中介绍的"对号入座"的方法形成结构质量矩阵 $\boldsymbol{M}$ 。如果单元局部坐标系的方向与结构坐标系的方向不一致,则需要先将局部坐标系中的单元质量矩阵转向结构坐标系,转换的方法与单元刚度矩阵的转换方法相同。

在求得结构刚度矩阵 $\boldsymbol{K}$ 和质量矩阵 $\boldsymbol{M}$ 后,便可按式(3-15a)的频率方程,即:

$$|\boldsymbol{K} - \omega^2\boldsymbol{M}| = 0$$

求得体系的自振频率。与结构静力分析时的矩阵位移法一样,求解自振频率的有限单元法也可以分为先处理法和后处理法。如果在形成结构质量矩阵之前先将结构的位移边界条件计入,这就是先处理法;否则就称为后处理法。

一般地,当自由度数较多时,应采用迭代法(又称为矩阵迭代法)进行频率与振型的计算,具体可查阅相关书籍。

以下通过例子来说明利用有限单元法计算结构自振频率的基本步骤。

例 5-4 试采用有限单元法计算图 5-9a)所示等截面两端固定梁竖向振动的自振频率 ω_1 和 ω_2(梁最低的两个自振频率),已知材料的密度为 ρ 。

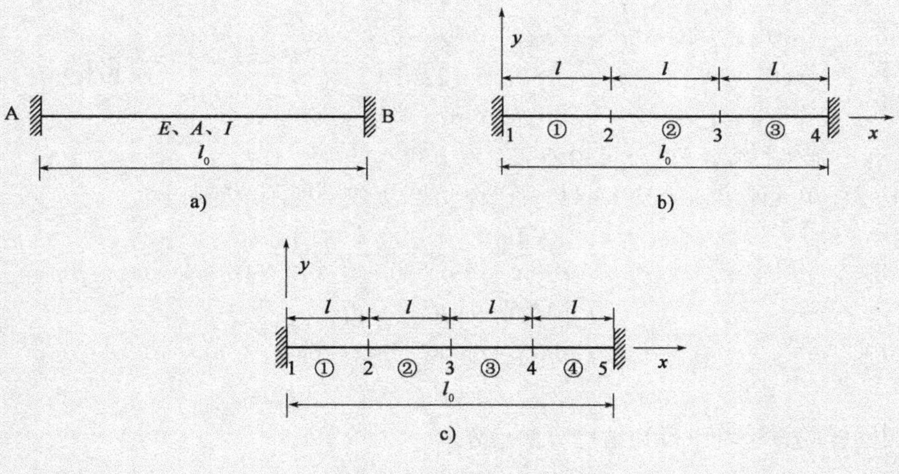

图 5-9

解:(1)单元划分和结构标识

将梁划分为长度相等的三个单元,即 $l = l_0/3$,结构标识如图 5-9b)所示。单元局部坐标系的原点均设在单元的左端,这样局部坐标系与结构坐标系的方向相同。

(2)建立结点位移向量

若采用先处理法求解，梁在发生竖向振动(不计轴向位移)时的结点位移向量为：

$$\boldsymbol{\Delta} = (v_2 \quad \theta_2 \quad v_3 \quad \theta_3)^{\mathrm{T}} = (\boldsymbol{\Delta}_1 \quad \boldsymbol{\Delta}_2 \quad \boldsymbol{\Delta}_3 \quad \boldsymbol{\Delta}_4)^{\mathrm{T}}$$

(3)计算单元刚度矩阵和单元一致质量矩阵

各单元刚度矩阵求得如下：

$$\boldsymbol{k}^{\textcircled{1}} = \overline{\boldsymbol{k}}^{\textcircled{1}} = \frac{EI}{l^3}\begin{array}{c}\begin{matrix}1 & \quad 2\end{matrix}\\ \begin{bmatrix} 12 & -6l \\ -6l & 4l^2 \end{bmatrix}\end{array}\begin{matrix}\\1\\2\end{matrix}$$

$$\boldsymbol{k}^{\textcircled{2}} = \overline{\boldsymbol{k}}^{\textcircled{2}} = \frac{EI}{l^3}\begin{array}{c}\begin{matrix}1 & \quad 2 & \quad 3 & \quad 4\end{matrix}\\ \begin{bmatrix} 12 & 6l & -12 & 6l \\ 6l & 4l^2 & -6l & 2l^2 \\ -12 & -6l & 12 & -6l \\ 6l & 2l^2 & -6l & 4l^2 \end{bmatrix}\end{array}\begin{matrix}\\1\\2\\3\\4\end{matrix}$$

$$\boldsymbol{k}^{\textcircled{3}} = \overline{\boldsymbol{k}}^{\textcircled{3}} = \frac{EI}{l^3}\begin{array}{c}\begin{matrix}3 & \quad 4\end{matrix}\\ \begin{bmatrix} 12 & 6l \\ 6l & 4l^2 \end{bmatrix}\end{array}\begin{matrix}\\3\\4\end{matrix}$$

各单元一致质量矩阵按照式(5-40)求得如下：

$$\boldsymbol{m}^{\textcircled{1}} = \overline{\boldsymbol{m}}^{\textcircled{1}} = \frac{\rho Al}{420}\begin{array}{c}\begin{matrix}1 & \quad 2\end{matrix}\\ \begin{bmatrix} 156 & -22l \\ -22l & 4l^2 \end{bmatrix}\end{array}\begin{matrix}\\1\\2\end{matrix}$$

$$\boldsymbol{m}^{\textcircled{2}} = \overline{\boldsymbol{m}}^{\textcircled{2}} = \frac{\rho Al}{420}\begin{array}{c}\begin{matrix}1 & \quad 2 & \quad 3 & \quad 4\end{matrix}\\ \begin{bmatrix} 156 & 22l & 54 & -13l \\ 22l & 4l^2 & -6l & 2l^2 \\ 54 & 13l & 156 & -22l \\ -13l & -3l^2 & -22l & 4l^2 \end{bmatrix}\end{array}\begin{matrix}\\1\\2\\3\\4\end{matrix}$$

$$\boldsymbol{m}^{\textcircled{3}} = \overline{\boldsymbol{m}}^{\textcircled{3}} = \frac{\rho Al}{420}\begin{array}{c}\begin{matrix}3 & \quad 4\end{matrix}\\ \begin{bmatrix} 156 & 22l \\ 22l & 4l^2 \end{bmatrix}\end{array}\begin{matrix}\\3\\4\end{matrix}$$

(4)列出结构刚度矩阵、质量矩阵和频率方程

由上述各单元刚度矩阵按“对号入座”的方法生成结构刚度矩阵：

$$\boldsymbol{K} = \frac{EI}{l^3}\begin{array}{c}\begin{matrix}1 & \quad 2 & \quad 3 & \quad 4\end{matrix}\\ \begin{bmatrix} 24 & 0 & -12 & 6l \\ 0 & 8l^2 & -6l & 2l^2 \\ -12 & -6l & 24 & 0 \\ 6l & 2l^2 & 0 & 8l^2 \end{bmatrix}\end{array}\begin{matrix}\\1\\2\\3\\4\end{matrix}$$

按照同样的方法可以得到结构质量矩阵：

$$\boldsymbol{M} = \frac{\rho Al}{420}\begin{array}{c}\begin{matrix}1 & \quad 2 & \quad 3 & \quad 4\end{matrix}\\ \begin{bmatrix} 312 & 0 & 54 & -13l \\ 0 & 8l^2 & 13l & -3l^2 \\ 54 & 13l & 312 & 0 \\ -13l & -3l^2 & 0 & 8l^2 \end{bmatrix}\end{array}\begin{matrix}\\1\\2\\3\\4\end{matrix}$$

将以上求得的结构刚度矩阵和质量矩阵代入频率方程，得：

$$\left|\frac{EI}{l^3}\begin{bmatrix}24 & 0 & -12 & 6l\\ 0 & 8l^2 & -6l & 2l^2\\ -12 & -6l & 24 & 0\\ 6l & 2l^2 & 0 & 8l^2\end{bmatrix}-\frac{\rho Al\omega^2}{420}\begin{bmatrix}312 & 0 & 54 & -13l\\ 0 & 8l^2 & 13l & -3l^2\\ 54 & 13l & 312 & 0\\ -13l & -3l^2 & 0 & 8l^2\end{bmatrix}\right| = 0$$

(5)计算自振频率

由频率方程可以解得梁的4个自振频率，其中最低的两个自振频率分别为：

$$\omega_1 = \frac{22.465}{l_0^2}\sqrt{\frac{EI}{\rho A}} \qquad \omega_2 = \frac{62.903}{l_0^2}\sqrt{\frac{EI}{\rho A}}$$

(6)讨论

梁的振动实际上是无限自由度体系的振动问题。根据梁振动的精确理论可以求得两端固定梁最低的两个自振频率分别为 $\omega_1 = \frac{22.373}{l_0^2}\sqrt{\frac{EI}{\rho A}}$ 和 $\omega_2 = \frac{61.670}{l_0^2}\sqrt{\frac{EI}{\rho A}}$。用有限单元法求得的自振频率分别比自振频率的精确解偏高0.41%和2.0%。

要进一步提高自振频率的计算精度，可以将梁划分为更多的单元。例如，可以将该梁划分成4个单元，如图5-9c)所示。此时求得最低的两个自振频率为 $\omega_1 = \frac{22.403}{l_0^2}\sqrt{\frac{EI}{\rho A}}$ 和 $\omega_1 = \frac{62.243}{l_0^2}\sqrt{\frac{EI}{\rho A}}$，分别比精确值偏高0.13%和0.93%。

例5-5 试利用集中质量矩阵计算图5-9a)所示梁的两个自振频率 ω_1 和 ω_2。

解：(1)单元划分的结构标识

将梁划分为长度相等的4个单元，此时 $l = l_0/4$，并将各单元的质量 $m = \rho Al/4$ 的一半分别集中到单元两端的结点上，如图5-10所示。各单元局部坐标系的原点均设在单元左端。

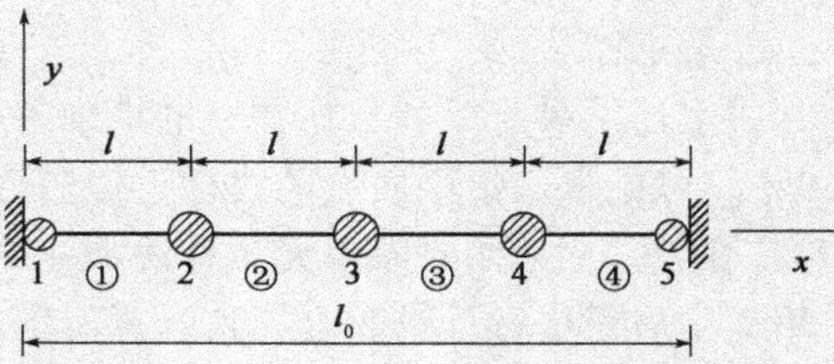

图 5-10

(2)建立结点位移向量

采用先处理法，梁发生竖向振动时的结点位移向量为：

$$\boldsymbol{\Delta} = \{v_2 \quad \theta_2 \quad v_3 \quad \theta_3 \quad v_4 \quad \theta_4\}^{\mathrm{T}} = \{\boldsymbol{\Delta}_1 \quad \boldsymbol{\Delta}_2 \quad \boldsymbol{\Delta}_3 \quad \boldsymbol{\Delta}_4 \quad \boldsymbol{\Delta}_5 \quad \boldsymbol{\Delta}_6\}^{\mathrm{T}}$$

(3)计算单元刚度矩阵和单元集中质量矩阵

各单元的刚度矩阵为：

$$\boldsymbol{k}^{①} = \frac{EI}{l^3}\begin{bmatrix}12 & -6l\\ -6l & 4l^2\end{bmatrix}$$

$$
\boldsymbol{k}^{②} = \boldsymbol{k}^{③} = \frac{EI}{l^3}\begin{bmatrix} 12 & 6l & -12 & 6l \\ 6l & 4l^2 & -6l & 2l^2 \\ -12 & -6l & 12 & -6l \\ 6l & 2l^2 & -6l & 4l^2 \end{bmatrix} \qquad \boldsymbol{k}^{④} = \frac{EI}{l^3}\begin{bmatrix} 12 & 6l \\ 6l & 4l^2 \end{bmatrix}
$$

当不考虑转动惯量的作用时，各单元集中质量矩阵按式(5-41)计算，结果如下：

$$
\boldsymbol{m}^{①} = \boldsymbol{m}^{④} = \begin{bmatrix} \frac{m}{2} & 0 \\ 0 & 0 \end{bmatrix} \qquad \boldsymbol{m}^{②} = \boldsymbol{m}^{③} = \begin{bmatrix} \frac{m}{2} & 0 & 0 & 0 \\ 0 & 0 & 0 & 0 \\ 0 & 0 & \frac{m}{2} & 0 \\ 0 & 0 & 0 & 0 \end{bmatrix}
$$

(4)列出频率方程

由以上单元刚度矩阵和单元集中质量矩阵，可生成结构刚度矩阵和结构集中质量矩阵，从而得到体系的频率方程为：

$$
\left| \frac{EI}{l^3}\begin{bmatrix} 24 & 0 & -12 & 6l & 0 & 0 \\ 0 & 8l^2 & -6l & 2l^2 & 0 & 0 \\ -12 & -6l & 24 & 0 & -12 & 6l \\ 6l & 2l^2 & 0 & 8l^2 & -6l & 2l^2 \\ 0 & 0 & -12 & -6l & 24 & 0 \\ 0 & 0 & 6l & 2l^2 & 0 & 8l^2 \end{bmatrix} - \omega^2 \begin{bmatrix} m & 0 & 0 & 0 & 0 & 0 \\ 0 & 0 & 0 & 0 & 0 & 0 \\ 0 & 0 & m & 0 & 0 & 0 \\ 0 & 0 & 0 & 0 & 0 & 0 \\ 0 & 0 & 0 & 0 & m & 0 \\ 0 & 0 & 0 & 0 & 0 & 0 \end{bmatrix} \right| = 0
$$

(5)计算自振频率

由上述频率方程可以解得梁的6个自振频率，其中最低的自振频率分别为：

$$
\omega_1 = \frac{22.301}{l_0^2}\sqrt{\frac{EI}{\rho A}} \qquad \omega_2 = \frac{59.265}{l_0^2}\sqrt{\frac{EI}{\rho A}}
$$

(6)讨论

将上述结果与梁的自振频率的精确解进行比较可知，它们分别比精确值偏低0.32%和3.9%。可见采用集中质量的物理近似进行计算时，一般会使计算频率有减低的趋向。在板壳振动问题中，采用有限单元位移法能使结构刚化，进而导致计算频率有增高趋势，而如果采用集中质量进行计算时会导致计算频率有降低趋势，两者可以起到相互抵消的作用。

5.3 工程结构频率实用计算公式

结构的自振频率宜采用有限元方法计算，由于各类结构的特征差异很大，其自振频率也完全不同。为此，这里介绍一部分常规结构的理论或实测统计经验公式，以便快速计算其近似的基本自振频率(或自振周期)。未列举的结构类型，其基频的计算公式可参阅相关文献。

5.3.1 桥梁结构

《公路桥涵设计通用规范》(JTG D60—2015)中规定:桥梁的基频宜采用有限元方法计算。对于如下常规结构,当无更精确方法计算时可采用下列公式估算。

1)简支梁桥

$$f_1 = \frac{\pi}{2l^2}\sqrt{\frac{EI_c}{m_c}}$$
$$m_c = \frac{G}{g} \tag{5-42}$$

式中,f_1 为结构竖向弯曲基频(Hz);l 为结构的计算跨径(m);E 为结构材料的弹性模量(Pa);I_c 为结构跨中截面的截面惯性矩(m^4);m_c 为结构跨中处的单位长度质量(kg/m);G 为结构跨中处每延米结构重力(N/m);g 为重力加速度。

2)连续梁桥

$$f_1 = \frac{13.616}{2\pi l^2}\sqrt{\frac{EI_c}{m_c}}$$
$$f_2 = \frac{23.651}{2\pi l^2}\sqrt{\frac{EI_c}{m_c}} \tag{5-43}$$

计算连续梁的冲击力引起的正弯矩效应和剪力效应时采用频率 f_1;计算连续梁的冲击力引起的负弯矩效应时采用频率 f_2。

3)拱桥

$$f_1 = \frac{\eta_1}{2\pi l^2}\sqrt{\frac{EI_c}{m_c}} \tag{5-44}$$

式中,η_1 为频率系数,可按下列公式计算。

当主拱为等截面或其他拱桥(如桁架拱、刚架拱等)时:

$$\eta_1 = 105 \times \frac{5.4 + 50f_L^2}{16.45 + 334f_L^2 + 1867f_L^4} \tag{5-45}$$

式中,f_L 为拱桥的矢跨比。

当主拱为变截面拱时:

$$\eta_1 = 105 \times \frac{r_1 + r_2 f_L^2}{r_3 + r_4 f_L^2 + r_5 f_L^4}$$

式中,r_i 为系数,可按下式确定:

$$r_i = R_i \times n + T_i$$

式中,n 为拱厚变化系数;R_i、T_i 为系数,由表 5-1 查得。

系数 R_i、T_i 值 表 5-1

i	1	2	3	4	5
R_i	3.7	34.3	16.3	364	1955
T_i	1.7	15.7	0.15	-30	-88

4)斜拉桥

《公路桥梁抗风设计规范》(JTG/T 3360-01—2018)中规定了斜拉桥的基频估算计算公式。

(1)双塔斜拉桥的竖向弯曲基频。

无辅助墩斜拉桥：

$$f_1 = \frac{110}{l} \tag{5-46}$$

有辅助墩斜拉桥：

$$f_1 = \frac{150}{l} \tag{5-47}$$

式中,f_1 为竖向弯曲基频(Hz)；l 为斜拉桥主跨跨径(m)。

(2)双塔斜拉桥的对称扭转基频。

$$f_t = \frac{C}{\sqrt{l}} \tag{5-48}$$

式中,f_t 为双塔斜拉桥的对称扭转基频(Hz);C 为斜拉桥扭转基频经验系数,可按表 5-2 取用。

斜拉桥扭转基频经验系数 表 5-2

主梁断面形状	平行索面		斜索面	
	钢桥/叠合梁桥	混凝土主梁	钢桥/叠合梁桥	混凝土主梁
开口	10	9	12	11
半开口	12	12	14	12
闭口	17	14	21	17

注:开口是指板梁式截面;半开口是指分离式箱形梁截面;闭口是指封闭式箱形梁截面。

5)悬索桥

《公路桥梁抗风设计规范》(JTG/T 3360-01—2018)中规定了悬索桥的基频估算计算公式。

(1)中跨简支的双塔悬索桥的反对称竖向弯曲基频：

$$f_1 = \frac{1}{l}\sqrt{\frac{EI\left(\frac{2\pi}{l}\right)^2 + 2H_g}{m}} \tag{5-49}$$

式中,f 为反对称竖向弯曲基频(Hz)；l 为悬索桥的主跨跨径(m)；E 为主梁的弹性模量(Pa)；I 为加劲梁竖向弯曲刚度(m^4)；H_g 为恒荷载作用下单根主缆的水平拉力(N)；m 为桥面系和主缆的单位长度质量(kg/m),对于平行双主缆悬索桥,$m = m_d + 2m_c$；m_d 为桥面系单位长度质量(kg/m)；m_c 单根主缆与吊杆单位长度质量(kg/m)。

(2)主跨跨径 500m 以上的双塔悬索桥的反对称竖向弯曲基频：

$$f_b^a = \frac{1.16}{\sqrt{f_{sg}}} \tag{5-50}$$

式中,f_b^a 为反对称竖向弯曲基频(Hz)；f_{sg} 为主缆矢高(m)。

(3)中跨简支的双塔悬索桥的对称竖向弯曲基频：

$$f_{\mathrm{b}}^{\mathrm{s}}=\frac{0.1}{l}\sqrt{\frac{E_{\mathrm{c}}A_{\mathrm{c}}}{m}} \tag{5-51}$$

式中，$f_{\mathrm{b}}^{\mathrm{s}}$ 为对称竖向弯曲基频(Hz)；E_{c} 为主缆的弹性模量(Pa)；A_{c} 为单根主缆的截面面积(m^2)。

(4)中跨简支的双塔悬索桥的反对称扭转基频：

$$f_{\mathrm{t}}^{\mathrm{a}}=\frac{1}{l}\sqrt{\frac{\dfrac{H_{\mathrm{g}}B_{\mathrm{c}}^2}{2}+GI_{\mathrm{d}}+EI_{\omega}\left(\dfrac{2\pi}{l}\right)^2}{m_{\mathrm{d}}r^2+m_{\mathrm{c}}\dfrac{B_{\mathrm{c}}^2}{2}}} \tag{5-52}$$

式中，$f_{\mathrm{t}}^{\mathrm{a}}$ 为反对称扭转基频(Hz)；H_{g} 为恒载作用下单根主缆的水平拉力(N)；I_{ω} 为主梁约束扭转常数(m^6)；G 为主梁的剪切模量(Pa)；I_{d} 为主梁自由扭转常数(m^4)；r 为主梁的截面惯性半径(m)，可按 $r=\sqrt{I_{\mathrm{m}}/m_{\mathrm{d}}}$ 计算；I_{m} 为主梁的单位长度质量惯性矩($\mathrm{kg}\cdot\mathrm{m}^2/\mathrm{m}$)；$B_{\mathrm{c}}$ 为主缆中心距(m)。

(5)中跨简支的双塔悬索桥的对称扭转基频：

$$f_{\mathrm{t}}^{\mathrm{s}}=\frac{1}{2l}\sqrt{\frac{GI_{\mathrm{d}}+0.05256E_{\mathrm{c}}A_{\mathrm{c}}\left(\dfrac{B_{\mathrm{c}}}{2}\right)^2}{m_{\mathrm{d}}r^2+m_{\mathrm{c}}\dfrac{B_{\mathrm{c}}^2}{2}}} \tag{5-53}$$

式中，$f_{\mathrm{t}}^{\mathrm{s}}$ 为对称扭转基频(Hz)。

6)斜拉索及吊杆

《公路桥梁抗风设计规范》(JTG/T 3360-01—2018)中规定了斜拉索及吊杆(索)的基频估算计算公式。

(1)柔性吊杆(索)的频率 f_n 可按式(5-54)计算：

$$f_n=\frac{n}{2l}\sqrt{\frac{F}{m}} \tag{5-54}$$

式中，f_n 为吊杆(索)的第 n 阶模态频率(Hz)；n 为振型号(1、2、3…)；l 为吊杆(索)的长度(m)；F 为吊杆(索)的索力(N)；m 为吊杆(索)的单位长度质量(kg/m)。

(2)两端固定支撑的 H 形截面劲性吊杆基频可按式(5-55a)~式(5-55c)计算：

绕弱轴弯曲振动频率

$$f_1=\frac{3.56}{l^2}\sqrt{\frac{EI_1}{\rho_{\mathrm{s}}A}+\frac{Pl^2}{4\pi^2\rho_{\mathrm{s}}A}} \tag{5-55a}$$

绕强轴弯曲振动频率

$$f_2=\frac{3.56}{l^2}\sqrt{\frac{EI_2}{\rho_{\mathrm{s}}A}+\frac{Pl^2}{4\pi^2\rho_{\mathrm{s}}A}} \tag{5-55b}$$

扭转振动频率

$$f_{\mathrm{t}}=\frac{3.56}{l^2}\sqrt{\frac{EI_{\omega}}{\rho_{\mathrm{s}}I_{\mathrm{p}}}+\frac{(GI_{\mathrm{d}}A+PI_{\mathrm{p}})l^2}{4\pi^2\rho_{\mathrm{s}}AI_{\mathrm{p}}}} \tag{5-55c}$$

式中，f_1 为吊杆绕弱轴弯曲振动频率(Hz)；f_2 为吊杆绕强轴弯曲振动频率(Hz)；f_t 为吊杆扭转振动频率(Hz)；E 为吊杆的弹性模量(Pa)；I_1 为截面绕弱轴惯性矩(m^4)；I_2 为截面绕强轴惯性矩(m^4)；ρ_s 为结构密度(kg/m^3)；A 为横截面面积(m^2)；P 为吊杆初张拉力(N)；I_ω 为截面的翘曲扭转常数(m^6)；I_p 为截面的极惯性矩(m^4)；G 为剪切模量(Pa)；I_d 为截面的自由扭转常数(m^4)。

其中，H 形劲性吊杆截面及强轴与弱轴示意图如图 5-11 所示。

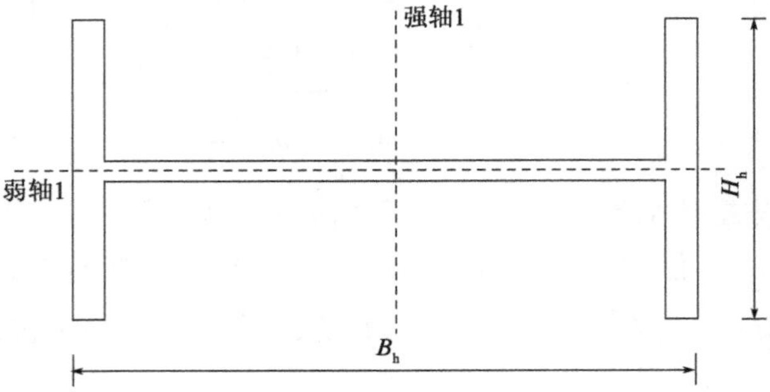

图 5-11　H 形劲性吊杆截面及强轴与弱轴示意图

5.3.2　建筑结构

《建筑抗震设计规范》(GB 50011—2010)中规定：

按平面排架计算厂房的横向地震作用时，排架的基本自振周期应考虑纵墙及屋架与柱连接的固结作用，可按下列规定进行调整：

①由钢筋混凝土屋架或钢屋架与钢筋混凝土柱组成的排架，有纵墙时取周期计算值的 80%，无纵墙时取 90%。

②由钢筋混凝土屋架或钢屋架与砖柱组成的排架，取周期计算值的 90%。

③由木屋架、钢木屋架或轻钢屋架与砖柱组成排架，取周期计算值。

(1)计算单跨或等高多跨的钢筋混凝土柱厂房纵向地震作用时，在柱顶高程不大于 15m 且平均跨度不大于 30m 时，结构的纵向基本自振周期可按下式计算：

①砖围护墙厂房，可按下式计算：

$$T_1 = 0.23 + 0.00025\psi_1 l\sqrt{H^3} \tag{5-56}$$

式中，ψ_1 为屋盖类型系数，大型屋面板钢筋混凝土屋架可采用 1.0，钢屋架可采用 0.85；l 为厂房跨度(m)，多跨厂房可取各跨的平均值；H 为基础顶面至柱顶的高度(m)。

②敞开、半敞开或墙板与柱子柔性连接的厂房，可按下式计算并乘以下列围护墙影响系数：

$$\psi_2 = 2.6 - 0.002l\sqrt{H^3} \tag{5-57}$$

式中，ψ_2 为围护墙影响系数，小于 1.0 时应采用 1.0。

(2)钢筋混凝土无檩或有檩屋盖等高多跨单层砖柱厂房的纵向基本自振周期可按下式计算：

$$T_1 = 2\psi_T\sqrt{\frac{\sum G_s}{\sum K_s}} \tag{5-58}$$

式中，ψ_T 周期修正系数，按表 5-3 采用；G_s 为第 s 柱列的集中重力荷载，包括柱列左右各半跨的屋盖和山墙重力荷载，及按动能等效原则换算集中到柱顶或墙顶处的墙、柱重力荷载；

K_s 为第 s 柱列的侧移刚度。

厂房纵向基本自振周期修正系数 表 5-3

屋盖类型	钢筋混凝土无檩屋盖		钢筋混凝土有檩屋盖	
	边跨无天窗	边跨有天窗	边跨无天窗	边跨有天窗
周期修正系数	1.3	1.35	1.4	1.45

5.3.3 高耸结构

《建筑结构荷载规范》(GB 50009—2012)中规定：

(1)一般高耸结构的基本自振周期，钢结构可取下式计算的较大值，钢筋混凝土结构可取下式计算的较小值：

$$T_1 = (0.007 \sim 0.013)H \tag{5-59}$$

式中，H 为结构的高度(m)。

(2)烟囱和塔架等具体结构的基本自振周期可按下列规定采用：

①烟囱的基本自振周期可按下列规定计算。

a. 高度不超过 60m 的砖烟囱：

$$T_1 = 0.23 + 0.22 \times 10^{-2}\frac{H^2}{d} \tag{5-60}$$

b. 高度不超过 150m 的钢筋混凝土烟囱：

$$T_1 = 0.41 + 0.10 \times 10^{-2}\frac{H^2}{d} \tag{5-61}$$

c. 高度超过 150m，但低于 210m 的钢筋混凝土烟囱：

$$T_1 = 0.53 + 0.08 \times 10^{-2}\frac{H^2}{d} \tag{5-62}$$

式中，H 为烟囱高度(m)；d 为烟囱 1/2 高度处的外径(m)。

②石油化工塔架(图 5-12)的基本自振周期可按下列规定计算。

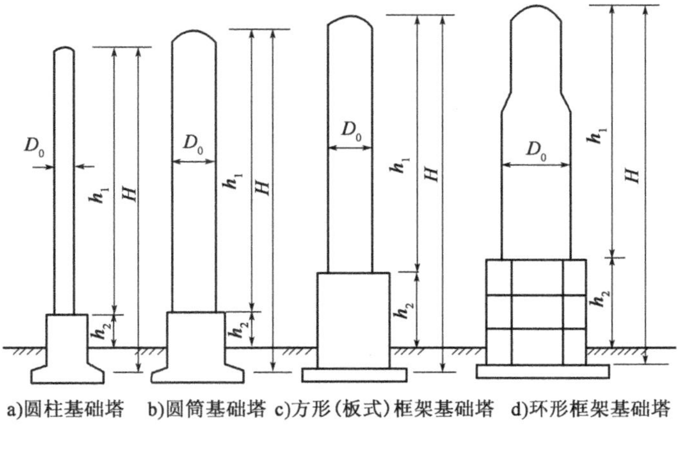

图 5-12 设备塔架的基础形式

a. 圆柱(筒)基础塔(塔壁厚不大于 30mm)的基本自振周期按下列公式计算:

当 $H^2/D_0 < 700$ 时

$$T_1 = 0.35 + 0.85 \times 10^{-3} \frac{H^2}{D_0} \tag{5-63}$$

当 $H^2/D_0 \geqslant 700$ 时

$$T_1 = 0.25 + 0.99 \times 10^{-3} \frac{H^2}{D_0} \tag{5-64}$$

式中,H 为从基础底板或柱基顶面至设备塔顶面的总高度(m);D_0 为设备塔的外径(m),对变直径塔,可按各段高度为权,取外径的加权平均值。

b. 框架基础塔(塔壁厚不大于 30mm):

$$T_1 = 0.56 + 0.40 \times 10^{-3} \frac{H^2}{D_0} \tag{5-65}$$

c. 塔壁厚大于 30mm 的各类设备塔架的基本自振周期应按有关理论公式计算。

d. 当若干塔由平台连成一排时,垂直于排列方向的各塔基本自振周期可采用主塔(即周期最长的塔)的基本自振周期值;平行于排列方向的各塔基本自振周期可采用主塔基本自振周期乘以折减系数 0.9。

5.3.4 高层建筑

《建筑结构荷载规范》(GB 50009—2012)中规定:

(1)一般情况下,高层建筑的基本自振周期可根据建筑总层数近似地按下列规定采用。

①钢结构:

$$T_1 = (0.10 \sim 0.15)n \tag{5-66}$$

式中,n 为建筑层数。

②钢筋混凝土结构:

$$T_1 = (0.05 \sim 0.10)n \tag{5-67}$$

(2)钢筋混凝土框架、框剪和剪力墙结构的基本自振周期可按下列规定采用。

①钢筋混凝土框架和框剪结构:

$$T_1 = 0.25 + 0.53 \times 10^{-3} \frac{H^2}{\sqrt[3]{B}} \tag{5-68}$$

②钢筋混凝土剪力墙结构:

$$T_1 = 0.03 + 0.03 \frac{H}{\sqrt[3]{B}} \tag{5-69}$$

式中,H 为房屋总高度(m);B 为房屋宽度(m)。

思考题

5-1　应用能量法求频率时,所设的位移函数应满足什么条件?

5-2　由能量法求得的频率近似值是否总是真实频率的上限?

5-3　在能量法中采用某静载作用下的位移近似作为第一振型来求得最低频率时，对思考题 5-3 图所示两结构应怎样加载才能使结果较准确？

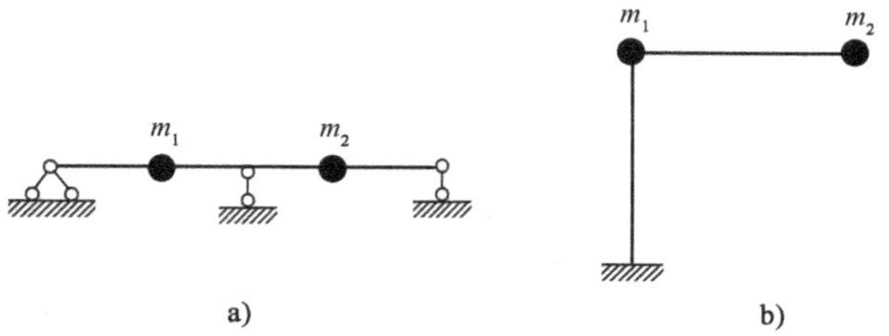

思考题　5-3 图

5-4　在一致质量法中，判断计算出的频率与精确解的依据是什么？

5-5　在结构动力有限元分析中，与一致质量法相比，集中质量法的主要优点是什么？

练习题

5-1～5-2　试用能量法计算题 5-1 图、题 5-2 图所示体系的基频，设其分布质量 m，刚度为 EI，集中质量为 M。

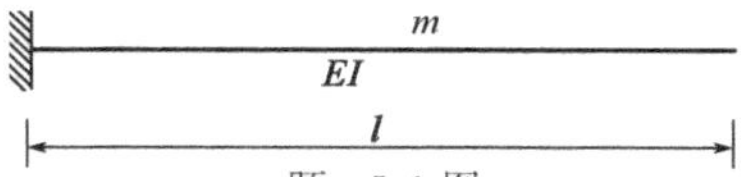

题　5-1 图

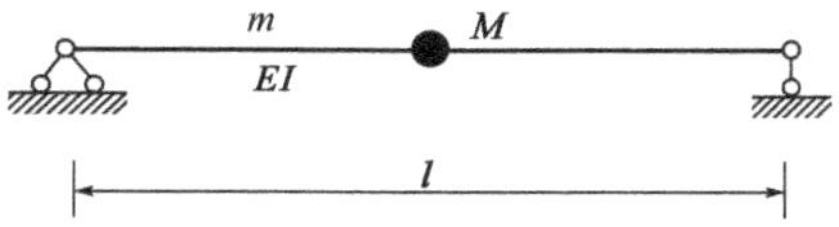

题　5-2 图

5-3　已知 $m_1 = m_2 = 270 \times 10^3\text{kg}$、$m_3 = 180 \times 10^3\text{kg}$、$k_1 = 245 \times 10^6\text{N/m}$、$k_2 = 196 \times 10^6\text{N/m}$、$k_3 = 98 \times 10^6\text{N/m}$。试用能量法求题 5-3 图所示刚架结构的基频。

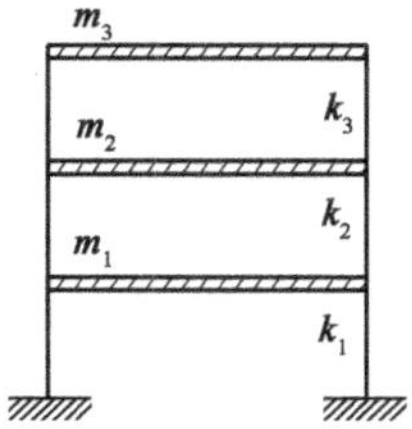

题　5-3 图

5-4　已知 $k = \dfrac{12EI}{l^3}$，试用能量法求如题 5-4 图所示结构的第一自振频率。［提示：设 $\phi(x) = c_1 \sin \dfrac{\pi}{l}x$］

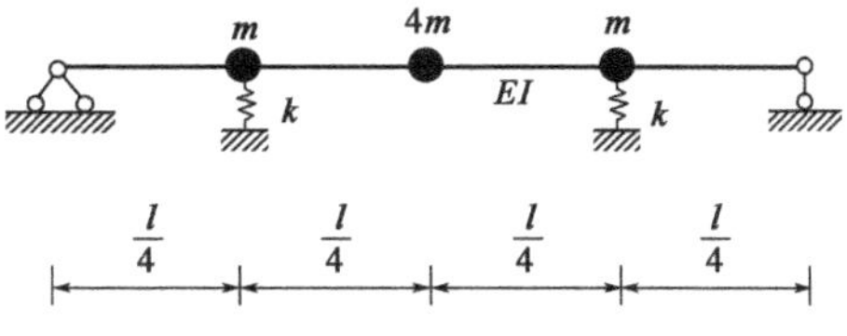

题　5-4 图

本篇参考文献

[1] 胡兆同. 结构振动与稳定 [M]. 北京:人民交通出版社,2008.
[2] 宋一凡. 桥梁结构动力学[M]. 北京:人民交通社出版社股份有限公司,2020.
[3] 龙驭球,包世华,等. 结构力学[M]. 3 版. 北京:高等教育出版社,2012.
[4] 克拉夫 R W,等. 结构动力学 [M]. 王光远,等,译. 北京:科学出版社,1981.
[5] 李廉锟. 结构力学 [M]. 6 版. 北京:高等教育出版社,2017.
[6] 彭俊生,罗永坤,彭地. 结构动力学、抗震计算与 SAP2000 应用 [M]. 成都:西南交通大学出版社,2007.
[7] 李国豪. 桥梁结构振动与稳定 [M]. 北京:中国铁道出版社,1992.
[8] 高增礼,李振邦. 结构力学 [M]. 北京:人民交通出版社,1997.
[9] 朱慈勉,张伟平. 结构力学[M]. 北京:高等教育出版社,2004.
[10] 王焕定,章梓茂,景瑞. 结构力学(Ⅱ)[M]. 北京:高等教育出版社,2000.
[11] 刘保东. 工程振动与稳定基础[M]. 北京:北京交通大学出版社,2010.
[12] 张亚辉,林家浩. 结构动力学基础[M]. 大连:大连理工大学出版社,2007.
[13] 曾庆元,周智辉,文颖. 结构动力学讲义[M]. 北京:人民交通出版社股份有限公司,2015.
[14] 交通运输部. 公路桥涵设计通用规范:JTG D60—2015[S]. 北京:人民交通出版社股份有限公司,2015.
[15] 交通运输部. 公路桥梁抗风设计规范:JTG/T 3360-01—2018[S]. 北京:人民交通出版社股份有限公司,2018.
[16] 住房和城乡建设部. 建筑抗震设计规范:GB 50011—2010[S]. 北京:中国建筑工业出版社,2016.
[17] 住房和城乡建设部. 建筑结构荷载规范:GB 50009—2012[S]. 北京:中国建筑工业出版社,2012.

PART2 第2篇

结 构 稳 定

第 6 章

结构稳定概述

早在 1774 年,瑞士数学家 L. Euler(1707—1783 年)就研究了压杆的变形问题。他发现当轴向压力增大到某一数值之前,杆件保持直线平衡状态,如果此时对杆件施加外力干扰使其产生微小的弯曲变形,一旦干扰消失,此变形可以随之消失。但是,当轴向压力增大到某一特定值时,由附加外力所产生的杆件的弯曲变形,在该外力取消后仍继续存在,甚至还有增加的趋势。直杆的这种受力变形现象叫作失稳,或称作杆发生了**屈曲(Buckling)**。

由于大跨度桥梁日益广泛采用高强材料和薄壁结构,稳定问题更显重要。世界上有过不少桥梁因失稳而丧失承载能力的事故。例如:1875 年,俄罗斯的克夫达河桥(Кевда),一座敞肩下承式桁梁因上弦压杆失稳而引起全桥破坏;1907 年加拿大的魁北克(Quebec)桥在架设过程中因悬臂端下弦杆的腹板翘曲而引起严重破坏事故(图 6-1);1925 年,苏联的莫兹尔(Мозыр)桥在试车时因压杆失稳而发生事故;1970 年,澳大利亚墨尔本附近的西门(West Gate)桥在拼拢左右两半(截面)钢箱梁时垮塌(图 6-2);2010 年,昆明新机场引桥工程在混凝土浇筑施工中发生了支架失稳垮塌事故;2015 年,加拿大埃德蒙顿第 102 街桥梁(The 102nd Avenue Bridge)正在安装的四片钢主梁在自重作用下发生失稳(图 6-3)。除此之外,常规结构稳定破坏也时有发生,如图 6-4、图 6-5 所示。

图 6-1　加拿大魁北克(Quebec)桥

图 6-2　澳大利亚墨尔本西门(West Gate)桥

图 6-3　加拿大埃德蒙顿 The 102nd Avenue Bridge 工程现场

图 6-4　某人行桥失稳

图 6-5　某钢结构施工过程中失稳

桥梁结构的稳定性是其安全与经济的主要问题之一,它与强度问题有同等重要的意义。本章主要介绍结构稳定的基本概念、分类等基本知识。

[上述内容配有数字资源,请扫描封二(封面背面)的二维码,免费观看]。

6.1　稳定问题基本概念

所谓结构稳定(Structural stability)是指结构所处的平衡状态的稳定性,如图 6-6a)、b)、c)分别表示的圆球在凹曲面、水平面和凸曲面上的平衡。其中,图 6-6a)的状态称为稳定平衡,若施加一个小的干扰力使球体的位置偏移,在外力撤销后球体仍能恢复至原先的平衡位置;图 6-6c)的状态称为不稳定平衡,任何微小的干扰都会使球体失去在原先位置平衡的可能性;图 6-6b)的状态,球体可停留在任何偏移后的位置上,属于随遇平衡,它是图 6-6a)和图 6-6c)两种平衡状态的分界线,因而称为临界状态。对于一个结构来说,随着荷载的逐渐增大可能由稳定平衡状态转变为不稳定平衡状态。结构稳定性分析的目的就是保证结构在正常使用情况下处于稳定平衡状态。

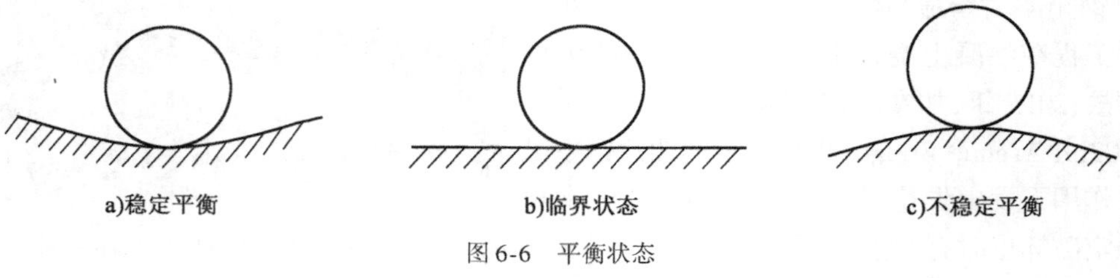

图 6-6　平衡状态

6.2 结构稳定问题分类

根据结构的失稳影响范围可分为下列几类：①部分结构或整个结构的失稳，例如刚架或整个拱桥的失稳[图 6-7a)、b)、c)]；②个别构件的失稳，例如压杆的失稳[图 6-7d)、e)]和梁的侧倾[图 6-7f)]；③构件的局部失稳，例如组成压杆的板和板梁腹板的翘曲[图 6-7g)、h)]等，而局部失稳常导致整个体系的失稳。

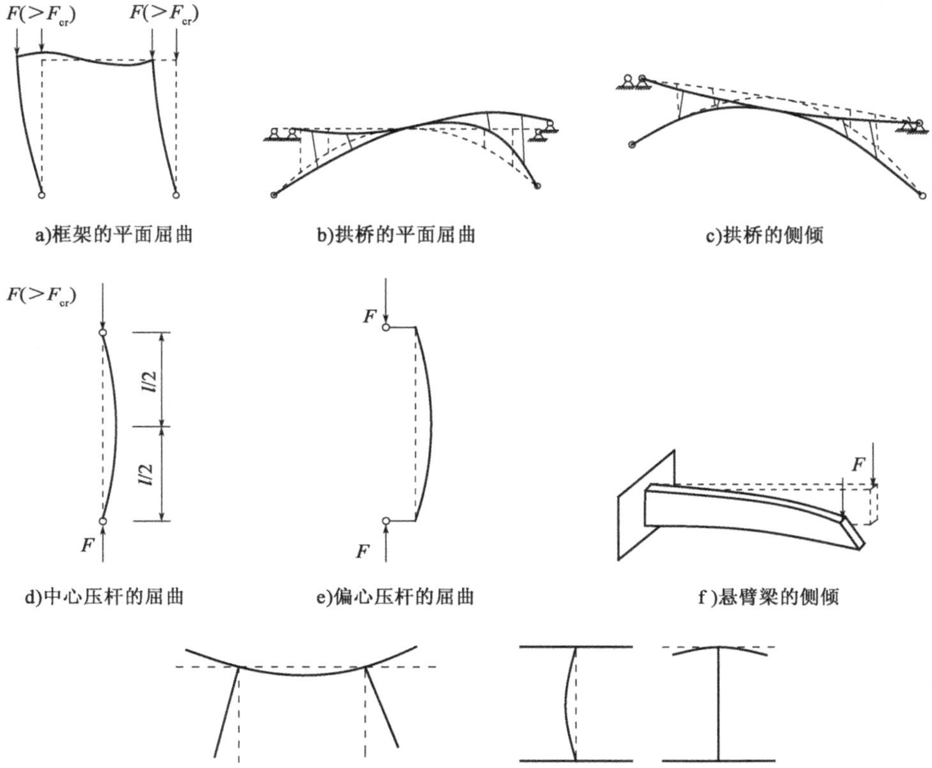

a)框架的平面屈曲　b)拱桥的平面屈曲　c)拱桥的侧倾

d)中心压杆的屈曲　e)偏心压杆的屈曲　f)悬臂梁的侧倾

g)压杆的板的翘曲　h)梁腹板和翼缘板的翘曲

图 6-7 桥梁结构主要失稳形式

根据结构的失稳的性质可分为三类：第一类失稳、第二类失稳和第三类失稳。

6.2.1 第一类失稳

第一类失稳的基本特征是结构的平衡路径发生分支，所以也称为**分支点失稳**(Bifurcation stability)。例如，图 6-8a)所示的轴心受压直杆，当荷载值 F 小于临界值 $F_{cr} = \frac{\pi^2 EI}{l^2}$ 时，杆件仅产生压缩变形。此时，若压杆受到轻微的干扰而发生弯曲，则当干扰撤销后杆件仍将恢复到原始的直线平衡状态，即直线平衡状态是稳定的。但当荷载值 F 超过临界值 F_{cr} 后，杆件既可保持原始的直线平衡状态，也可进入图6-8b)所示的弯曲平衡状态。这就是说结构的平衡形式已不再是唯一的，或者说平衡路径发生了分支。图6-8c)中纵坐标粗线所示为轴心压杆的平衡路径在 B 点发生分支的情况。当轴压力 $F < F_{cr}$ 时，平衡路径是唯一的，如 OB 所示；当 $F > F_{cr}$ 时，压杆便有 BC、BD 或 BD' 的几种不同的平衡路径，其中 BC 表示直线平衡状态，即第一种平衡状态。而 BD 和 BD' 分别表示按照大挠度理论或小挠度理论求得的弯曲平衡状态，即第二种平衡状态。图6-9中实线所示分别为圆环、抛物线拱、刚架和工字形截面悬臂梁发生第一类失稳的情况。当荷载超过临界值后，任何微小的干扰都可使结构由虚线所示的原始平衡状态突然进入实线所示的新的平衡状态。

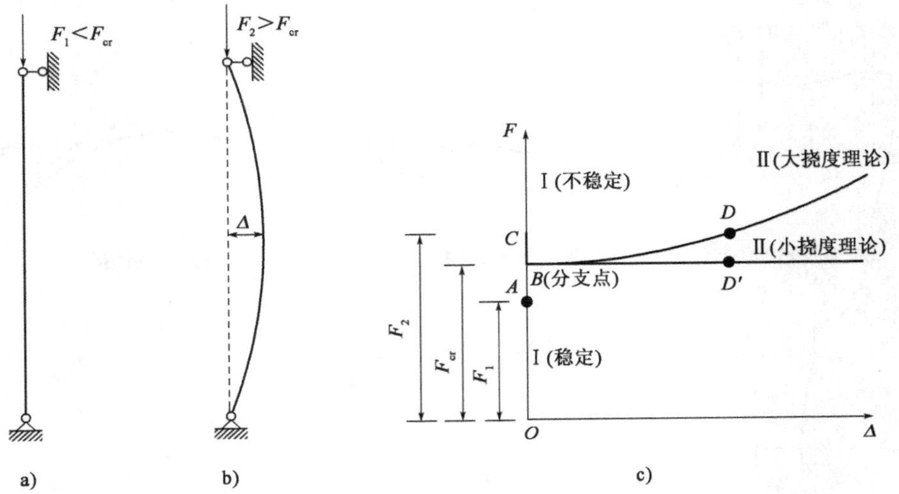

图6-8 分支点失稳状态

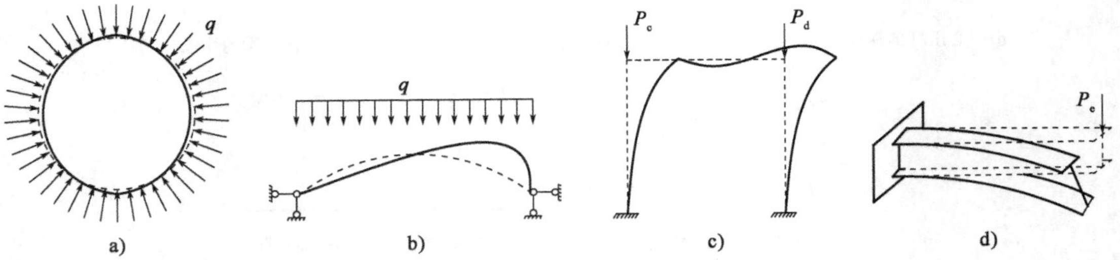

图6-9 常见结构的第一类失稳状态

第一类稳定问题本质是**特征值分析**(Eigenvalue analysis)。结构失稳时，通过求解特征值所得到的荷载可以称为**平衡分支荷载**(Bifurcation load)、**屈曲荷载**或者**压屈荷载**(Buckling load)，工程上将此时荷载对应的第二种平衡状态或挠曲形式称为**屈曲模态**或**失稳模态**。应该强调的是，只有理想结构才会产生分支点失稳，即假定结构失稳时处于线性小挠度变形范围内。

6.2.2 第二类失稳

第二类失稳的基本特征是结构失稳时，其变形将大大发展(数量上的变化)，而不会出现新的变形形式,即结构的平衡形式不会发生质的变化。例如,图6-10a)所示的偏心受压杆,从荷载一开始作用即处于弯曲平衡状态,伴有侧向挠度Δ。因为侧向挠度Δ会引起杆件的附加弯矩,所以Δ随荷载F的增长呈非线性变化,如图6-10b)曲线所示。可见,侧向挠度Δ随荷载增加而增长的速度会越来越快。当荷载达到一定数值后,增量荷载下的变形引起的截面弯矩的增量将无法再与外力矩增量相平衡,曲线便由上升转为下降,压杆便丧失原有的承载能力。按照小挠度理论,其F-Δ曲线如图6-10中的曲线OA所示。在初始阶段挠度增加较慢,以后逐渐变快,当F接近中心压杆的欧拉临界值F_E时,挠度趋于无限大。如果按照大挠度理论,其F-Δ曲线由OBC表示,在极值点B处,荷载达到最大,结构由稳定平衡转变为不稳定平衡,因此第二类失稳也称为**极值点失稳**。极值点相应的荷载即称为**失稳极限荷载**或**压溃荷载**。当荷载的偏心距减小并趋近于零时,极值点失稳的临界荷载将增大并趋近于分支点失稳的临界荷载。

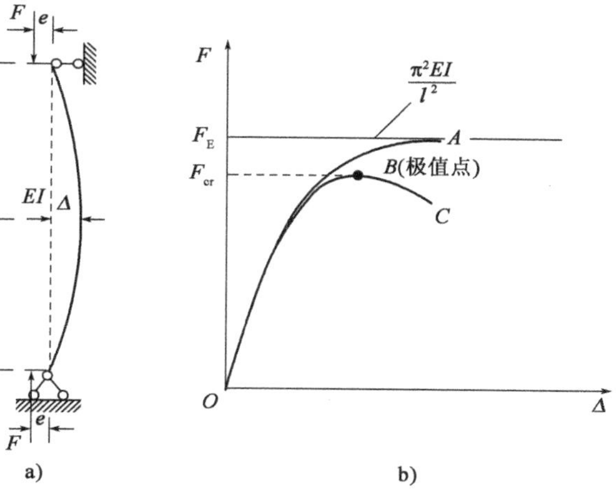

图6-10 偏心压杆第二类失稳状态

图6-11a)、b)所示的具有初弯曲Δ_0或受少许横向荷载的压杆,以及图6-11c)、d)所示刚架的失稳均属于第二类失稳,其共同的特点是从加载到失稳的过程中结构变形的性质不发生突变,而是平衡路径上产生了极值点。

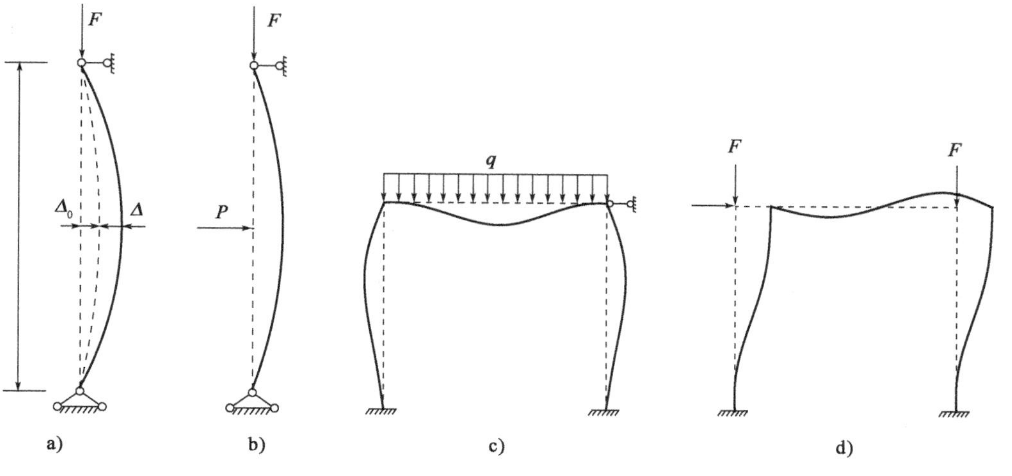

图6-11 结构第二类失稳状态

第一类失稳荷载和第二类失稳荷载都可以统称为**临界荷载**(Critical load)。

6.2.3 第三类失稳

第三类失稳(跃越失稳)荷载-位移关系如图6-12a)所示,即荷载有极大值(A点)和极小值(D)的情况。当持续加载至与A点对应的荷载值时,变形突然增加到B点,如继续加载,则变形沿BC继续发展。若由此持续减载,则将通过B点沿BD线发展,到达与D点对应的荷载值时又急剧地减少到E点,如再继续减载,则沿EO发展。这种变形突然变化的现象称为**跃越**。A点和D点所对应的荷载分别称为上升及下降跃越荷载。曲线中的AD段对应于不稳定平衡状态,即使人为地加上某种约束使结构在这一段内维持平衡,那么在除掉约束以后,结构立即向稳定平衡状态的DB段(加载时)或AE段(减载时)的相应变形位置跃越。图6-12b)的承受均布荷载的微弯梁是可能发生跃越现象的一例。此外。受均布压力的偏球壳、圆筒壳等也都有发生跃越现象的可能。这种现象称为跃越失稳。跃越问题在理论和实验上都是结构稳定理论中的一个复杂问题,不在这里讨论。

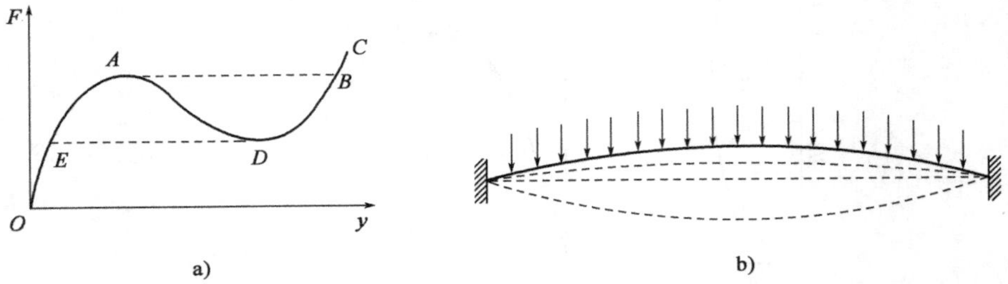

图6-12 第三类失稳状态

实际结构因不可避免地存在构件初弯曲、荷载初偏心、截面形状或材料性质方面的缺陷等不完美因素,所以其丧失稳定性时,严格地说都属于第二类失稳。第二类失稳属于几何非线性问题,而且当结构的变形增加到一定程度时通常还伴有材料非线性的出现,计算比较复杂,一般只能利用计算机通过数值分析的方法确定临界荷载。第一类失稳的临界荷载常可用物理概念清晰的解析式表达,这样计算就比较简单,并且有利于对影响临界荷载的各种因素形成直观的认识;另外,第一类失稳的临界荷载实际上是第二类失稳临界荷载的上限值,对于因不完美因素引起的第二类失稳问题来说,常可将计算第一类失稳临界荷载乘以一定的折减系数,或是对其表达式进行适当修正以求得相应的临界荷载,这样就便于设计应用。因此,第一类失稳问题仍有极其重要的地位。

无论是结构丧失第一类稳定性还是第二类稳定性,对于工程结构来说都是不能容许的。结构失稳以后将不能维持原有的工作状态,甚至丧失承载能力,而且其变形通常急剧增加导致结构破坏。因此,在工程结构设计中除了要考虑结构的强度外,还应进行其稳定性校核。

6.3 稳定自由度

同动力学一样,稳定问题中也涉及结构稳定的自由度概念,其定义为:确定结构失稳时所有可能的变形状态所需的独立参数数目。如图6-13a)所示，支撑在抗扭弹簧上的刚性压杆，为了确定其失稳时所有可能的变形状态，仅需要一个独立参数 α，故此结构只有一个自由度，图6-13b)所示结构则需要两个独立参数，因此具有两个自由度 y_1 和 y_2；而图6-13c)所示的弹性压杆，则需要无限多个独立参数，故具有无限自由度。

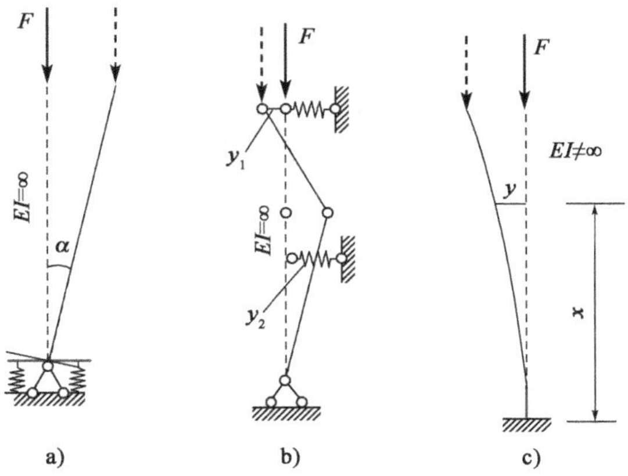

图6-13 结构稳定中的自由度

思考题

6-1 什么是结构失稳？

6-2 结构失稳有哪些形式？

6-3 第一类失稳与第二类失稳有何异同？

6-4 什么是结构稳定自由度？

第 7 章

弹性压杆稳定临界荷载的计算方法

研究稳定问题的主要内容是确定临界荷载,并探讨影响结构临界荷载的各种因素。结构的稳定问题不同于强度问题,结构或构件有时会在远低于材料强度极限的外力作用下发生失稳。因此,结构的失稳与结构材料的强度没有密切的关系。

细长的理想中心受压直杆在临界荷载作用下,处于不稳定平衡的直线状态下,其材料仍处于理想的线弹性范围内,这类稳定问题称为线弹性稳定问题。

本章主要介绍线弹性稳定(第一类稳定)中临界荷载的两种求解方法:静力解析法和能量法。这两种方法共同点在于,它们都是根据结构失稳时可具有原来的和新的两种平衡形式,即从平衡的二重性出发,通过寻求结构在新的形式下能维持平衡的荷载,从而确定临界荷载;所不同之处在于,静力解析法是应用静力形式的平衡条件,能量法则是应用能量形式表达的平衡条件。另外本章对动力法求解临界荷载进行简单介绍。

7.1　静力解析法

弹性压杆临界荷载静力解析法的基本思想是在原有直线形式的平衡位置附近假设可能发生的新平衡曲线形式并建立力学平衡方程,若在轴向压力增加到一定数值时新的曲线形式可取得非零解，则说明平衡路径产生了分支，由此可确定体系丧失第一类稳定性的临界荷载。

7.1.1 单自由度体系

例 7-1 如图 7-1 所示单自由度体系，AB 杆为刚性杆，B 处为弹性支承，刚度系数 k_s，试求临界荷载。

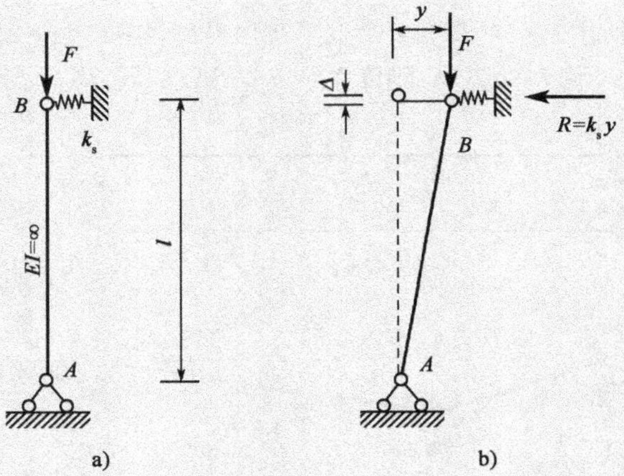

图 7-1 单自由度体系

解：首先假设结构在新的平衡形式下维持平衡[图 7-1b)]，此时，B 端发生微小水平位移。由平衡条件 $\sum M_A=0$，则：

$$Fy-Rl=0 \tag{a}$$

式中，$R=k_s y$ 为弹簧反力。

将其代入式(a)，得：

$$Fy-k_s yl=0$$

即

$$(F-k_s l)y=0 \tag{b}$$

式(b)是以位移 y 为未知数的齐次方程。

这类方程有两类解：零解和非零解。零解($y=0$)对应于结构原有的平衡形式；非零解($y\neq0$)是新的平衡形式。为了得到非零解，式(b)的系数应为零，即：

$$F-k_s l=0$$

这就是结构不仅在原有平衡形式下，而且在新的平衡形式下也能维持平衡的条件，称为**稳定方程**或**特征方程**。由稳定方程即可求出临界荷载：

$$F_{cr}=k_s l \tag{c}$$

应该指出，以上将结构视为刚体而简化为单自由度体系稳定问题在现实工程中一般不常见，这和前面结构振动篇中将结构通常简化为单自由度体系不同。

7.1.2 多自由度体系

对于具有 n 个自由度的体系，可对体系新的平衡形式列出 n 个平衡方程，这些方程是关于

n 个独立参数的齐次方程。根据这 n 个参数不能全为零的条件,因而其系数行列式 $|D|$ 等于零,即可建立稳定方程。此稳定方程有 n 个根,即有 n 个特征值,其中最小者为临界荷载,与特征值对应的新的平衡形式(变形曲线)即为失稳形状或失稳(屈曲)模态。失稳形状可以像振型一样精确计算,实际上只有第一屈曲荷载及其形状才有实际意义,这是因为当荷载超过最低临界荷载时体系已经失效,所以较高的屈曲模态几乎没有实际意义。

例 7-2 如图 7-2 所示是一个具有 2 个变形自由度的体系,其中 AB、BC、CD 各杆为刚性杆,在铰接点 B 和 C 处均为弹性支承,刚度系数 k_s 。试求其临界荷载。

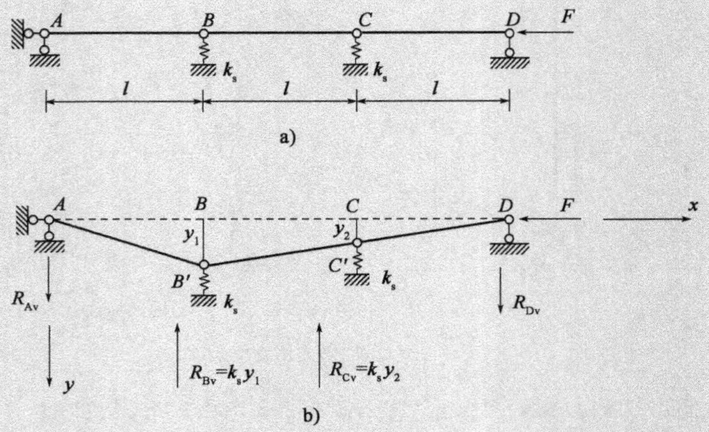

图 7-2

解:设体系由原始平衡状态[图 7-2a)]转到任意变形的新状态[图 7-2b)],设 B 和 C 竖向位移分别为 y_1 和 y_2 ,相应的支座反力分别为:

$$R_{\mathrm{Bv}} = k_s y_1 \qquad R_{\mathrm{Cv}} = k_s y_2 \tag{a}$$

同时,由平衡关系 $\sum M_{\mathrm{D}} = 0$, $\sum M_{\mathrm{A}} = 0$ 和 $\sum X = 0$ 可知 A 和 D 点的支座反力为:

$$R_{\mathrm{Av}} = \frac{k_s(2y_1 + y_2)}{3}(\downarrow) \qquad R_{\mathrm{AH}} = F(\rightarrow) \qquad R_{\mathrm{Dv}} = \frac{k_s(y_1 + 2y_2)}{3}(\downarrow) \tag{b}$$

注意,本问题中的纵向力 F 是主要力,横向力是次要力。因而这里写平衡方程时,主要力的项均考虑了结构变形的微量变化,而次要力的项则没有考虑几何尺寸的微量变化(跨度仍用 l)

变形状态的平衡条件为:

$$\left.\begin{aligned} &\sum M_{\mathrm{C'}} = 0 \quad F y_2 - R_{\mathrm{Dv}} l = 0 \quad (C' \text{右}) \\ &\sum M_{\mathrm{B'}} = 0 \quad R_{\mathrm{Av}} l - R_{\mathrm{AH}} y_1 = 0 \quad (B' \text{左}) \end{aligned}\right\} \tag{c}$$

即

$$\left.\begin{aligned} k_s l y_1 + (2k_s l - 3F) y_2 &= 0 \\ (2k_s l - 3F) y_1 + k_s l y_2 &= 0 \end{aligned}\right\} \tag{d}$$

这是关于 y_1 和 y_2 的齐次方程。

要使得方程不全为零(即体系除了原始平衡状态外,还有新的平衡形式),则方程系数行列式为零,即:

$$\begin{vmatrix} k_s l & (2k_s l - 3F) \\ (2k_s l - 3F) & k_s l \end{vmatrix} = 0 \tag{e}$$

这就是体系的稳定特征方程,将它进一步写为:

$$(k_s l)^2 - (2k_s l - 3F)^2 = 0 \tag{f}$$

由此得到两个特征值:

$$F = \begin{cases} \dfrac{k_s l}{3} \\ k_s l \end{cases}$$

其中较小的特征值即为临界荷载,即 $F_{cr} = \dfrac{k_s l}{3}$

将特征值代入式(d),可以求得 y_1 和 y_2 的比值,这时位移 y_1、y_2 组成的向量称为特征向量,如将 $F = \dfrac{k_s l}{3}$ 代入式(d),则得 $y_1 = -y_2$,相应的变形曲线(失稳模态)如图7-3a)所示,它是反对称的。如将 $F = k_s l$ 代入式(d),则得 $y_1 = y_2$,相应的变形曲线如图7-3b)所示,它是对称的。当然,只有临界荷载 $F = \dfrac{k_s l}{3}$ 与其对应的失稳模态才有工程意义。

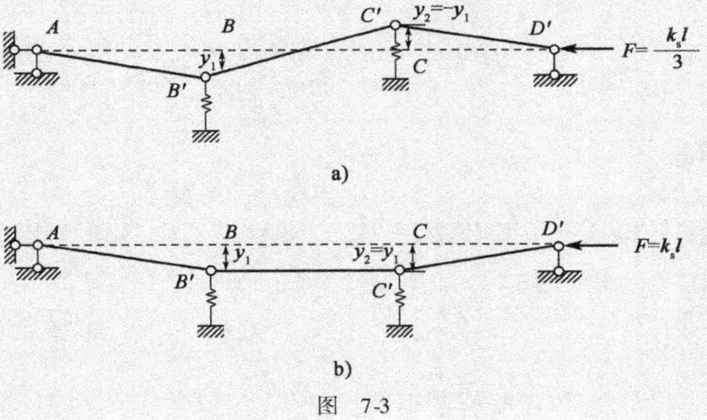

图 7-3

7.1.3 无限自由度体系

对于无限自由度体系,同样首先假设体系已处于新的平衡形式,列出其平衡方程,不过此时的平衡方程已不是代数方程,而是微分方程;求解所得微分平衡方程,并利用边界条件得到一组与未知常数数目相同的齐次方程。为了获得非零解(新的平衡形式),应使这组齐次方程的系数行列式等于零,并建立稳定方程;解此方程可得无穷多个荷载值,其中最小者为临界荷载。

例 7-3 求如图7-4所示两端铰接的理想轴心压杆的临界荷载,设 EI 为常量。

解: 当 F 达到临界荷载时,杆件的平衡路径将发生分支,即除可保持原直线形式的平衡状态外,还可能发生挠曲形式的平衡状态[图7-4a)]。

在距原点 x 处截面,利用隔离体的平衡关系有:

$$M(x) - Fy = 0 \tag{a}$$

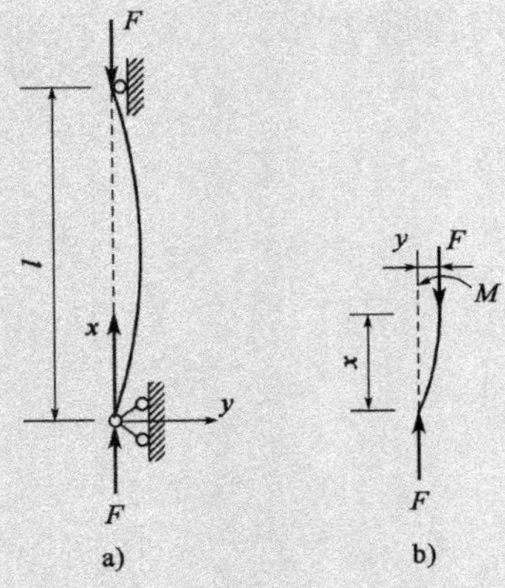

图7-4　两端铰接的简支结构

式中，y 沿坐标轴正值方向为正，F 受压为正，弯矩 $M(x)$ 正负号按照材料力学中符号规定。由杆件的挠曲线近似微分方程可得：

$$M(x) = -EIy'' \tag{b}$$

则由上面两式有：

$$-EIy'' - Fy = 0$$

令 $k^2 = F/EI$，则上式成为二阶常系数齐次线性微分方程：

$$y'' + k^2 y = 0 \tag{c}$$

方程的通解为：

$$y = A\cos kx + B\sin kx \tag{d}$$

其中，任意常数 A 和 B 需根据边界条件确定。两端铰接压杆的边界条件为：

$$x = 0\text{ 时}, y = 0 \qquad x = l\text{ 时}, y = 0$$

将两个边界条件代入式(d)，得：

$$\left.\begin{aligned} A \times 1 + B \times 0 = 0 \\ A\cos kl + B\sin kl = 0 \end{aligned}\right\} \tag{e}$$

这是以任意常数 A 和 B 为未知数的线性齐次方程组。当 A 和 B 有非零解时，必须是方程组的系数行列式等于零，即：

$$D = \begin{vmatrix} 1 & 0 \\ \cos kl & \sin kl \end{vmatrix} = 0$$

展开行列式，得：

$$\sin kl = 0 \tag{f}$$

式(f)即为两端铰接压杆的稳定方程(稳定方程是一个只包含参变量的某种超越方程[1])。由式(f)得：

$$k = \frac{n\pi}{l} \quad (n = 1,2,3\cdots) \tag{g}$$

当 $n = 1$ 即 $k = \dfrac{\pi}{l}$ 时临界荷载有最小值，此时

由 $k^2 = F/EI$ 可得：

$$F_{cr} = \frac{\pi^2 EI}{l^2} \tag{h}$$

式(h)称为欧拉荷载(Euler buckling load)，常记作 F_E。

将式(g)代入式(e)可得 $A = 0$，B 为任意实数。

将 $A = 0$ 和 $k = \dfrac{\pi}{l}$ 代入式(d)，可得与临界荷载对应的结构失稳模态，即失稳位移函数为：

$$y = B\sin\frac{\pi x}{l} \tag{i}$$

[1] 当一元方程 $f(z) = 0$ 的左端函数 $f(z)$ 不是 z 的多项式时，称之为超越方程。如指数方程、对数方程、三角方程、反三角方程等。

由于材料的弹性模量 E 和杆件的抗弯惯矩 I 均为已知，当压杆长度一定时，两端铰接压杆的临界荷载 F_{cr} 为确定的数值。但仅知道其挠曲线形状为半波正弦曲线，而不知其确切的幅值，因为式(i)中，常数 B 仍为未知数。

例 7-4 如图 7-5 所示一端固定一端自由等截面轴心受压直杆，杆件的 EI 为常量，求其临界荷载。

解：当 F 达到临界荷载时，杆件的平衡路径将发生分支，即除可保持原直线形式的平衡状态外，还可能发生挠曲形式的平衡状态。

设其已处于新的曲线平衡形式[图 7-5a)]。

按照材料力学的符号规定，在新的平衡状态下，取杆件上段为隔离体，则该研究对象的平衡方程可写为：

$$M(x) + F(\delta - y) = 0$$

同时注意到

$$M(x) = -EIy''$$

则压杆挠曲线的平衡微分方程为：

$$EIy'' + Fy = F\delta$$

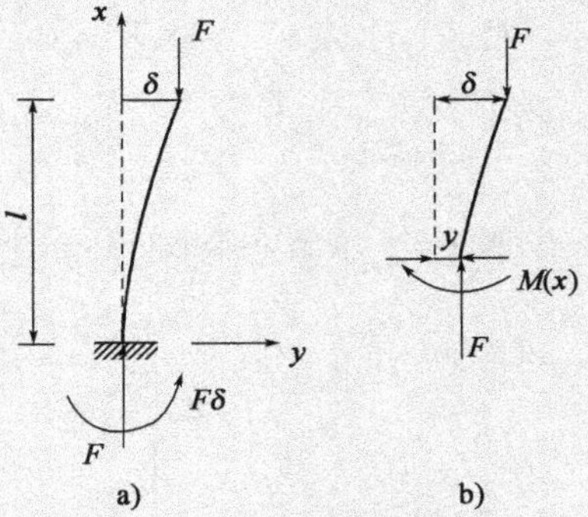

图 7-5 一端固定一端自由的悬臂结构

式中，δ 为失稳变形后压杆自由端处产生的位移，是未知数。

令

$$k^2 = \frac{F}{EI}$$

则

$$y'' + k^2 y = k^2\delta \tag{a}$$

这是一个二阶常系数非齐次线性微分方程，其解包含两部分：一部分是对应齐次方程的通解 $y = A\cos kx + B\sin kx$；另一部分是方程的特解 $y = \delta$，即方程式(a)的通解为：

$$y = A\cos kx + B\sin kx + \delta \tag{b}$$

根据边界条件

$$x = 0, y = y' = 0$$
$$x = l, y = \delta$$

可得

$$\left.\begin{aligned} &A + \delta = 0 \\ &Bk = 0 \\ &A\cos kl + B\sin kl + \delta = \delta \end{aligned}\right\}$$

由此解得：

$$\left.\begin{aligned} A &= -\delta \\ B &= 0 \\ \cos kl &= 0 \end{aligned}\right\}$$

解此方程可得

$$kl = n\pi/2 \qquad (n = 1,3,5\cdots) \tag{c}$$

n 取最小值 1，即：

$$k = \frac{\pi}{2l} \tag{d}$$

则临界荷载

$$F_{cr} = \frac{\pi^2 EI}{4l^2}$$

也可以写为如下标准形式：

$$F_{cr} = \frac{\pi^2 EI}{(2l)^2} \tag{e}$$

将式(d)及 $A = -\delta$、$B = 0$ 代入式(b)，可得此时的位移函数为：

$$y = \delta(1 - \cos\frac{\pi x}{2l}) \tag{f}$$

例 7-5 求解图 7-6a)所示下端固定、上端有水平支杆的等截面轴心压杆的临界荷载。

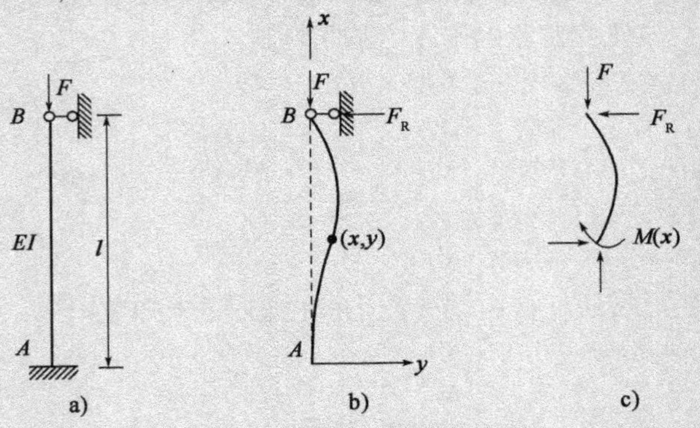

图 7-6 下端固定、上端铰支的结构

解： 当 F 达到临界荷载时，杆件的平衡路径将发生分支，即除可保持原直线形式的平衡状态[图 7-6a)]外，还可能发生挠曲形式的平衡状态[图 7-6b)]。

在寻求平衡状态的分支点时，只要杆件发生微小的挠曲，杆件的曲率可以用 y'' 近似表达。不失一般性，取图 7-6b)所示坐标系，则隔离体[图 7-6c)]的力矩平衡条件可表达为：

$$M(x) - Fy - F_R(l - x) = 0$$

式中，F_R 为 B 端的未知水平反力。

因为 $M(x) = -EIy''$，由此可得挠曲微分方程为：

$$EIy'' + Fy + F_R(l - x) = 0$$

将上式两边除以 EI，并令：

$$k^2 = \frac{F}{EI}$$

则上述微分方程可改写为：

$$y'' + k^2 y = -\frac{F_R}{EI}(l - x) = -k^2\frac{F_R}{F}(l - x)$$

这是一个二阶常系数非齐次线性微分方程，其通解为：

$$y = A\cos kx + B\sin kx - \frac{F_R}{F}(l - x) \tag{a}$$

式中，A、B 为待定的积分常数，它们与杆件的边界条件有关。将上式对 x 求导，得：

$$y' = -kA\sin kx + kB\cos kx + \frac{F_R}{F}$$

对于图 7-6 所示的压杆,其失稳时的位移边界条件为:$x=0$, $y=0$、$y'=0$;$x=l$, $y=0$。由此可得到一组关于未知参数 A、B 和 F_R/F 的齐次线性方程:

$$\left.\begin{aligned} A - l\frac{F_R}{F} &= 0 \\ kB + \frac{F_R}{F} &= 0 \\ A\cos kl + B\sin kl &= 0 \end{aligned}\right\}$$

方程取得非零解即出现弯曲第二平衡状态的条件是关于 A、B 和 $\frac{F_R}{F}$ 的系数行列式等于零,即:

$$D = \begin{vmatrix} 1 & 0 & -l \\ 0 & k & 1 \\ \cos kl & \sin kl & 0 \end{vmatrix} = 0$$

展开并整理后可得:

$$\tan kl = kl$$

该稳定方程(特征方程)是一个以 kl 为自变量的超越方程。可用试算法逐次渐近求解,也可以采用图 7-7 所示的图解法求解。由此可得到稳定方程的最小正根为 $kl = 4.493$,则失稳临界荷载为:

$$F_{cr} = k^2 EI = 20.19\frac{EI}{l^2} = \frac{\pi^2 EI}{(0.7l)^2} \qquad \text{(b)}$$

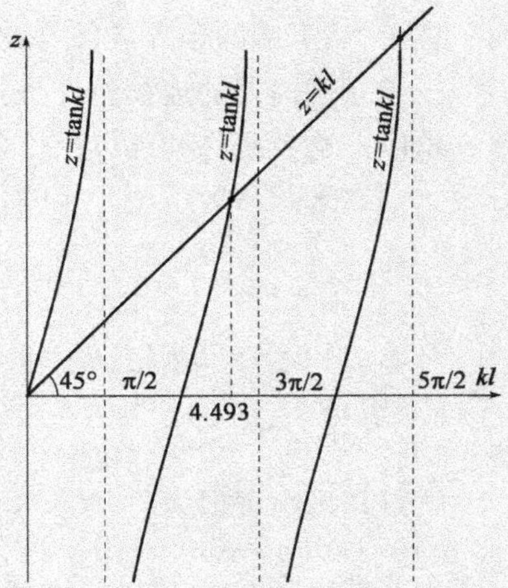

图 7-7 图解法

例 7-6 试用解析法建立图 7-8a)所示阶形变截面悬臂柱的稳定方程,并求出当 $l_1 = l_2$, $EI_1 = 2EI_2$, $F_1 = F_2 = \frac{F}{2}$ 时柱子的临界荷载。

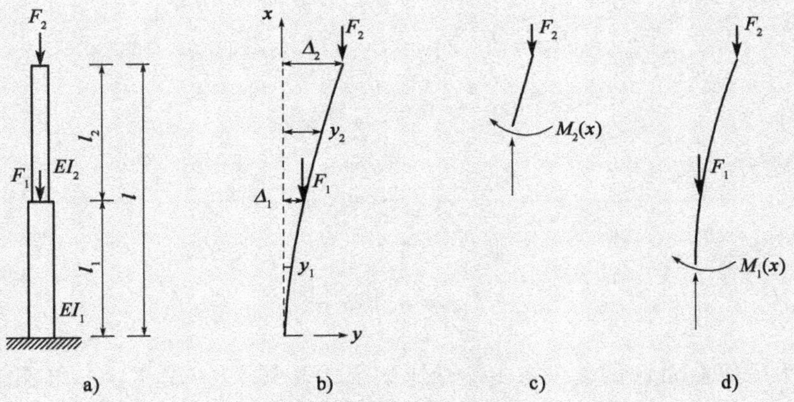

图 7-8 阶形变截面悬臂柱

解:悬臂柱上、下两段的截面和荷载不同,应分别列出平衡方程。现以 y_1、y_2 分别表示压杆失稳时上、下两部分的挠度[图 7-8b)],则有:

$$-EI_2 y''_2 = M_2(x) = -F_2(\Delta_2 - y_2)$$

$$-EI_1 y''_1 = M_1(x) = -F_2(\Delta_2 - y_1) - F_1(\Delta_1 - y_1)$$

上述两方程的通解分别由其齐次方程的解及特解组成，即：

$$y_2 = A_2\cos k_2 x + B_2\sin k_2 x + \Delta_2$$

$$y_1 = A_1\cos k_1 x + B_1\sin k_1 x + \frac{F_1\Delta_1 + F_2\Delta_2}{F_1 + F_2}$$

其中，

$$k_2 = \sqrt{\frac{F_2}{EI_2}} \qquad k_1 = \sqrt{\frac{F_1 + F_2}{EI_1}}$$

柱子上、下端的边界条件是：在 $x = 0$ 处，$y_1 = 0$、$y'_1 = 0$；在 $x = l$ 处，$y_2 = \Delta_2$。

柱子变截面处的连续条件是：在 $x = l_1$ 处，$y_1 = y_2 = \Delta_1$，$y'_1 = y'_2$。

由以上边界条件和连续条件可得到关于未知参数 A_1、B_1、A_2、B_2、Δ_1、Δ_2 的六个线性代数方程。根据未知参数不全为零的条件可求得稳定方程为：

$$\tan k_1 l_1 \cdot \tan k_2 l_2 - \frac{k_2}{k_1}\left(\frac{F_1 + F_2}{F_2}\right) = 0$$

讨论：当 $EI_1 = 2EI_2$，$F_1 = F_2 = F/2$ 时有 $k_1 = k_2$，若 $l_1 = l_2 = l/2$，则稳定方程为：

$$\tan^2\frac{k_2 l}{2} = 2$$

解得其最小正根为：

$$k_2 l = 1.911$$

或

$$\sqrt{\frac{F/2}{EI_2}}\,l = 1.911$$

据此，可算得临界荷载为：

$$F_{cr} = 7.304\frac{EI_2}{l^2}$$

当 $l_1 = l_2 = l/2$，$EI_1 = EI_2 = EI$，$F_1 = F_2 = F/2$ 时，稳定方程变为：

$$\tan\frac{k_1 l}{2}\tan\frac{k_1 l}{2\sqrt{2}} = \frac{2}{\sqrt{2}}$$

图解法解该方程，可得：

$$k_1 l = 2.033$$

即

$$F_{cr} = 4.133\frac{EI}{l^2}$$

该荷载大于等截面悬臂梁在自由端受压的临界荷载 $\left(F_{cr} = \dfrac{\pi^2 EI}{4l^2}\right)$，由此可见，求稳定的临界荷载时，作用力不满足平移和叠加原理。

由此可见，求理想轴心压杆的临界荷载，在数学上是一个求解特征值的问题，满足相关待定常数的系数行列式的 λ 值为特征值，与 λ 值相应的特征向量组成了失稳挠曲函数 $y(x)$。

综上所述，静力法确定临界荷载的计算步骤：

(1)假设结构失稳时新的平衡状态；

(2)依据静力平衡条件,建立临界状态平衡方程;

(3)根据结构失稳时平衡的二重性,即位移有非零解,建立特征方程或稳定方程;

(4)解此特征方程,求特征根,即特征荷载;

(5)由最小的特征荷载确定临界荷载。

由上面的讨论可知,在理想轴心压杆的弹性稳定问题中,尽管边界条件不同,但临界荷载均可表达为以下标准形式:

$$F_{cr} = \frac{\pi^2 EI}{l_0^2} = \frac{\pi^2 EI}{(\mu l)^2} \tag{7-1}$$

这是欧拉公式的普遍形式。

式中, $l_0 = \mu l$,称为轴心压杆的**计算长度**或**有效长度**(Effective length); l 为压杆的构造长度; μ 为压杆的长度系数(Effective length factor),与压杆的边界条件有关。各种端支承条件下,弹性轴心受压杆件的长度系数 μ 见表 7-1。

各种端支承条件下,弹性轴心受压杆件的长度系数 表 7-1

支承情况	两端铰支	一端固定一端铰支	两端固定	一端固定一端自由	两端固定,但可沿横向相对移动
失稳模态	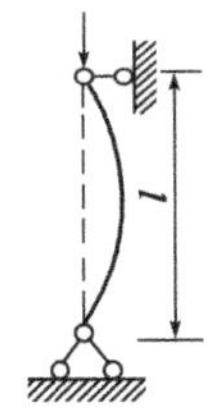	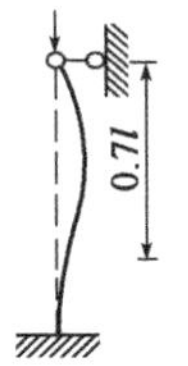	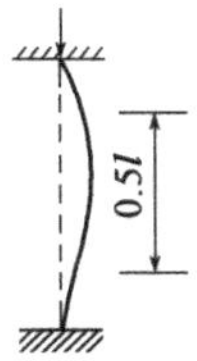		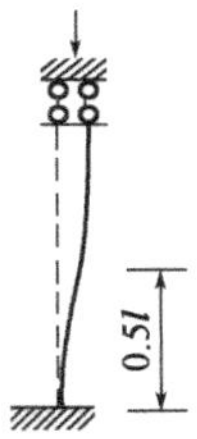
长度系数 μ	1.0	0.7	0.5	2.0	1.0

计算长度 l_0 的几何意义:轴心压杆失稳后,挠度曲线上的两个相邻反弯点之间的距离。其物理意义为:各种端支承下的轴心压杆,其临界荷载与两端铰接支承的轴心压杆的临界荷载相等时,两端铰接轴心压杆的长度,或将压杆折算成两端铰支杆的长度。

在临界状态下弹性轴心压杆横截面上的应力称为**临界应力**,用 σ_{cr} 表示,即:

$$\sigma_{cr} = \frac{F_{cr}}{A} = \frac{\pi^2 EI}{Al_0^2} = \frac{\pi^2 E}{l_0^2} i^2 = \frac{\pi^2 E}{l_0^2/i^2} = \frac{\pi^2 E}{\lambda^2} \tag{7-2}$$

式中, i 为回转半径, $i = \sqrt{I/A}$; λ 为长细比, $\lambda = l_0/i$,它集中反映了压杆长度、约束条件、截面尺寸和形状等因素对临界应力的影响。

因理想轴心压杆的临界荷载 F_E 称为欧拉荷载,故其应力也称为欧拉应力 σ_E 。欧拉应力的计算式(7-2)只有在杆件的材料为线弹性时才适用。设材料的比例极限为 σ_p ,则式(7-2)的适用范围是

$$\sigma_{cr} = \frac{\pi^2 E}{\lambda^2} \leqslant \sigma_p$$

即

$$\lambda \geqslant \sqrt{\frac{\pi^2 E}{\sigma_p}} = \lambda_p \tag{7-3}$$

当轴心压杆的长细比 $\lambda \geq \lambda_p$ 时，称为长细杆，只有长细压杆才能应用欧拉公式。如轴心压杆采用Q 235钢，$E = 2.06 \times 10^5$MPa 和 $\sigma_p = 200$MPa，则此时 $\lambda_p = 100$ 。

7.2 能 量 法

在用静力法确定弹性压杆的临界荷载时，若杆件的截面或轴向荷载的变化情况比较复杂，则可能导致挠曲微分方程成为变系数的，通常很难积分为有限形式；或者是稳定方程的阶数过高，不易展开求解。此时，应用能量法求解临界荷载常能取得很好的效果。

应用能量法确定临界荷载，就是以结构失稳时平衡的二重性为依据，应用能量形式表示的平衡条件。它表述为：对于弹性结构，在满足支撑条件及位移连续条件的一切虚位移中，同时又满足平衡条件的位移（因而就是真实的位移），使结构的势能 V 为驻值，也就是结构势能的一阶变分等于零，即：

$$\delta V = 0 \tag{7-4}$$

这里，结构的势能（或称为结构的总势能）V 等于结构的应变能 V_ε 与外力势能 V_F 之和，即：

$$V = V_\varepsilon + V_F \tag{7-5}$$

其中，应变能 V_ε 可按材料力学有关公式计算，而外力势能 V_F 定义为：

$$V_F = -\sum_{i=1}^{n} F_i \Delta_i \tag{7-6}$$

式中，F_i 为结构上的外力；Δ_i 为在虚位移中与外力 F_i 相应的位移。

这就是总势能最小原理。

对于弹性压杆来说，应用能量法时需要解决两个问题：一是弹性压杆失稳时的势能中需包括杆件挠曲变形所产生的应变能；二是需计算因杆件弯曲而引起的荷载作用点的位移值，从而求得荷载势能的变化。以上两个问题都只有在压杆失稳时的位移形态为已知函数时才能得以解决。

7.2.1 单自由度体系

假设结构的势能 V 只是参数 a_1 的一元函数，当有任何一微小增量 δa_1 时，势能的变分为：

$$\delta V = \frac{\mathrm{d}V}{\mathrm{d}a_1}\delta a_1 \tag{7-7}$$

由于 δa_1 为任意，要使 $\delta V = 0$ ，则只有：

$$\frac{\mathrm{d}V}{\mathrm{d}a_1} = 0 \tag{7-8}$$

由此即可建立特征方程求临界荷载。

例 7-7 应用能量法求图 7-1 所示单自由度轴心压杆的临界荷载。

解：结构体系弹性应变能为：

$$V_\varepsilon = \frac{1}{2}(k_s y)y = \frac{1}{2}k_s y^2$$

外力势能为：

$$V_F = -F\Delta$$

式中，

$$\Delta = l - \sqrt{l^2 - y^2} = l - l\sqrt{1 - \frac{y^2}{l^2}} = l - l\left(1 - \frac{y^2}{2l^2} + \frac{1}{2 \times 4}\frac{y^4}{l^4} - \frac{1 \times 3}{2 \times 4 \times 6}\frac{y^6}{l^6}\cdots\right)$$

上式最后一项为泰勒级数展开式,因为结构是处于线性小挠度变形范围内,当 y 较小时,忽略 y^2 的高阶无穷小量,可得:

$$\Delta \approx \frac{y^2}{2l}$$

则

$$V_F = -F\Delta = -\frac{F}{2l}y^2$$

于是,由式(7-5)结构的势能为:

$$V = V_\varepsilon + V_F = \frac{1}{2}k_s y^2 + \left(-\frac{F}{2l}\right)y^2 = \frac{k_s l - F}{2l}y^2$$

根据式(7-8),$\frac{\mathrm{d}V}{\mathrm{d}a_1} = 0$,有 $\frac{\mathrm{d}V}{\mathrm{d}y} = \frac{k_s l - F}{l}y = 0$。

因为 y 不为零,故必须是:

$$k_s l - F = 0$$

从而求得 $F_{cr} = k_s l$。与用静力法计算结果相同。

7.2.2 多自由度体系

对于具有 n 个自由度的体系,势能的变分为:

$$\delta V = \frac{\partial V}{\partial a_1}\delta a_1 + \frac{\partial V}{\partial a_2}\delta a_2 + \cdots + \frac{\partial V}{\partial a_n}\delta a_n \tag{7-9}$$

由 $\delta V = 0$ 及 δa_1、δa_2、…、δa_n 的任意性,必须有:

$$\left.\begin{aligned} \frac{\partial V}{\partial a_1} &= 0 \\ \frac{\partial V}{\partial a_2} &= 0 \\ &\cdots \\ \frac{\partial V}{\partial a_n} &= 0 \end{aligned}\right\} \tag{7-10}$$

由此可得一组含 a_1、a_2、…、a_n 的线性代数方程,要使 a_1、a_2、…、a_n 不为零,则此方程的系数行列式应等于零,据此可建立特征方程求临界荷载,该方法又称为**瑞利-里兹法**(Ritz)。

例 7-8 图 7-2 所示轴心压杆有 2 个自由度,用能量法求结构的临界荷载。

解:结构的应变能为:

$$V_\varepsilon = \frac{1}{2}k_s y_1^2 + \frac{1}{2}k_s y_2^2$$

外力势能为:

$$V_F = -F\Delta = -F\left[\frac{y_1^2}{2l} + \frac{y_2^2}{2l} + \frac{(y_2 - y_1)^2}{2l}\right]$$

参考上节,可知这里的 Δ 由三段变形组成,故其表达式也由三部分组成:

$$\Delta = \frac{y_1^2}{2l} + \frac{(y_2 - y_1)^2}{2l} + \frac{y_2^2}{2l}$$

由式(7-5)可得结构的势能为:

$$\begin{aligned} V = V_\varepsilon + V_F &= \frac{1}{2}k_s y_1^2 + \frac{1}{2}k_s y_2^2 - F\left[\frac{y_1^2}{2l} + \frac{(y_2 - y_1)^2}{2l} + \frac{y_2^2}{2l}\right] \\ &= \frac{1}{2l}[(k_s l - 2F)y_1^2 + 2Fy_1y_2 + (k_s l - 2F)y_2^2] \end{aligned} \tag{a}$$

由式(7-9)可得:

$$\begin{aligned} \frac{\partial V}{\partial y_1} &= \frac{1}{2l}[2(k_s l - 2F)y_1 + 2Fy_2] = 0 \\ \frac{\partial V}{\partial y_2} &= \frac{1}{2l}[2Fy_1 + 2(k_s l - 2F)y_2] = 0 \end{aligned} \tag{b}$$

因为 y_1、y_2 不能全为零,故方程组(b)的系数行列式为零,即:

$$\begin{vmatrix} (k_s l - 2F) & F \\ F & (k_s l - 2F) \end{vmatrix} = 0 \tag{c}$$

展开式(c)并整理可得:

$$3F^2 - 4k_s lF + k_s^2 l^2 = 0 \tag{d}$$

式(d)就是有两个自由度轴心压杆的稳定方程,解此方程可得:

$$F = \begin{cases} \dfrac{k_s l}{3} \\ k_s l \end{cases} \tag{e}$$

其中,最小值为临界荷载,即 $F_{cr} = k_s l/3$ 。与用静力法计算的结果相同。

7.2.3 无限自由度体系

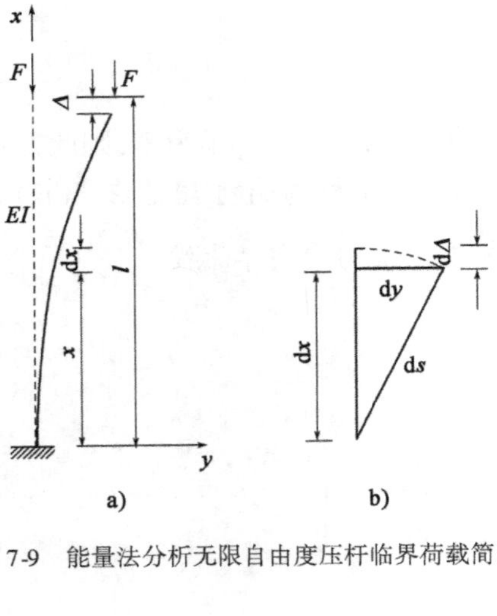

图 7-9 能量法分析无限自由度压杆临界荷载简图

如图 7-9 所示,压杆由直线平衡状态过渡到挠曲平衡状态时,杆件的轴力仍保持不变。此时,弯曲应变能可表达为:

$$V_\varepsilon = \frac{1}{2}\int_0^l M(x)\mathrm{d}\theta = \frac{1}{2}\int_0^l \frac{M^2(x)}{EI}\mathrm{d}x \tag{7-11}$$

如将关系式

$$EIy'' = -M(x) \tag{7-12}$$

代入式(7-11),得:

$$V_\varepsilon = \frac{1}{2}\int_0^l EI(y'')^2\mathrm{d}x \tag{7-13}$$

在由直线平衡状态转变为挠曲平衡状态的过程中,轴向荷载的势能将有所减小。例如,图 7-9a)所示的压杆，在发生挠曲时荷载作用点有竖向位移 Δ 。

$$d\Delta = ds - dx = \sqrt{(dx)^2 + (dy)^2} - dx = (\sqrt{1 + (y')^2} - 1)dx \approx \frac{1}{2}(y')^2 dx \quad (7\text{-}14)$$

沿杆长积分后得：

$$\Delta = \frac{1}{2}\int_0^l (y')^2 dx \quad (7\text{-}15)$$

于是，荷载势能为：

$$V_F = -F\Delta = -\frac{F}{2}\int_0^l (y')^2 dx \quad (7\text{-}16)$$

若有多个集中荷载沿杆轴作用于不同位置，则荷载势能可表达为：

$$V_F = -\sum_{i=1}^{n} F_i \Delta_i \quad (7\text{-}17)$$

式中，Δ_i 为荷载 F_i 沿其作用方向上的位移。若有沿杆轴方向作用的分布荷载，则可以通过积分的方法求得相应的荷载势能。

将以上求得的应变能和荷载势能代入式(7-5)，则有：

$$V = V_\varepsilon + V_F = \frac{1}{2}\int_0^l EI(y'')^2 dx - \sum_{i=1}^{n} \frac{1}{2} F_i \int_0^l (y')^2 dx \quad (7\text{-}18)$$

此时，挠曲线函数 $y(x)$ 是未知的，它可以看作无限多个独立参数。结构的势能 V 是挠曲线 $y(x)$ 函数的函数，即是一个泛函，而 $\delta V = 0$ 则是一个求泛函极值的问题，即变分问题，求解较为复杂。所以，在实际应用上一般是将无限自由度体系近似简化为有限自由度体系来处理，即采用瑞利-里兹法。

瑞利-里兹法假设挠曲线函数 $y(x)$ 为有限个已知函数的线性组合，其一般形式为：

$$y(x) = a_1\phi_1(x) + a_2\phi_2(x) + \cdots + a_n\phi_n(x) = \sum_{i=1}^{n} a_i\phi_i(x) \quad (7\text{-}19)$$

式中，$\phi_i(x)$ 为满足位移边界条件的已知函数；a_i 为任意独立参数，也可称为广义自由度。

这样，结构的所有变形便由 n 个独立参数 a_1 、a_2 、⋯、a_n 所确定，原来的无限自由度问题就简化为只有 n 个自由度的问题，因而可按照前面所述有限自由度的情况[式(7-10)]来确定其临界荷载。这样所得到的临界荷载是一个近似解。

由于压杆失稳时的挠曲线一般很难精确预计和表达，用能量法通常只能求得临界荷载的近似值，而其近似程度完全取决于所假设的挠曲线与真实的失稳挠曲线的符合程度。因此，恰当选取挠曲线便成为能量法中的关键问题。若选取的挠曲线恰好符合真实的挠曲线，则采用能量法可以求得临界荷载的精确值；否则，所求得的临界荷载将高于精确值。这是因为假定的挠曲线只是全部可能挠曲线集合中的一个子集，或者说这相当于对体系的变形施加了某种约束。这样，体系抵抗失稳的能力通常就会有所提高。

在用能量法计算压杆的临界荷载时，位移函数必须满足位移边界条件。实际上，这是使计算简图接近真实情况的基本条件。例如,可以选取杆件在某种横向荷载作用下的变形曲线方程作为位移函数。显然,这种曲线能够满足所有的边界条件。根据能量守恒,此时杆件的弯曲应变能就等于上述横向荷载在其引起的位移上所做的功。位移函数通常可取幂级数或三角级数的形式。为了方便应用,表 7-2 中列出了几种常用的位移函数形式,其中选取项数的多少应由计算精度方面的要求决定,一般取 2 ~3 项就可以得到良好的结果。若位移函数多取一项,所求得的压杆临界荷载与原先值相差不大,则说明所求得的临界荷载已接近于精确值。

满足位移边界条件的常用级数　　表 7-2

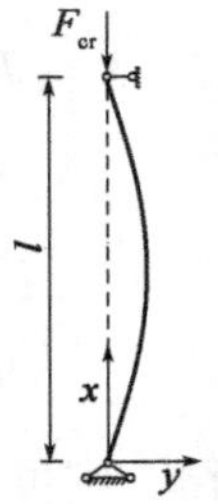	(a) $y = a_1\sin\frac{\pi x}{l} + a_2\sin\frac{2\pi x}{l} + a_3\sin\frac{3\pi x}{l} + \cdots$ (b) $y = a_1x(l-x) + a_2x^2(l-x) + a_3x(l-x)^2 + a_4x^2(l-x)^2 + \cdots$
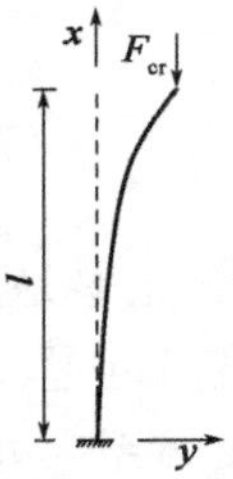	(a) $y = a_1\left(1-\cos\frac{\pi x}{2l}\right) + a_2\left(1-\cos\frac{3\pi x}{2l}\right) + a_3\left(1-\cos\frac{5\pi x}{2l}\right) + \cdots$ (b) $y = a_1\left(x^2-\frac{x^3}{3l}\right) + a_2\left(x^2-\frac{x^4}{6l^2}\right) + a_3\left(x^2-\frac{x^5}{10l^3}\right) + \cdots$
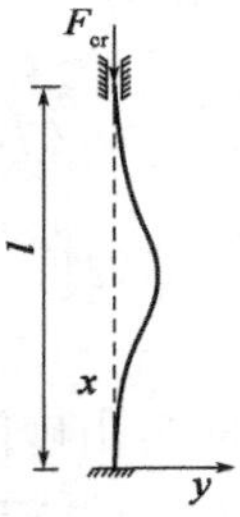	(a) $y = a_1\left(1-\cos\frac{2\pi x}{l}\right) + a_2\left(1-\cos\frac{6\pi x}{l}\right) + a_3\left(1-\cos\frac{10\pi x}{l}\right) + \cdots$ (b) $y = a_1x^2(l-x)^2 + a_2x^3(l-x)^3 + \cdots$
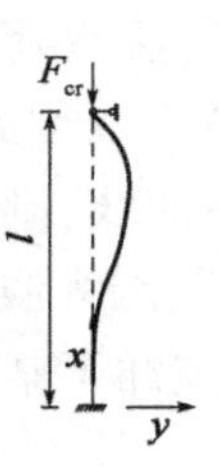	$y = a_1x^2(l-x) + a_2x^3(l-x) + \cdots$

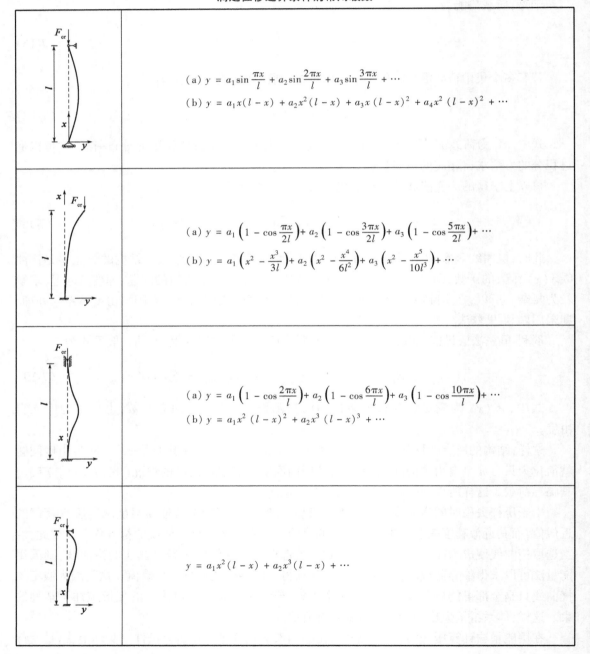

例 7-9 试选用不同的位移函数,用能量法计算图 7-10a) 所示等截面悬臂梁的临界荷载,并分析计算结果。

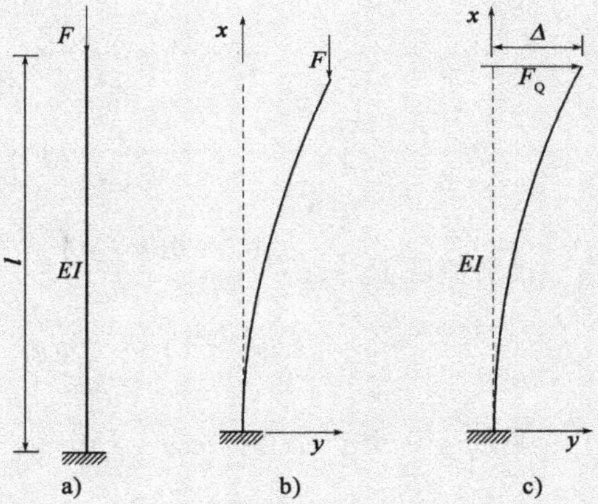

图 7-10 计算简图

解:悬臂柱失稳时[图 7-10b)]的位移边界条件为:在 $x=0$ 处, $y=0$、$y'=0$。以下选取四种满足边界条件的挠曲线进行计算。

(1)设 $y=a_1\left(1-\cos\frac{\pi x}{2l}\right)$

这相当于仅取三角级数的首项。可以验证它满足悬臂梁的边界条件,有:

$$y'=\frac{\pi a_1}{2l}\sin\frac{\pi x}{2l} \qquad y''=\frac{\pi^2 a_1}{4l^2}\cos\frac{\pi x}{2l}$$

求得:

$$V_\varepsilon=\frac{1}{2}\int_0^l EI\,(y'')^2\mathrm{d}x=\frac{\pi^4 EI a_1^2}{64l^3}$$

$$V_\mathrm{F}=-\frac{F}{2}\int_0^l (y')^2\mathrm{d}x=-\frac{\pi^2 a_1^2}{16l}F$$

由势能驻值条件 $\frac{\mathrm{d}V}{\mathrm{d}a_1}=\frac{\mathrm{d}(V_\varepsilon+V_\mathrm{F})}{\mathrm{d}a_1}=0$,得:

$$\left(\frac{\pi^2 EI}{4l^2}-F\right)a_1=0$$

为使方程取得非零解,要求 a_1 的系数为零,得:

$$F_\mathrm{cr}=\frac{\pi^2 EI}{4l^2}=2.467\frac{EI}{l^2}$$

以上求得的临界荷载与按静力法求得的临界荷载精确值完全相同。这说明了假设的位移函数 $y=a_1\left(1-\cos\frac{\pi x}{2l}\right)$ 恰好符合该压杆失稳时真实的变形曲线。

(2)设 $y=a_1\left(x^2-\frac{x^3}{3l}\right)$

这是在悬臂柱端部作用一横向力[图 7-10c)]时柱子变形曲线的一般形式,它也满足悬臂梁的边界条件。当横向力为 F_Q 时, $a_1=\frac{F_\mathrm{Q}l}{2EI}$。因失稳临界荷载取决于变形曲线的形状,所以与未知参数 a_1 的值无关。此时,有:

$$y'=a_1\left(2x-\frac{x^2}{l}\right) \qquad y''=2a_1\left(1-\frac{x}{l}\right)$$

求得：

$$V_\varepsilon = \frac{1}{2}\int_0^l EI\,(y'')^2\mathrm{d}x = \frac{2EIl}{3}a_1^2$$

$$V_\mathrm{F} = -\frac{F}{2}\int_0^l (y')^2\mathrm{d}x = -\frac{4Fl^3}{15}a_1^2$$

由势能驻值条件 $\frac{\mathrm{d}V}{\mathrm{d}a_1} = \frac{\mathrm{d}(V_\varepsilon + V_\mathrm{F})}{\mathrm{d}a_1} = 0$，得：

$$\left(\frac{2EIl}{3} - \frac{4Fl^3}{15}\right)a_1 = 0$$

因 $a_1 \neq 0$，解得临界荷载：

$$F_\mathrm{cr} = \frac{2EIl}{3}\Big/\frac{4l^3}{15} = \frac{2.5EI}{l^2}$$

与临界荷载的精确值相比仅偏高约 1.32%。

另外压杆的弯曲应变能也可通过横向力 F_Q 所做的功计算得到，即：

$$V_\varepsilon = \frac{1}{2}F_\mathrm{Q}\Delta = \frac{F_Q}{2}\cdot\frac{F_Q l^3}{3EI} = \frac{2EIl}{3}a_1^2$$

(3)设 $y = a_1x^2 + a_2x^3$

这是由一般三次抛物线方程考虑位移边界条件后得到的三次函数，它满足悬臂梁边界条件，它包含 a_1 和 a_2 两个广义坐标。此时，有：

$$y' = 2a_1x + 3a_2x^2 \qquad y'' = 2a_1 + 6a_2x$$

$$V_\varepsilon = \frac{1}{2}\int_0^l EI\,(y'')^2\mathrm{d}x = 2EIl(a_1^2 + 3a_1a_2l + 3a_2^2l^2)$$

$$V_\mathrm{F} = -\frac{F}{2}\int_0^l (y')^2\mathrm{d}x = -\frac{Fl^3}{30}(20a_1^2 + 45a_1a_2l + 27a_2^2l^2)$$

由势能驻值条件 $\frac{\partial V}{\partial a_1} = \frac{\partial(V_\varepsilon + V_\mathrm{F})}{\partial a_1} = 0$ 和 $\frac{\partial V}{\partial a_2} = \frac{\partial(V_\varepsilon + V_\mathrm{F})}{\partial a_2} = 0$，得：

$$\left.\begin{aligned} 2EIl(2a_1 + 3a_2l) - \frac{Fl^3}{30}(40a_1 + 45a_2l) = 0 \\ 2EIl^2(3a_1 + 6a_2l) - \frac{Fl^4}{30}(45a_1 + 54a_2l) = 0 \end{aligned}\right\}$$

令 $\alpha = \frac{Fl^2}{EI}$，则上式可改写为：

$$\left.\begin{aligned} (24 - 8\alpha)a_1 + l(36 - 9\alpha)a_2 = 0 \\ (20 - 5\alpha)a_1 + l(40 - 6\alpha)a_2 = 0 \end{aligned}\right\}$$

要使 a_1、a_2 不全为零，则上述方程的系数行列式应等于零，即：

$$\begin{vmatrix} 24 - 8\alpha & l(36 - 9\alpha) \\ 20 - 5\alpha & l(40 - 6\alpha) \end{vmatrix} = 0$$

将行列式展开，得：

$$3\alpha^2 - 104\alpha + 240 = 0$$

可求得最小正根：

$$\alpha = 2.486$$

于是，得：

$$F_{cr} = \alpha \frac{EI}{l^2} = 2.486 \frac{EI}{l^2}$$

与临界荷载的精确值相比仅偏高约0.75%。

以上计算结果表明：位移函数(2)和(3)虽同为三次抛物线，但因位移函数(3)含有两个广义坐标，所以计算精度较高。实际上函数(2)只是函数(3)所代表的曲线集合中的一个子集。

(4)设 $y = a_1 x^2$

这是由一般二次抛物线方程考虑位移边界条件后得到的函数。此时，有：

$$y' = 2a_1 x \qquad y'' = 2a_1$$

可见近似曲率 y'' 已成为常数，这与实际曲率为三角函数[本例题(1)]的情形相差甚远。此时，若采用式(7-13)，可求得压杆失稳时的弯曲应变能为：

$$V_{\varepsilon_1} = \frac{1}{2}\int_0^l EI(y'')^2 dx = 2EIla_1^2$$

根据所设的失稳挠曲线，在 $x = l$ 处，有 $y = a_1 l^2$。即在图7-5中 $\delta = a_1 l^2$，则压杆任一截面上的弯矩可表达为：

$$M(x) = -F(\delta - y) = -F(a_1 l^2 - y) = -Fa_1(l^2 - x^2)$$

代入式(7-11)可求得压杆的弯曲应变能为：

$$V_{\varepsilon_2} = \frac{1}{2}\int_0^l \frac{M(x)^2}{EI}dx = \frac{F^2 a_1^2}{2EI}\int_0^l (l^2 - x^2)^2 dx = \frac{4F^2 l^5}{15EI}a_1^2$$

压杆失稳时的荷载势能为：

$$V_F = -\frac{F}{2}\int_0^l (y')^2 dx = -\frac{2Fl^3}{3}a_1^2$$

当应变能取 V_{ε_1} 时，由势能驻值条件 $\frac{d(V_\varepsilon + V_F)}{da_1} = 0$，并取 $a_1 \neq 0$，可得：

$$F_{cr1} = \frac{3EI}{l^2}$$

其误差达21.59%。当应变能取 V_{ε_2} 时，得：

$$F_{cr2} = \frac{2.5EI}{l^2}$$

该值仅比临界荷载的精确值偏高约1.32%。造成上述明显差异的原因是，当位移函数为较简单的近似曲线时，其二阶导数的误差一般远大于位移本身的误差。此时，若能将杆件截面弯矩 $M(x)$ 用 y 表达后，直接利用式(7-11)计算弯曲应变能，则所求得临界荷载的精度通常明显高于利用式(7-13)时的计算结果。由于同样的原因,在连续体有限单元位移法中,位移的计算精度一般要高于由位移求导后得到的应力计算精度。

例 7-10 图 7-11a)所示为等截面压杆 AB 受均布自重荷载 q 和作用于 C 点的轴向荷载 ql 作用,试用能量法计算临界荷载 q_{cr}。

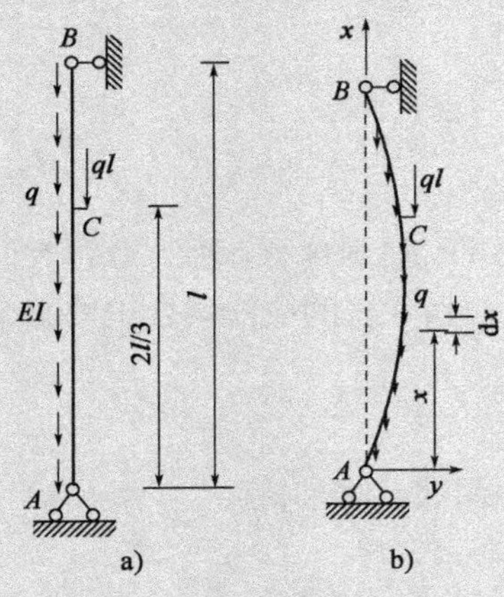

图 7-11　等截面压杆

解:设位移函数为

$$y = ax(l^2 - x^2)$$

满足图 7-11b)所示在 $x = 0$ 和 $x = l$ 处,$y = 0$ 的位移边界条件,且有:

$$y' = a(l^2 - 3x^2) \qquad y'' = -6ax$$

压杆挠曲时的应变能为:

$$V_\varepsilon = \frac{1}{2}\int_0^l EI\,(y'')^2 \mathrm{d}x = 6EIl^3a^2$$

由图 7-11b)及式(7-14)可知,压杆上任一微段 dx 因倾角 θ 而引起的轴向位移为 $\frac{1}{2}(y')^2\mathrm{d}x$。当受到沿杆长均匀分布的自重荷载为 q 作用时,上述微段以上部分的自重荷载为 $q(l-x)$,因而相应的微段荷载势能为:

$$\mathrm{d}V_{F1} = -\frac{1}{2}q(l-x)\,(y')^2\mathrm{d}x$$

沿杆件全长积分,即可得出均布自重荷载的势能为:

$$V_{F1} = -\frac{1}{2}\int_0^l q(l-x)\,(y')^2\mathrm{d}x = -\frac{1}{2}\int_0^l q(l-x)a^2\,(l^2-3x^2)^2\mathrm{d}x = -\frac{3ql^6}{20}a^2$$

作用于 C 点的集中荷载 ql 的势能为:

$$V_{F2} = -\frac{ql}{2}\int_0^{\frac{2l}{3}}(y')^2\mathrm{d}x = -\frac{ql}{2}\int_0^{\frac{2l}{3}}a^2\,(l^2-3x^2)^2\mathrm{d}x = -\frac{7ql^6}{45}a^2$$

压杆的总势能等于上述各项势能之和,为:

$$V = V_\varepsilon + V_{F1} + V_{F2} = \left[6EI - \left(\frac{3}{20}+\frac{7}{45}\right)ql^3\right]l^3a^2$$

由势能驻值条件 $\frac{\mathrm{d}V}{\mathrm{d}a} = 0$,考虑到 a 不为 0,可得:

$$2\left[6EI - \left(\frac{3}{20}+\frac{7}{45}\right)ql^3\right]l^3 = 0$$

即求得压杆的临界荷载为:

$$q_{cr} = \frac{6EI}{\left(\frac{3}{20}+\frac{7}{45}\right)l^3} = 19.64\,\frac{EI}{l^3}$$

由此可见,能量法确定临界荷载的计算步骤如下:

(1)假设失稳形式;

(2)计算结构总势能,根据势能驻值原理建立位移或位移参变量为未知量的方程(或方程组);

(3)由位移非零解的条件,得到特征方程或稳定方程;

(4)解此特征方程,求特征值,即特征荷载;

(5)由最小的特征荷载确定临界荷载。

7.3 动 力 法

现在来研究对于初始平衡状态给予某一微小扰动时而引起的体系运动。

假定在悬臂梁(图7-12)梁端作用有竖直向下的压力 F(这里不考虑梁的质量),当作用力较小时,梁将受压,保持直线形状。如果使梁端稍微偏离原来的位置(施加微小扰动),然后放松,则梁将在竖直位置附近发生摆动。如果所讨论的是保守体系,其约束反力和阻力所做的功都等于零,这样的体系将在原平衡位置做固有振动(图7-12中虚线所示)。摆动的频率将随压力的大小而有所不同。当压力增加时,频率将减小(见4.3节);当压力达到某一临界值时,微小摆动的频率将会减小至零。此时杆件将处于随遇平衡状态。在这种情况下,稳定问题转化为自振频率等于零的状态,这就是研究平衡稳定性的动力准则。利用该准则确定临界荷载的方法称为动力法。

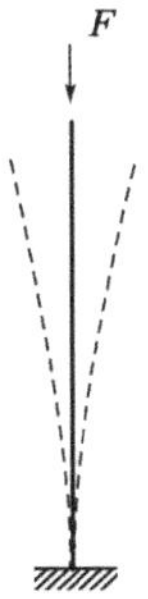

图 7-12

下面举两个例子来加以说明。

例7-11 设图7-13所示刚性杆的总质量为 M,沿杆长均匀分布,已知弹性支座的转动刚度为 k_φ,求结构的临界荷载。

解:取刚性杆任意微段 $\mathrm{d}x$ 为研究对象,其质量为:

$$\mathrm{d}m = \frac{M}{l}\mathrm{d}x$$

若杆件振动的转角为 φ,则微段切向惯性力大小为:

$$\mathrm{d}F_\mathrm{I}^\tau = -\frac{\mathrm{d}^2\varphi}{\mathrm{d}t^2}x\mathrm{d}m = \frac{-M}{l}\frac{\mathrm{d}^2\varphi}{\mathrm{d}t^2}x\mathrm{d}x \tag{a}$$

法向惯性力通过转轴,可以不考虑。则由作用在体系上的所有力(包括惯性力)对杆下端转轴之力矩代数和为零的条件(动平衡方程),可写出体系的运动方程如下:

$$\int x\mathrm{d}F_\mathrm{I}^\tau - k_\varphi\varphi + Fl\sin\varphi = 0 \tag{b}$$

将式(a)代入式(b)得:

$$\int_0^l x\left(\frac{M}{l}\frac{\mathrm{d}^2\varphi}{\mathrm{d}t^2}x\mathrm{d}x\right) + k_\varphi\varphi - Fl\sin\varphi = 0 \tag{c}$$

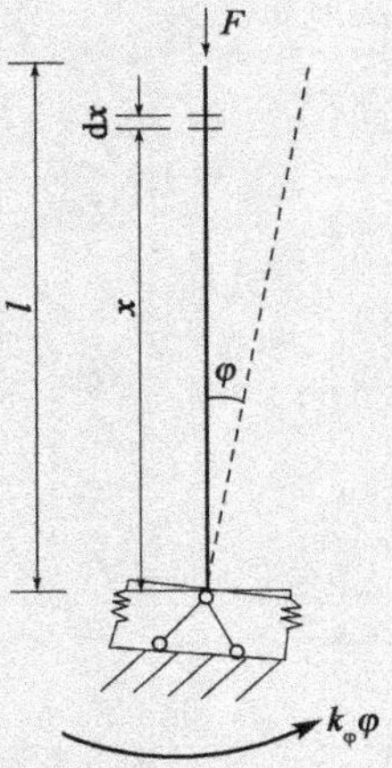

图 7-13

注意到小位移情况下取 $\sin\varphi \approx \varphi$，式(c)可写为：

$$\frac{d^2\varphi}{dt^2}\int_0^l \frac{M}{l}x^2 dx + k_\varphi \varphi - Fl\varphi = 0 \tag{d}$$

其中，定积分

$$\int_0^l \frac{M}{l}x^2 dx = \frac{M}{3}l^2$$

代入式(d)并整理得：

$$\frac{d^2\varphi}{dt^2} + \frac{k_\varphi - Fl}{Ml^2/3}\varphi = 0 \tag{e}$$

其一般解为：

$$\varphi = A\cos\omega t + B\sin\omega t$$

式中，

$$\omega^2 = \frac{k_\varphi - Fl}{Ml^2/3} \tag{f}$$

ω 为体系的固有振动频率。

根据动力准则，在临界状态时，$\omega = 0$。于是由式(f)可得：

$$F_{cr} = \frac{k_\varphi}{l} \tag{g}$$

例 7-12 利用动力法求图 7-4 所示两端铰接简支梁的稳定荷载。

解：由第 4 章式(4-29)可知承受轴压力 F 的简支梁的振动方程为：

$$EI\frac{\partial^4 y(x,t)}{\partial x^4} + F\frac{\partial^2 y(x,t)}{\partial x^2} + m\frac{\partial^2 y(x,t)}{\partial t^2} = 0 \tag{a}$$

按照前面变量分离法思想，并代入简支梁边界条件可以得到结构的频率为：

$$\omega_n = \frac{n^2\pi^2}{l^2}\sqrt{\frac{EI}{m}}\sqrt{1 - \frac{F}{n^2\pi^2 EI/l^2}} \tag{b}$$

由式(b)可知，体系第 n 阶振动频率等于零的条件是：

$$1 - \frac{F}{\frac{n^2\pi^2 EI}{l^2}} = 0$$

即

$$F = \frac{n^2\pi^2 EI}{l^2} \tag{c}$$

取 $n=1$，由此可以得到稳定临界荷载：

$$F_{cr} = \frac{\pi^2 EI}{l^2} \tag{d}$$

由此可见，动力法确定临界荷载的计算步骤如下：

(1)假定体系由于某种原因在所讨论的平衡位置附近做微小的自由振动，写出振动方程，并求出其振动频率的表达式。

(2)根据体系处于临界状态时频率等于零这一条件确定临界荷载。

应该指出,前面讨论体系的平衡稳定性时,荷载局限于保守力,此时体系上的力所做的功,与力作用点移动的路径无关,而只取决于力作用点的初始位置和最终位置。这样,计算临界荷载时,只需考虑体系的最终屈曲形式而无须考虑达到此屈曲形式的变形过程。在上述情况下,无论采用静力法或能量法,均可得到正确的结果。但对于非保守力作用下的稳定问题,则必须考虑变形过程,并用动力准则来研究。

如图7-14所示的悬臂等截面杆件在其自由端受非保守力 F 作用,屈曲时它总是沿着弹性曲线的切线方向。这种非保守力又称为随动力。现将力 F 分解为竖向分力 V 和水平分力 H 两个分量。当挠度很小因而其端点切线转角也很小时,可认为竖向分力 V 是不变的(即 $V=F$),这就是上述保守力的情况。在非保守力作用的情况下,则需考虑水平分力 H 的影响。显然,由于水平分力 H 总是指向原来的平衡位置,杆件在随动力作用下的临界荷载将会提高。具体计算可参考文献[12]。

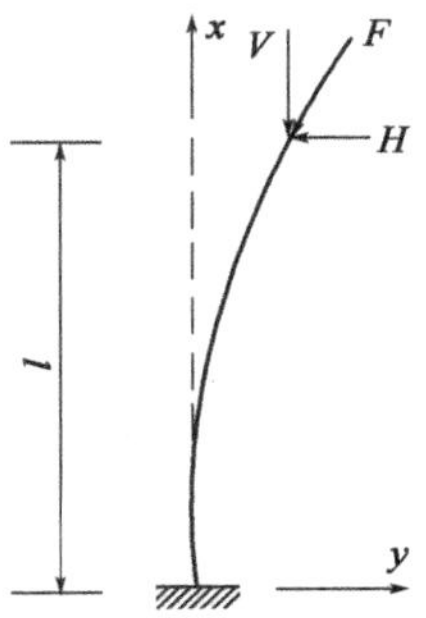

图 7-14

思考题

7-1 稳定问题的分析方法有哪些?

7-2 结构丧失第一类稳定性的临界荷载是如何确定的?

7-3 欧拉公式的适用范围是什么?

7-4 试比较用静力法和能量法分析第一类稳定问题的基本原理与方法的异同点。

7-5 利用瑞利-里兹法求解结构稳定问题时,对假设的挠曲线都有哪些要求?

7-6 理想弹性压杆丧失第一类稳定时其临界荷载的大小取决于哪些因素?何为压杆的计算长度?

练习题

7-1 试用静力法求题7-1图所示体系的稳定方程和临界荷载。

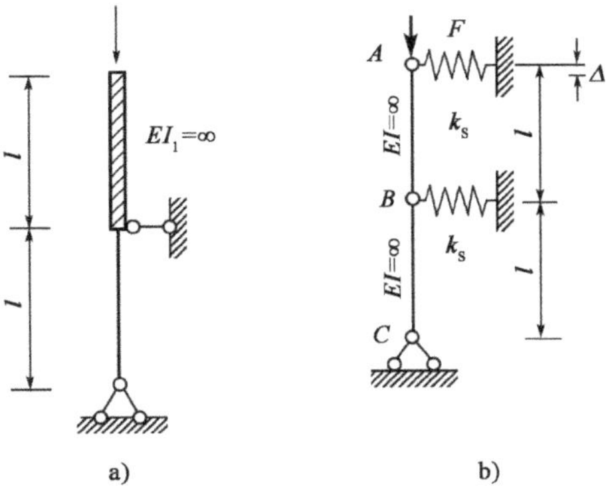

题 7-1 图

7-2　试用能量法求题7-2图所示体系的临界荷载。[设图a)中 $y(x)=a\left(x^2-\dfrac{x^3}{3l}\right)$，图b)中 $y(x)=a\left(x^2-\dfrac{x^3}{3l}\right)$，图c)中 $y(x)=a_1x^2+a_2x^3$]

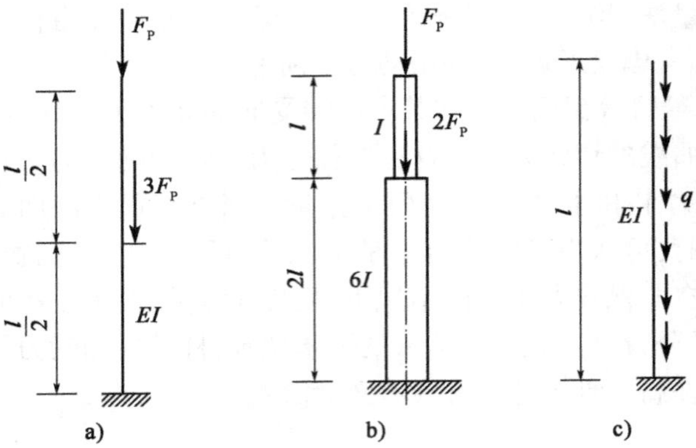

题　7-2 图

7-3　已知杆截面的惯性矩 $I=I_0\left(1+\sin\dfrac{\pi x}{l}\right)$。试用能量法求解题7-3图所示变截面简支杆的临界荷载。

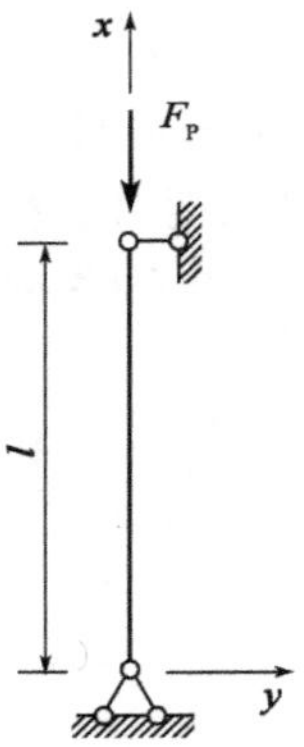

题　7-3 图

第 8 章

有初始缺陷受压构件的稳定

上章讲的都是理想中心压杆的屈曲。事实上,由于材料、制造、安装、运输和构造等原因,任何中心压杆都会存在初始弯曲和初始偏心。因此,在受力过程中,即使在 F 远小于 F_{cr} ,挠度就已经开始产生。当 F 接近 F_{cr} 时,挠度则增加很快。实际中心压杆的失稳与理想压杆不同,不存在平衡分支现象,即不属于屈曲失稳。实际中心压杆能承受的最大轴力称为稳定极限承载力,即为实际中心压杆的临界压力 F_{cr} 。

实际中心压杆的受力属于偏心受压,它的稳定极限承载力可用数值分析法按偏心受压计算。理论计算表明,实际中心压杆的临界应力 σ_{cr} 除与杆件的长细比 λ 有关外,还与杆件的残余应力、初挠度、初偏心及失稳的方向等有关。

8.1 初始弯曲的影响

杆件由于制造和安装上的种种原因,总会存在轴心线的初始弯曲。如图 8-1 所示,两端铰接压杆的形心轴在加载之前就已经弯曲,假设其初弯曲的形状为:

$$y_0 = f_0 \sin \frac{\pi x}{l}$$

若加载后附加挠度为 y ,则荷载产生的弯曲应变应由曲率 y'' 变化引起,而不是由总曲率 $y''_0 + y''$ 引起。由静力平衡条件,x 截面处的内力矩等于外力矩,得:

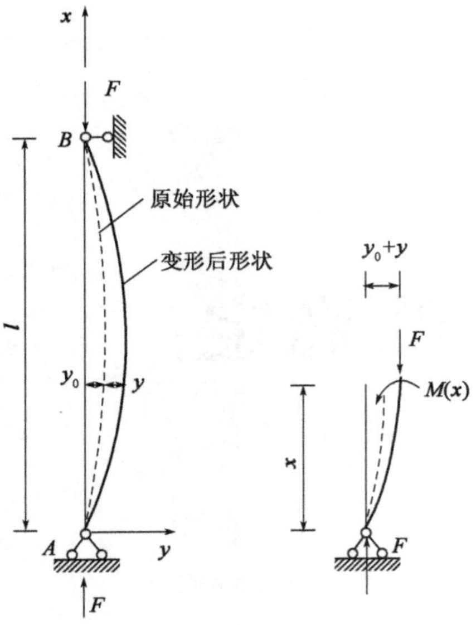

图 8-1 压杆初弯曲影响分析

$$M(x) = F(y + y_0)$$

同时有 $M(x) = -EIy''$，由 $y_0 = f_0\sin\frac{\pi x}{l}$ 和 $k^2 = \frac{F}{EI}$，则有：

$$y'' + k^2 y = -k^2 f_0 \sin\frac{\pi x}{l} \tag{8-1}$$

方程(8-1)对应的齐次方程通解为：

$$y_c = A\cos kx + B\sin kx \tag{8-2}$$

特解为：

$$y_p = C\cos\frac{\pi x}{l} + D\sin\frac{\pi x}{l} \tag{8-3}$$

将式(8-3)代入式(8-1)，合并同类项，可得：

$$\left[C\left(k^2 - \frac{\pi^2}{l^2}\right)\right]\cos\frac{\pi x}{l} + \left[D\left(k^2 - \frac{\pi^2}{l^2}\right) + k^2 f_0\right]\sin\frac{\pi x}{l} = 0 \tag{a}$$

对于一切 x 值，仅当余弦项和正弦项前的系数都为零时，上式才能满足。因此：

$$\left.\begin{aligned} &k^2 = \pi^2/l^2 \text{ 或 } C = 0 \\ &D\left(k^2 - \frac{\pi^2}{l^2}\right) + k^2 f_0 = 0 \end{aligned}\right\} \tag{b}$$

如果式(b)中第一式中取 $k^2 = \pi^2/l^2$，则由式(b)中的第二式可知 $k = 0$，即 $F=0$，不是所要研究的，因此必须式(b)中的第一式中的 $C=0$，即由式(8-3)可知特解 $y_p = D\sin\frac{\pi x}{l}$。

由式(b)的第二式可得：

$$D = \frac{f_0}{\left(\frac{\pi}{kl}\right)^2 - 1} = \frac{f_0}{\frac{F_E}{F} - 1} = \frac{f_0}{\frac{1}{\eta} - 1} = \frac{\eta f_0}{1 - \eta}$$

式中，$\eta = F/F_E$，F_E 为欧拉荷载。由此可得方程(8-1)的全解为：

$$y = y_c + y_p = A\cos kx + B\sin kx + D\sin\frac{\pi x}{l} = A\cos kx + B\sin kx + \frac{\eta f_0}{1-\eta}\sin\frac{\pi x}{l} \tag{8-4}$$

式中，A 和 B 由边界条件确定。

由图 8-1 可知，当 $x = 0$ 时，$y = 0$，代入式(8-4)，可得 $A=0$；

当 $x = l$ 时，$y = 0$，代入式(8-4)，可得 $B\sin kl = 0$，即 $B=0$。

于是式(8-4)变为：

$$y = \frac{\eta}{1-\eta} f_0 \sin\frac{\pi x}{l} \tag{8-5}$$

从上述求解过程可以看出，利用边界条件并不能得到稳定方程的解并求出临界力，不妨分析荷载-挠度曲线，从中找出临界力。

在 F 作用下，杆件任一点的总挠度为：

$$y_0 + y = \left(1 + \frac{\eta}{1-\eta}\right) f_0 \sin\frac{\pi x}{l} = \frac{1}{1-\eta} f_0 \sin\frac{\pi x}{l}$$

从而压杆中点($x = l/2$ 处)的总挠度为:

$$\delta = \frac{1}{1-\eta} f_0 = \frac{1}{1 - F/F_E} f_0 \tag{8-6}$$

上式表明荷载 F 与压杆中点位移 δ 之间的关系。图 8-2 是表示这种关系的 F-δ 曲线,从图 8-2 中可以看到初弯曲下的轴心受压柱实际上是极值点失稳问题,初弯曲降低了轴心压杆的承载力。

初弯曲轴心压杆的特性:一旦施加荷载,压杆即产生弯曲,在 F-δ 曲线图中,曲线的起始点不在原点。初弯曲 f_0 越大,压杆中点的挠度 δ 也越大,承载能力降低也越显著。由于材料不是无限弹性的,图中曲线只在 $\delta < l/10$ 时才有效,而且有初弯曲的轴压杆的承载力总是小于 F_E。

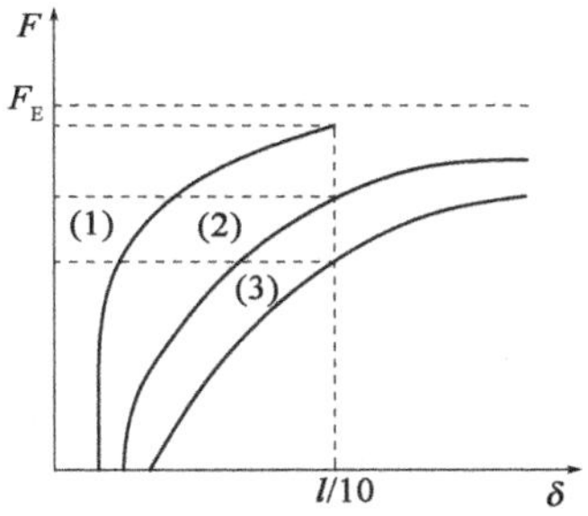

图 8-2　F-δ 曲线

8.2　初偏心的影响

现在讨论具有初始偏心的两端铰接压杆,建立如图 8-3 所示坐标系,在压杆任意截面处,由截面的平衡关系可得:

$$M(x) = F(e + y)$$

同时注意到 $M(x) = -EIy''$,由此可得方程:

$$-EIy'' = Fy + Fe$$

令 $k^2 = \dfrac{F}{EI}$,则有:

$$y'' + k^2 y = -k^2 e \tag{8-7}$$

该方程对应的齐次方程通解为 $y_c = A\cos kx + B\sin kx$,特解为 $y_p = -e$,则式(8-7)的全解为:

$$y = y_c + y_p = A\cos kx + B\sin kx - e \tag{8-8}$$

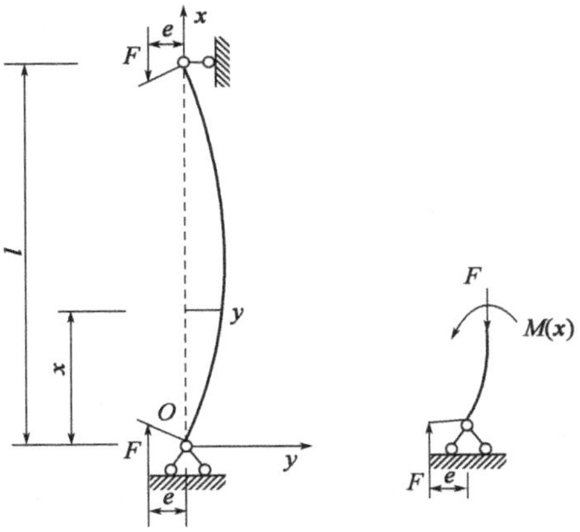

图 8-3　具有初始偏心铰接压杆

由压杆边界条件:$x = 0, y = 0, x = l, y = 0$ 可得

$$\begin{cases} A - e = 0 \\ A\cos kl + B\sin kl - e = 0 \end{cases}$$

由此可得:

$$\begin{cases} A = e \\ B = \dfrac{1 - \cos kl}{\sin kl} e \end{cases}$$

故 $y = e\left(\cos kx + \dfrac{1 - \cos kl}{\sin kl}\sin kx - 1\right)$

有初始偏心的轴心受压构件的稳定问题也属于极值点失稳,对此类问题需要求出荷载-挠度曲线,从而得出临界荷载以及分析偏心对极限荷载的影响。

由压杆的挠度曲线可得压杆中点的最大挠度为：

$$\delta = y_{\max} = e\left(\cos\frac{kl}{2} + \frac{1-\cos kl}{\sin kl}\sin\frac{kl}{2} - 1\right) = e\left(\frac{1}{\cos\frac{kl}{2}} - 1\right)$$
$$= e\left(\sec\frac{kl}{2} - 1\right) = e\left[\sec\left(\frac{\pi}{2}\sqrt{\frac{F}{F_E}}\right) - 1\right] \tag{8-9}$$

利用三角级数展开式：

$$\sec\frac{kl}{2} = 1 + \frac{1}{2}\left(\frac{kl}{2}\right)^2 + \frac{5}{24}\left(\frac{kl}{2}\right)^4 + \cdots$$

则式(8-9)可以近似表达为：

$$\delta = \frac{1.234\dfrac{F}{F_E}}{1 - \dfrac{F}{F_E}}e$$

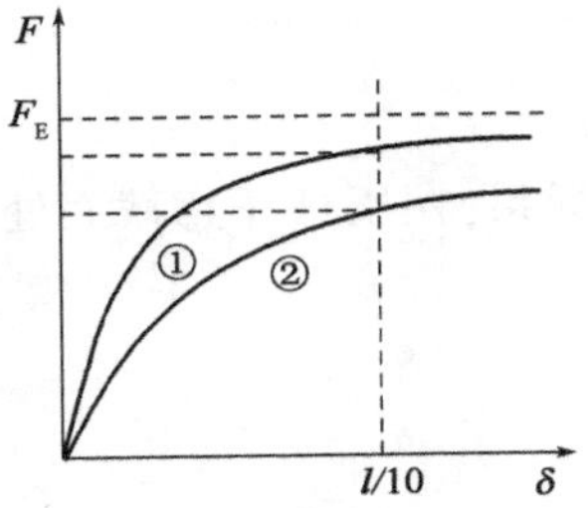

图 8-4　F-δ 曲线

上式表明了荷载 F 与位移 δ 之间的关系。图 8-4 是表示这种关系的 F-δ 曲线，图中曲线②的初偏心 e 大于曲线①的初偏心 e 。从图 8-4 中可以看到：

(1)当构件为完全弹性杆时，荷载-挠度曲线以 $F = F_E$ 为渐近线，实际上由于初始偏心产生的弯矩使构件常处于弹塑性状态，因此荷载-挠度曲线呈现图中的极值点失稳形态。

(2)初偏心降低了轴心压杆的承载力，这与初弯曲情况相近。由于初弯曲、初偏心对受压构件的影响均导致出现极值点失稳现象，都使构件的承载能力有所降低，两种影响并无本质区别，因此，在确定实际构件的承载力时，通常将两者的影响一并考虑。

8.3　残余应力的影响

钢质杆件在制造和加工过程中，由于局部的塑性变形、不均匀冷却和冷加工等的影响，在未受到荷载作用之前，构件截面上已残留有自相平衡的应力，这种应力称为残余应力 σ_r 。残余应力可以通过实际测量获得，热轧型钢中残余应力的分布主要取决于截面的几何形状和各部分尺寸的比例。图 8-5b)示出了工字形截面翼缘的残余应力，翼缘中部为残余拉应力，翼缘上残余应力分布规律简化为直线，并忽略腹板残余拉应力的影响。

残余应力的存在对压杆的临界荷载有影响，当压杆失稳时的平均应力 σ_{cr} 与残余应力 σ_r 之和小于屈服应力 σ_y 时，压杆为弹性状态，应力-应变呈直线，变形模量仍为弹性模量，其临界应力与无残余应力时的相同。而当平均应力 σ_{cr} 与残余应力 σ_r 之和大于屈服应力 σ_y 时，压杆截面将出现塑性区，应力-应变为非线性关系，变形模量为切向模量，此时压杆能抵抗弯曲变形的只是杆件截面弹性区的材料，最后当平均应力 $\sigma_{cr} = F/A$ 达到屈服点 σ_y 时，塑性区就扩展至整个截面。以图 8-5c)中工字形截面压杆为例，由于翼缘出现了塑性区，截面的有效惯性矩将只是截面弹性区的惯性矩 I_e ，以两端铰接压杆为例，此时压杆的临界荷载为：

$$F_{cr}=\frac{\pi^2 EI_e}{l^2}=\frac{\pi^2 EI}{l^2}\cdot\frac{I_e}{I}=F_E\frac{I_e}{I} \tag{8-10}$$

临界应力为：

$$\sigma_{cr}=\frac{F_{cr}}{A}=\frac{\pi^2 EI}{l^2 A}\cdot\frac{I_e}{I}=\frac{\pi^2 E}{l^2}\cdot i^2\cdot\frac{I_e}{I}=\frac{\pi^2 E}{\lambda^2}\cdot\frac{I_e}{I} \tag{8-11}$$

式中，I_e/I 为压杆临界荷载的折减系数，$I_e/I<1$ 。

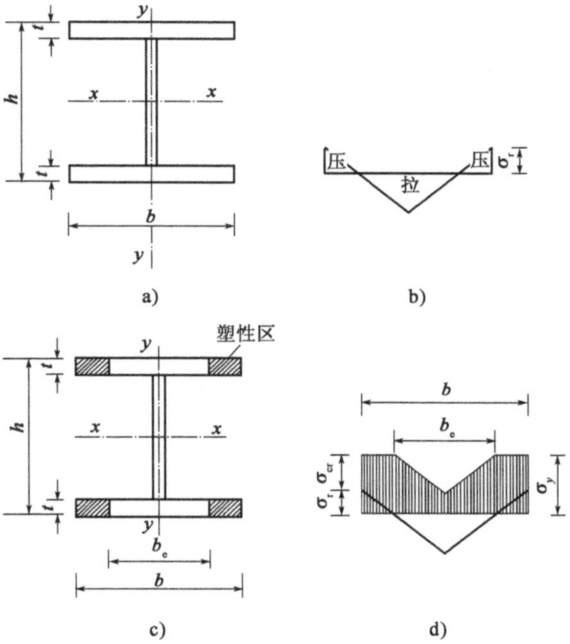

图 8-5　工字形截面压杆

下面讨论工字形截面轴心压杆残余应力对压杆临界荷载的影响，首先计算折减系数。当压杆失稳时，假设忽略压杆腹板的影响，则：

绕强轴（x 轴）弯曲时

$$\frac{I_e}{I}=\frac{2b_e t(h^2/2)^2}{2bt(h^2/2)^2}=\frac{A_e}{A}=\tau$$

绕弱轴（y 轴）弯曲时

$$\frac{I_e}{I}=\frac{2b_e^3 t/12}{2b^3 t/12}=\left(\frac{A_e}{A}\right)^3=\tau^3$$

式中，A 为压杆截面面积；A_e 为压杆弹性部分的截面面积；τ 为弹性区系数。

于是压杆的临界应力为：

绕强轴弯曲时

$$\sigma_{cr}=\frac{\pi^2 E}{\lambda^2}\tau \tag{8-12}$$

绕弱轴弯曲时

$$\sigma_{cr} = \frac{\pi^2 E}{\lambda^2}\tau^3 \tag{8-13}$$

由于 $\tau < 1$,上面计算表明当轴压杆件发生绕弱轴弯曲失稳时,残余应力对压杆临界应力的影响更大。τ 是 σ_{cr} 的函数, τ 与 σ_{cr} 之间的关系为:

$$\tau = \sqrt{\frac{\sigma_y}{\sigma_r}\left(1 - \frac{\sigma_{cr}}{\sigma_y}\right)} \tag{8-14}$$

式中,σ_y 为屈服应力。

将式(8-14)代入式(8-12)和式(8-13),则:

绕强轴弯曲时

$$\sigma_{cr} = \frac{\pi^2 E}{\lambda^2}\left[\frac{\sigma_y}{\sigma_r}\left(1 - \frac{\sigma_{cr}}{\sigma_y}\right)\right]^{\frac{1}{2}} \tag{8-15a}$$

绕弱轴弯曲时

$$\sigma_{cr} = \frac{\pi^2 E}{\lambda^2}\left[\frac{\sigma_y}{\sigma_r}\left(1 - \frac{\sigma_{cr}}{\sigma_y}\right)\right]^{\frac{3}{2}} \tag{8-15b}$$

根据式(8-15)即可用试算法确定计入残余应力影响时轴心压杆的临界应力。

通过上面的分析可知,残余应力将降低压杆的刚度,其原因是残余应力的存在,压杆的部分翼缘提前屈服,使压杆截面只有弹性部分能够继续承载。残余应力也将降低承载力,压杆的承载力降低多少取决于 I_e/I 比值的大小。残余应力的影响与杆件的截面形状、弹塑性区各部尺寸的比值、残余应力模式及峰值、失稳的方向等有关,长细比较小的钢质压杆应该考虑残余应力的影响。

思考题

8-1　工程构件中存在哪些初始缺陷?为什么通常只考虑两种缺陷?

练习题

8-1　题 8-1 图所示狭长矩形截面简支梁在 xy 平面内承受一对偏心压力 F 的作用,设 $Fe = M$ 。试求其临界荷载。

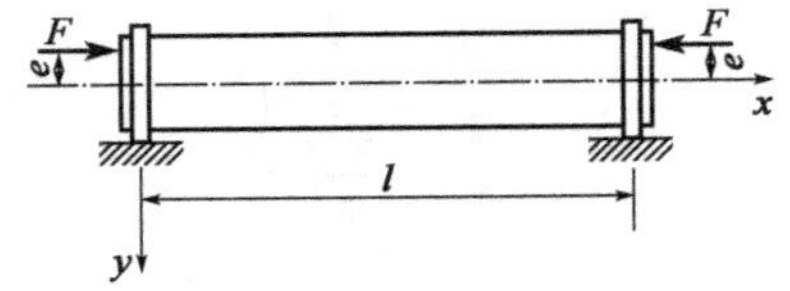

题　8-1 图

8-2 试证明题8-2图所示两端简支的偏心压杆跨度中点的挠度 $\delta = \frac{e_1 + e_2}{2}\left(\sec \frac{\pi}{2}\sqrt{\frac{F}{F_E}} - 1\right)$。

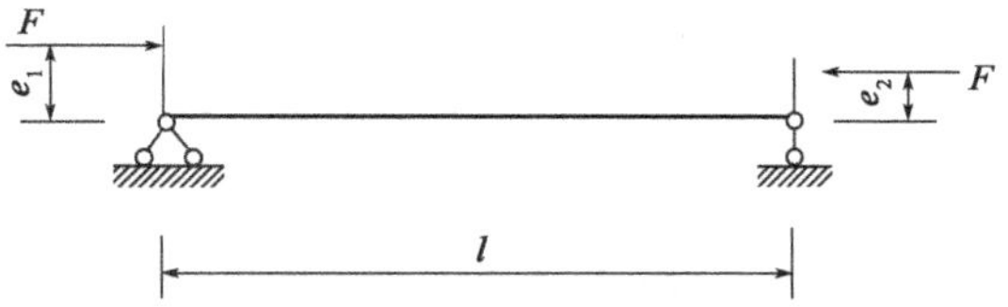

题 8-2 图

8-3 一根两端铰支的轴压杆，长度为 l，抗弯刚度为 EI，轴心压杆在受荷载前有初弯曲为 $y_0 = a\sin\frac{\pi x}{l} + 5a\sin\frac{2\pi x}{l}$，若使杆轴的 $x = \frac{3}{4}l$ 处挠度为零，则轴压力 P 等于多少？

第 9 章

* 组合压杆的稳定

由前面分析可知,压杆的临界荷载与杆件截面的惯性矩成正比,而与杆件计算长度的平方成反比。因此,为了提高压杆的稳定性,一方面可以采取增加杆件侧向支撑和强化支座约束的方法,另一方面可以设法增大杆件截面的惯性矩。于是,在工程中常采用组合压杆,以达到用较少的材料获得较大的截面惯性矩,从而提高压杆临界荷载的目的。本章将主要讨论组合压杆的稳定性计算。

9.1 组合压杆的基本概念

所谓组合压杆由作为承受荷载主要部件的肢杆和保证肢杆共同工作的缀件构成(图 9-1)。例如,钢桁桥中的压杆、施工塔架等,常采用组合压杆的形式。组合压杆可分双肢组合压杆、三肢组合压杆和四肢组合压杆。双肢组合压杆的肢杆常采用槽钢或工字钢等型钢。此外常见的还有采用三根钢管或四根角钢制作而成的三肢和四肢组合压杆。组合杆件通常有两种形式,即缀条式[图 9-2a)、b)]和缀板式[图 9-2c)]。前者是采用角钢或小型槽钢将肢杆联成桁架形式,缀条与肢杆的联结一般视为铰接,称为缀条式组合压杆;后者是采用条型钢板将肢杆联成封闭刚架形式,缀板与肢杆的联结视为刚结,称为缀板式组合压杆。本章主要讨论双肢压杆的临界荷载计算,其方法也同样适用于其他压杆稳定。

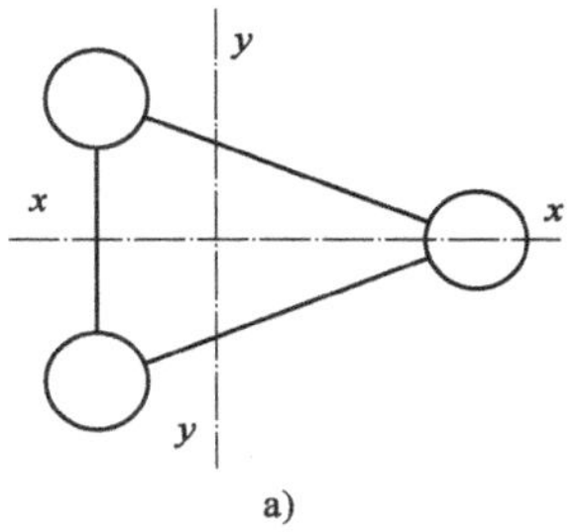

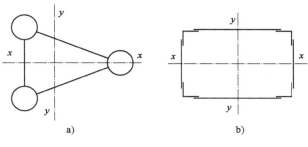

图 9-1　多肢组合压杆

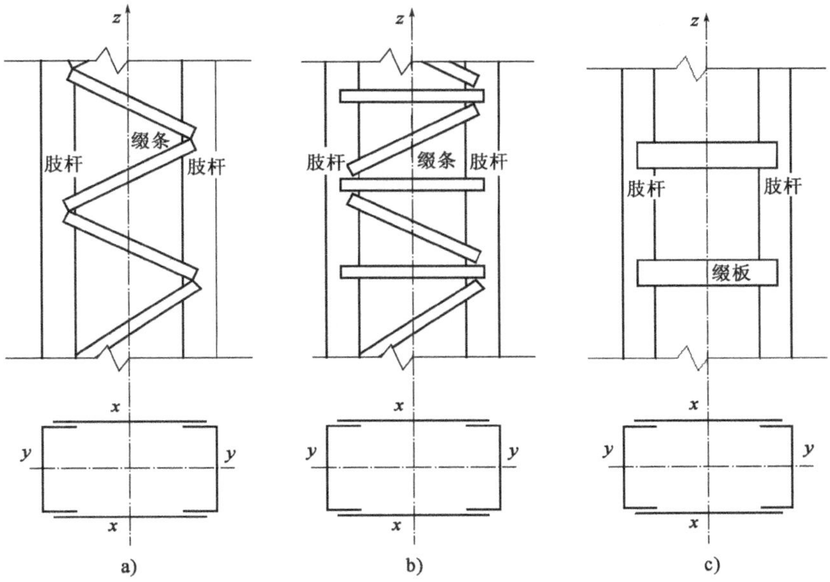

图 9-2　组合压杆

分析双肢组合压杆时，将图 9-2 所示截面中的 y-y 轴称为实轴，x-x 轴称为虚轴。当组合压杆绕实轴失稳时(在 x-z 平面内弯曲)，其临界荷载的计算与先前实腹压杆相同；当绕虚轴失稳时(在 y-z 平面内弯曲)，由于肢杆是由缀条或缀板相互联结的，由此形成的格构式压杆虽然整体截面惯性矩增大很多，但因整体剪切变形较大，使得临界荷载比相应的实腹压杆有明显降低。可见，组合压杆稳定性分析的关键在于确定整体剪切变形对其失稳临界荷载的影响。

9.2　剪切变形对临界荷载的影响

轴心受压的杆件在发生弯曲失稳时，杆件内力除有轴力和弯矩之外，还存在剪力。例如图 9-3a)所示处于弯曲平衡状态的两端铰接轴心受压杆，截面剪力是由柱两端向中央逐渐减小为零的。由此产生的剪切变形会增加杆件的侧向挠度，从而降低杆件的临界荷载。

现用 y_1 表示压杆因弯曲变形引起的挠度，y_2 表示因剪切变形引起的附加挠度，则压杆的实际挠度为：

$$y = y_1 + y_2$$

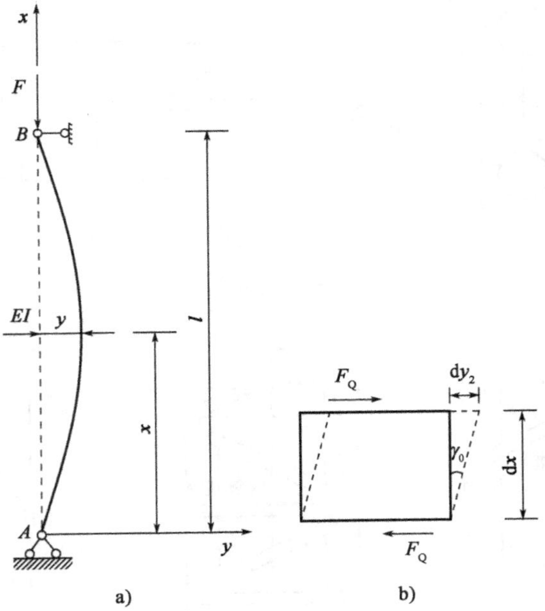

图 9-3　计算简图

压杆微段上由于剪切变形引起的杆轴附加转角可表示为 $\frac{dy_2}{dx}$ 。由图 9-3b)可知,这一附加转角就等于微段的平均剪切角 γ_0 ,即:

$$\gamma_0 = \frac{dy_2}{dx} = \frac{\tau}{G} = \frac{F_Q}{GA}$$

式中,G 为剪切弹性模量;A 为横截面面积;GA 表示剪切刚度。实际上剪力沿截面是不均匀分布的,引入修正系数 k ,于是,有:

$$\gamma_0 = k\frac{F_Q}{GA}$$

由此可求得杆件因剪切变形引起的转角为:

$$\frac{dy_2}{dx} = k\frac{F_Q}{GA} = \frac{k}{GA}\frac{dM(x)}{dx}$$

相应曲率为:

$$\frac{d^2y_2}{dx^2} = \frac{k}{GA}\frac{d^2M(x)}{dx^2} \tag{9-1}$$

杆件轴线的总曲率等于弯曲变形引起的曲率与式(9-1)所示剪切变形引起的曲率之和。于是,有:

$$\frac{d^2y}{dx^2} = \frac{d^2y_1}{dx^2} + \frac{d^2y_2}{dx^2} = -\frac{M}{EI} + \frac{k}{GA}\frac{d^2M(x)}{dx^2} \tag{9-2}$$

对于图 9-3a)所示的两端铰接受压杆有 $M(x) = Fy$,代入式(9-2)得:

$$EI\left(1 - \frac{kF}{GA}\right)y'' + Fy = 0 \tag{9-3}$$

这就是考虑剪切变形影响后压杆的挠曲微分方程。式(9-3)与不考虑剪切变形影响时的区别仅在于二阶导数项的系数含有因子 $\left(1-\dfrac{kF}{GA}\right)$。令

$$\alpha^2 = \frac{F}{EI\left(1-\dfrac{kF}{GA}\right)} \tag{9-4}$$

则方程的通解为：

$$y = A\cos\alpha x + B\sin\alpha x$$

根据边界条件 $x = 0$ 处，$y = 0$，$x = l$ 处，$y = 0$，可得稳定方程：

$$\sin\alpha l = 0$$

其最小正根为 $\alpha l = \pi$，代入式(9-4)，即可求得压杆的临界荷载为：

$$F_{cr} = \frac{\pi^2 EI}{l^2}\left(\frac{1}{1+\dfrac{\pi^2 EI}{l^2}\dfrac{k}{GA}}\right) = \frac{F_E}{1+F_E\cdot\dfrac{k}{GA}} \tag{9-5}$$

式中，$F_E = \dfrac{\pi^2 EI}{l^2}$ 为简支实腹压杆的欧拉临界荷载；式(9-5)括号内代表了因剪切变形影响的修正系数，它的值恒小于1；$\dfrac{k}{GA}$ 为因单位剪力所引起杆轴的平均剪切角 $\overline{\gamma}_0$。

剪切变形对于实腹压杆临界荷载的影响一般是很小的。在式(9-5)中，注意到

$$\frac{kF_E}{GA} = k\frac{\sigma_E}{G}$$

这里，σ_E 为欧拉临界应力。如果压杆为工字形截面的，截面系数 $k \approx 1$。取钢材的切变模量 $G = 80\text{GPa}$，并取临界应力 $\sigma_E = \sigma_P = 200\text{MPa}$ 接近钢材的比例极限的最不利状态，则可算得上述修正系数为0.9975，即压杆的临界荷载仅降低约0.25%。由此可见，在计算实腹压杆的临界荷载时，通常可以忽略剪切变形的影响。

对于组合压杆来说，所谓的剪切变形实际上是因剪力的作用，缀合杆和肢杆发生轴向或弯曲变形所引起的杆轴线微段上的剪切角。只要能求得组合压杆由单位剪力引起的上述剪切角并以此代替式(9-5)中实腹压杆的单位剪切角 $\dfrac{k}{GA}$，即可求得组合压杆的临界荷载。

9.3 缀条式组合压杆的稳定

缀条式双肢组合压杆有多种构成形式，例如图9-4a)、b)、c)所示，其横截面如图9-4d)所示。其中图9-4a)的形式是比较常用的，现以此为例说明缀条式组合压杆临界荷载的计算方法。

为计算组合压杆在单位剪力作用下的剪切角，可取压杆的一个节间进行分析。因缀条与肢杆联结成桁架形式，结点可视为铰接，计算简图如图9-4e)所示。当剪切角不大时，在单位剪力 $\overline{F}_Q = 1$ 作用下的剪切角：

$$\overline{\gamma} \approx \tan\overline{\gamma} = \frac{\delta_{11}}{d} \tag{9-6}$$

式中，δ_{11} 为单位剪力 $\overline{F}_Q = 1$ 所引起的侧移，按桁架位移计算的一般公式为：

$$\delta_{11} = \sum \frac{\overline{F}_N^2 l}{EA} \tag{9-7}$$

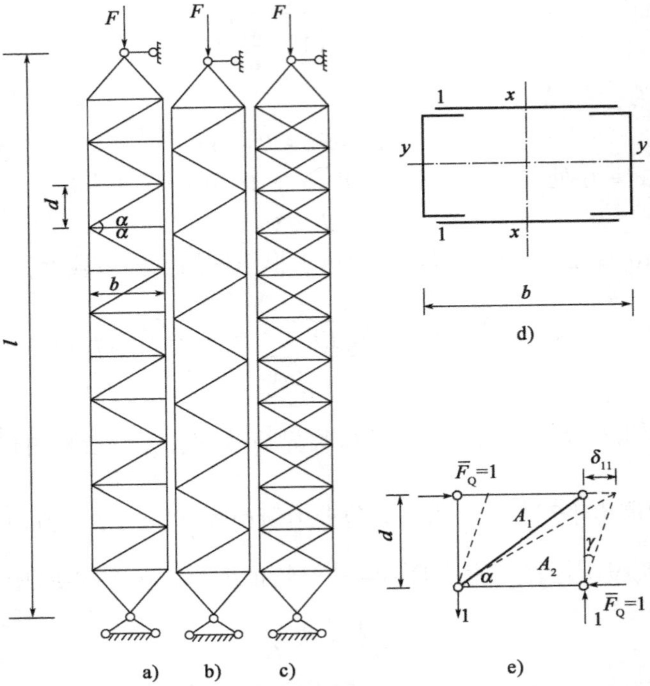

图 9-4　缀条式双肢组合压杆

一般组合压杆中肢杆的截面面积远大于缀条，因而在式(9-7)中可只计入缀条轴向变形的影响。缀条的横杆 $\overline{F}_N = -1$，杆长 $b = \dfrac{d}{\tan\alpha}$；截面面积为 A_2；斜杆 $\overline{F}_N = \dfrac{1}{\cos\alpha}$，杆长 $\dfrac{d}{\sin\alpha}$，截面面积为 A_1 。此外，还应注意到每相邻两节间共有一对横缀条，故在式(9-7)中只需计及计算简图中的一对横杆。由式(9-7)可得：

$$\delta_{11} = \frac{d}{E}\left(\frac{1}{A_1 \sin\alpha \cos^2\alpha} + \frac{1}{A_2 \tan\alpha}\right)$$

式中，α 为斜缀条的倾斜角；d 为节间长度。将上式代入式(9-6)，即可求得单位剪力所引起的剪切角：

$$\overline{\gamma} = \frac{1}{E}\left(\frac{1}{A_1 \sin\alpha \cos^2\alpha} + \frac{1}{A_2 \tan\alpha}\right) \tag{9-8}$$

将由式(9-8)表达的 $\overline{\gamma}$ 代替式(9-5)中实腹杆的单位剪切角 $\overline{\gamma}_0 = \dfrac{k}{GA}$，就可得到缀条式组合压杆临界荷载的近似计算公式为：

$$F_{cr} = \frac{F_{Ex}}{1 + \dfrac{F_{Ex}}{E}\left(\dfrac{1}{A_1 \sin\alpha \cos^2\alpha} + \dfrac{1}{A_2 \tan\alpha}\right)} \tag{9-9}$$

式中，$F_{Ex}=\frac{\pi^2 EI_x}{l^2}$ 为组合柱绕虚轴 x 失稳时按实腹压杆计算得到的欧拉临界荷载；分母括号中的第一项代表斜缀条变形影响，第二项代表横缀条变形影响。

引入记号 $\lambda=\frac{\mu l}{i}$，则有：

$$I_x = Ai_x^2 \quad \lambda_x=\frac{l}{i_x}$$

式中，A 为肢杆（主要杆件）截面面积；i_x 和 λ_x 分别为压杆整体如实腹构件工作时，对虚轴的截面回转半径和长细比。将以上两式代入式(9-9)，得：

$$F_{cr}=\frac{F_{Ex}}{1+\frac{\pi^2}{\lambda_x^2}\left(\frac{A}{A_1}\cdot\frac{1}{\sin\alpha\cos^2\alpha}+\frac{A}{A_2}\cdot\frac{1}{\tan\alpha}\right)} \tag{9-10}$$

由式(9-9)括号中可以看出，横缀条的变形对临界荷载的影响一般要比斜缀条小得多。因此，在近似计算中通常可以略去横缀条的变形影响。此时，式(9-10)可简化为：

$$F_{cr}=\frac{F_{Ex}}{1+\frac{\pi^2}{\lambda_x^2}\cdot\frac{A}{A_1}\cdot\frac{1}{\sin\alpha\cos^2\alpha}} \tag{9-11}$$

因在实际工程中，斜缀条的倾斜角 α 一般在 40° ~ 70° 之间，可以近似地取：

$$\frac{\pi^2}{\sin\alpha\cos^2\alpha}\approx 27$$

代入式(9-11)得：

$$F_{cr}=\frac{F_{Ex}}{1+\frac{27}{\lambda_x^2}\frac{A}{A_1}}=\frac{\pi^2 EI}{\left(\sqrt{1+\frac{27A}{\lambda_x^2 A_1}}\cdot l\right)^2}=\frac{\pi^2 EI}{(\mu l)^2} \tag{9-12}$$

可见，缀条式简支组合压杆绕虚轴失稳时的计算长度系数为：

$$\mu=\sqrt{1+\frac{27}{\lambda_x^2}\frac{A}{A_1}} \tag{9-13}$$

其换算长细比 λ_{0x} 为：

$$\lambda_{0x}=\mu\lambda_x=\sqrt{\lambda_x^2+27\frac{A}{A_1}} \tag{9-14}$$

这就是《钢结构设计标准》(GB 50017—2017)中通常推荐的缀条组合压杆的换算长细比公式。

9.4 缀板式组合压杆的稳定

图 9-5a)为两端铰接双肢缀板式组合压杆的示意图，其横截面如图 9-5b)所示，1-1 表示单根肢杆的形心轴。两肢杆之间由成对的横向缀板刚性联结，此时组合压杆可视为单跨多层刚架。在分析时，可近似地认为肢杆由剪力作用引起弯曲变形的反弯点位于相邻结点间的中点

处，由此可取单位剪切角的计算简图如图 9-5c）所示。此时，隔离体肢杆上、下端的弯矩等于零，而单位剪力 $\overline{F}_Q = 1$ 则平均分配在两根肢杆上。

为计算单位剪切角 $\overline{\gamma}$，先做出图 9-5d）所示的单位弯矩图，并应用图乘法求得：

$$\delta_{11} = \sum\int\frac{\overline{M}_1^2}{EI}\mathrm{d}s = \frac{d^3}{24EI_1} + \frac{bd^2}{12EI_h}$$

式中，I_1 为单根肢杆对其形心轴 1-1 的截面惯性矩；I_h 为两侧一对缀板的截面惯性矩之和。将上式代入式(9-6)得：

$$\overline{\gamma} = \frac{d^2}{24EI_1} + \frac{bd}{12EI_h}$$

将上式表示的单位剪切角代替式(9-5)中的 $\frac{k}{GA}$，即可得到缀板式组合压杆临界荷载的计算公式为：

$$F_{cr} = \frac{F_{Ex}}{1 + F_{Ex}\left(\frac{d^2}{24EI_1} + \frac{bd}{12EI_h}\right)} \tag{9-15}$$

式中，分母括号中的第一项代表肢杆变形的影响；第二项代表缀板变形的影响。由此可见，F_{Ex} 前面的修正系数随节间长度 d 的增加而减小。

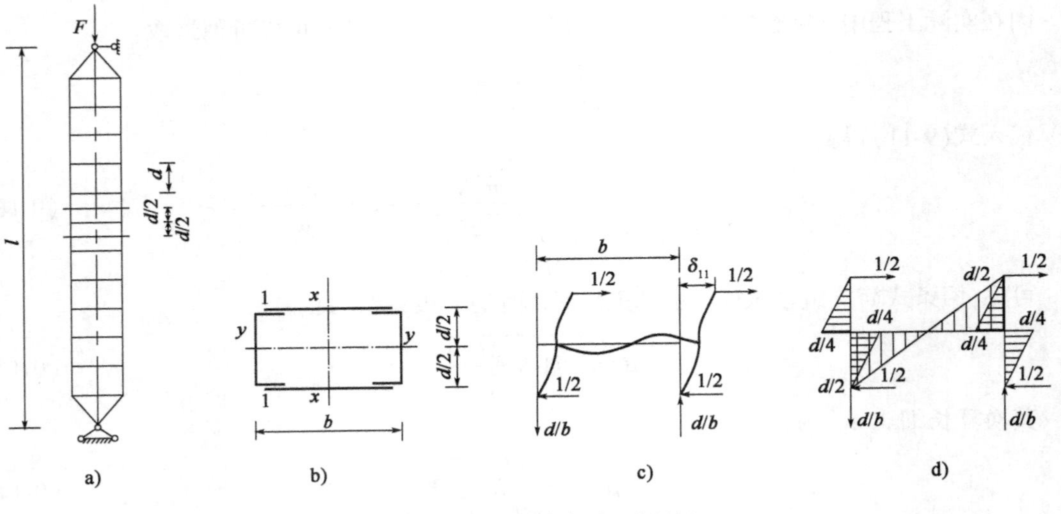

图 9-5　简支双肢缀板式组合压杆

一般情况下，缀板的弯曲线刚度远大于肢杆的，可近似取 $EI_h = \infty$。当略去缀板变形的影响时，式(9-15)可简化为：

$$F_{cr} = \frac{F_{Ex}}{1 + F_{Ex}\frac{d^2}{24EI_1}} = \frac{F_{Ex}}{1 + \frac{\pi^2 d^2 I_x}{24 l^2 I_1}} \tag{9-16}$$

$$I_x = Ai_x^2 \qquad I_1 = \frac{1}{2}Ai_1^2$$

$$\lambda_x = \frac{l}{i_x} \qquad \lambda_1 = \frac{d}{i_1}$$

式中，符号 i_x 和 λ_x 的意义同前；i_1 和 λ_1 分别为单根肢杆对其形心轴1-1（最小刚度轴）的截面回转半径和长细比。将以上各式代入式(9-16)得：

$$F_{cr} = \frac{F_{Ex}}{1 + \dfrac{\pi^2 d^2 i_x^2 A}{12 l^2 i_1^2 A}} = \frac{F_{Ex}}{1 + 0.82\dfrac{\lambda_1^2}{\lambda_x^2}} \tag{9-17}$$

若近似以1代替上式中系数0.82，则式(9-17)可进一步简化为：

$$F_{cr} = \frac{\lambda_x^2}{\lambda_x^2 + \lambda_1^2} F_{Ex} \tag{9-18}$$

相应的计算长度系数 μ 和换算长细比 λ_0 分别为：

$$\mu = \sqrt{\frac{\lambda_x^2 + \lambda_1^2}{\lambda_x^2}} \tag{9-19}$$

$$\lambda_0 = \mu\lambda_x = \sqrt{\lambda_x^2 + \lambda_1^2} \tag{9-20}$$

这就是《钢结构设计标准》(GB 50017—2017)中给出的缀板式双肢组合压杆换算长细比的计算公式。

思考题

9-1 试问组合压杆绕虚轴失稳时，临界荷载的计算与实腹式压杆的稳定计算有何差别？其原因是什么？

本篇参考文献

[1] 胡兆同. 结构振动与稳定[M]. 北京:人民交通出版社,2008.
[2] 朱慈勉. 结构力学[M]. 3 版. 北京:高等教育出版社,2016.
[3] 李国豪. 桥梁结构稳定与振动(修订版)[M]. 北京:中国铁道出版社,2002.
[4] 李廉锟. 结构力学(下册)[M]. 4 版. 北京:高等教育出版社,1979.
[5] 龙驭球,等. 结构力学Ⅱ[M]. 4 版. 北京:高等教育出版社,2018.
[6] 李存权. 结构稳定和稳定内力[M]. 北京:人民交通出版社,2000.
[7] 丁克伟,何沛祥. 结构力学(下)[M]. 武汉:武汉大学出版社,2013
[8] 夏志斌,潘有昌. 结构稳定理论[M]. 北京:高等教育出版社,1988.
[9] 刘古岷. 应用结构稳定计算[M]. 北京:科学出版社,2004.
[10] 陈骥. 结构稳定理论[M]. 北京:科学技术文献出版社,1994.
[11] 孙永志. 建筑抗震设计图说[M]. 济南:山东科学技术出版社,2004.
[12] 刘光栋,罗汉泉. 杆系结构稳定[M]. 北京:人民交通出版社,1988.
[13] 田兴运. 结构稳定理论[M]. 杨凌:西北农林科技大学出版社,2006.

附录 A

习题参考答案*

第 1 篇

第 1 章

1-1 (a)2 (b)4 (c)2 (d)4 (e)1 (f)2

1-2 设 B 处竖向位移为 $y(t)$, $10m\ddot{y}(t) + 4ky(t) = F_p(t)$

第 2 章

2-1 $\omega = \sqrt{\dfrac{48EI}{5ml^3}}$

2-2 $\omega = \sqrt{\dfrac{36EI}{5ml^3}}$

2-3 $\omega = 87.3\ \text{rad/s}$

2-4 $A = 0.0352\text{m}, y(2) = -0.0268\text{m}$

2-5 $\zeta = 0.0475$

2-6 $y_{C,\max} = \dfrac{121Fl^3}{288EI}, y_{B,\max} = \dfrac{5Fl^3}{36EI}$

2-7 $0.827\ F_0$

---

* 习题参考答案详细步骤,可扫描封二(封面背面)二维码,免费查看。

2-8 $\begin{cases} t = 0.5T\text{时}, y = 0.04\text{m} \\ t = 1.5T\text{时}, y = -0.04\text{m} \\ t = 3T\text{时}, y = 0\text{m} \end{cases}$

第3章

3-1 $\omega_1 = 3.062\sqrt{\frac{EI}{ml^3}}$, $\omega_2 = 12.298\sqrt{\frac{EI}{ml^3}}$; $\frac{A_{11}}{A_{21}} = -\frac{1}{0.1602}$, $\frac{A_{12}}{A_{22}} = -\frac{0.1602}{1}$。

3-2 $\omega_1 = 0.161\sqrt{\frac{EI}{ml^3}}$, $\omega_2 = 1.760\sqrt{\frac{EI}{ml^3}}$, $\omega_3 = 5.089\sqrt{\frac{EI}{ml^3}}$;

$$\boldsymbol{\Phi}_1 = \begin{Bmatrix} 1 \\ 0.522 \\ 0.151 \end{Bmatrix}, \boldsymbol{\Phi}_2 = \begin{Bmatrix} 1 \\ -6.341 \\ -4.562 \end{Bmatrix}, \boldsymbol{\Phi}_3 = \begin{Bmatrix} 1 \\ -13.198 \\ 19.222 \end{Bmatrix}。$$

3-3 $\omega_1 = 2.647\sqrt{\frac{EI}{ml^3}}$, $\omega_2 = 6.402\sqrt{\frac{EI}{ml^3}}$; $\boldsymbol{\Phi}_1 = \begin{Bmatrix} 1 \\ 0.707 \end{Bmatrix}$, $\boldsymbol{\Phi}_2 = \begin{Bmatrix} 1 \\ -0.707 \end{Bmatrix}$

3-5 $\Delta_{cv} = 0.174\text{mm}(\uparrow)$, $\Delta_{cH} = 0.155\text{mm}(\rightarrow)$

第4章

4-1 $\omega_1 = \frac{15.42}{l^2}\sqrt{\frac{EI}{m}}$, $\omega_2 = \frac{49.97}{l^2}\sqrt{\frac{EI}{m}}$

4-2 $\omega_1 = \frac{22.4}{l^2}\sqrt{\frac{EI}{m}}$, $\omega_2 = \frac{61.6}{l^2}\sqrt{\frac{EI}{m}}$

4-3 $\omega_1 = \frac{2.37^2}{l^2}\sqrt{\frac{EI}{m}}$

第5章

5-1 假设振型曲线为 $\phi(x) = \frac{Fl^3}{6EI}\left(-\frac{x^3}{l^3} + 3\frac{x^2}{l^2}\right)$ 时, $\omega = \frac{3.568}{l^2}\sqrt{\frac{EI}{m}}$;

假设振型曲线为 $\phi(x) = A\left(1 - \cos\frac{\pi x}{2l}\right)$ 时, $\omega = \frac{3.665}{l^2}\sqrt{\frac{EI}{m}}$。

5-2 假设振型曲线为 $\phi(x) = a\sin\frac{\pi x}{l}$ 时, $\omega = \sqrt{\dfrac{\frac{\pi^4 EI}{2l^3}}{\frac{ml}{2} + M}}$;

当 $M = \frac{ml}{2}$ 时, $\omega = \frac{6.979}{l^2}\sqrt{\frac{EI}{m}}$。

5-3 $\omega_1 = 13.63\text{s}^{-1}$

5-4 $\omega = \sqrt{\frac{EI}{ml^3}\left(\frac{\pi^4}{10} + \frac{12}{5}\right)}$

第 2 篇

第 7 章

7-1 （a）$kl\cos kl = 0$，$F_{cr} = k^2EI = \dfrac{\pi^2 EI}{4l^2}$

（b）$\begin{cases} F(y_2 - y_1) + k_s y_1 l = 0 \\ -Fy_1 + k_s l(2y_1 + y_2) = 0 \end{cases}$，$F_{cr} = \dfrac{3-\sqrt{5}}{2}k_s l$

7-2 （a）$F_{cr} = 1.542\dfrac{EI}{l^2}$ （b）$F_{cr} = 0.878\dfrac{EI}{l^2}$ （c）$F_{cr} = 7.889\dfrac{EI}{l^3}$

7-3 $F_{cr} = 18.247\dfrac{EI_0}{l^2}$

第 8 章

8-1 $F_{cr} = \dfrac{F_E l}{12.34e + l} = \dfrac{\pi^2 EI}{12.34el + l^2}$

8-3 $F = 0.89F_E$

附录 B

主要符号表

第 1 篇

$\boldsymbol{F}(t)$——外作用力矢量；

y——质点离开平衡位置的位移；

m——质点质量；

F_I——惯性力；

F_S——弹性恢复力；

F_D——黏滞阻尼力；

$\sum M_O$——质点系所有外力对 O 点的主矩和；

$\sum M_{IO}$——质点系所有惯性力对 O 点的主矩和；

a_c——质点系质心的加速度；

ω——刚体绕质心转动的角速度，或者振动圆频率；

α——刚体角加速度；

J_C——刚体对过质心且垂直于质量对称平面的轴的转动惯量；

q_i——广义位移坐标；

Q_i——广义力；

k——刚度系数；

C——阻力系数；

F——激励荷载幅值；

F_P——激励荷载；

f——工程频率；

t——时间；

T——周期；

δ——柔度系数；

A——振幅、面积；

φ——初相位角、角位移；

E——弹性模量；

I——惯性矩、冲量；

l——计算跨径，单元长度；

ζ——阻尼比；

θ——干扰力频率；

β——动力放大系数；

$\boldsymbol{K}$——结构刚度矩阵；
$\boldsymbol{\delta}$——结构柔度矩阵；
$\boldsymbol{M}$——质量矩阵；
$\phi(x)$——振型函数；
$\boldsymbol{\Phi}$——振型向量；
$\boldsymbol{Y}$——位移向量；
$\boldsymbol{I}$——单位矩阵(向量)；
m_i^*——广义质量系数或振型质量；
k_i^*——广义刚度系数或振型刚度；
$\boldsymbol{M}^*$——广义质量矩阵；
$\boldsymbol{K}^*$——广义刚度矩阵；
F_P^*——广义荷载；
Q——剪力；
M——弯矩；
γ_0——剪切应变；
G——剪切弹性模量；
μ——剪力不均匀修正系数；
N——轴力；
V——体系变形能；
T——体系动能；
u——单元轴向位移；
v——单元横向位移；
e——单元；
$\boldsymbol{\Delta}^e$——单元结点位移；
$\boldsymbol{w}$——单元位移向量；
ε——单元线应变；
$\boldsymbol{B}$——单元转换矩阵；
$\boldsymbol{P}$——单元间的分布荷载集度向量；
$\boldsymbol{m}^e$——单元一致质量矩阵或集中质量矩阵。

第2篇

F_{cr}——临界荷载；
F——外荷载；
Δ——侧向挠度；
Δ_0——初弯曲；
R——弹簧或支反力；
k_s——弹簧刚度系数；
M——弯矩；
F_E——欧拉荷载，$F_E = \dfrac{\pi^2 EI}{l^2}$；
$\phi_i(x)$——满足位移边界条件的函数；
V——总势能；
V_ε——弯曲应变能；
V_F——荷载势能；
Δ_i——荷载 F_i 沿其作用方向上的位移；
F_Q——横向力；
σ_{cr}——临界应力；
λ——杆件的长细比；
i——回转半径；
μ——压杆的长度系数；
e_0——初偏心；
σ_r——残余应力；
σ_p——有效比例极限；
σ_y——屈服应力；
A——压杆截面面积；
A_e——压杆弹性部分的截面面积；
γ_0——平均剪切角；
k——剪力不均匀系数；
G——剪切模量；
GA——剪切刚度；
δ_{11}——单位剪力 $\overline{F}_Q = 1$ 所引起的侧移；
α——斜缀条的倾斜角；
d——节间长度；
F_{Ex}——组合柱绕虚轴 x 失稳时按实腹压杆算得的欧拉临界荷载，$F_{Ex} = \dfrac{\pi^2 EI_x}{l^2}$；
i_x、λ_x——分别为压杆整体如实腹构件工作时，对虚轴的截面回转半径和长细比；
I_1——单根肢杆对其形心轴 1-1 的截面惯性矩；
I_h——两侧一对缀板的截面惯性矩之和；
λ_0——换算长细比。

附录 C

数学方程及其解法

二阶常系数齐次线性微分方程 $y''+py'+qy=0$ 特征方程 $r^2+pr+q=0$ 其中:p、q 为常数		
通解	两个不相等的实根 $r_1 \neq r_2$	$y^* = C_1 e^{r_1 x} + C_2 e^{r_2 x}$ 其中:C_1、C_2 为任意常数。
	两个相等的实根 $r_1 = r_2$	$y^* = (C_1 + C_2 x) e^{r_1 x}$ 其中:C_1、C_2 为任意常数。
	一对共轭复根 $r_1 = \alpha + \mathrm{i}\beta$ $r_2 = \alpha - \mathrm{i}\beta$	$y^* = e^{\alpha x}(C_1 \cos\beta x + C_2 \sin\beta x)$ 其中:C_1、C_2 为任意常数。
二阶常系数非齐次线性微分方程 $y''+py'+qy=f(x)$ 其中:p、q 为常数		
通解		$y = y^* + \bar{y}$ 其中:y^* 为 $y''+py'+qy=0$ 的通解; $\bar{y}$ 为 $y''+py'+qy=f(x)$ 的任意一个特解。
特解	情况一: $f(x) = e^{\lambda x} P_m(x)$ 其中:λ 为常数,$P_m(x)$ 为 x 的 m 次多项式。	$\bar{y} = \begin{cases} Q_m(x)e^{\lambda x}, \lambda^2+p\lambda+q \neq 0 \\ xQ_m(x)e^{\lambda x}, \lambda^2+p\lambda+q=0, 2\lambda+p \neq 0 \\ x^2 Q_m(x)e^{\lambda x}, \lambda^2+p\lambda+q=0, 2\lambda+p=0 \end{cases}$ 其中:$Q_m(x)$ 为 x 的 m 次多项式。

续上表

特解	情况二： $f(x)=\mathrm{e}^{\lambda x}[P_l(x)\cos\omega x+P_n(x)\sin\omega x]$ 其中：λ 为常数，$P_l(x)$，$P_n(x)$ 为 x 的 l,n 次多项式。	$\bar{y}=x^k\mathrm{e}^{\lambda x}[Q_l(x)\cos\omega x+Q_n(x)\sin\omega x]$ 其中：$k=\begin{cases}0,当\ \lambda+\omega\mathrm{i}\ 不是特征方程\ r^2+pr+q=0\ 的根\\1,当\ \lambda+\omega\mathrm{i}\ 是特征方程\ r^2+pr+q=0\ 的根\end{cases}$ $Q_l(x)$，$Q_n(x)$ 为 x 的 l,n 次多项式。
齐次线性方程组 $\boldsymbol{Ax}=\boldsymbol{0}$		
全部解		$x=k_1x_1+k_2x_2+\cdots+k_{n-r}x_{n-r}$ 其中：$k_1,k_2,\cdots,k_{n-r}$ 为任意实数；$x_1,\cdots,x_{n-r}$ 为 $\boldsymbol{Ax}=\boldsymbol{0}$ 的一个基础解系。 注：n 元齐次线性方程组有非零解的充要条件是其系数行列式为零。 若 $\lvert\boldsymbol{A}\rvert\neq0$，则 $\boldsymbol{Ax}=\boldsymbol{0}$ 只有零解。
非齐次线性方程组 $\boldsymbol{Ax}=\boldsymbol{b}$		
全部解		$x=x_0+k_1x_1+k_1x_1+\cdots+k_{n-r}x_{n-r}$ 其中：$k_1,k_2,\cdots,k_{n-r}$ 为任意实数；$x_1,\cdots,x_{n-r}$ 为 $\boldsymbol{Ax}=\boldsymbol{0}$ 的一个基础解系； x_0 为 $\boldsymbol{Ax}=\boldsymbol{b}$ 的一个特解。 注：当 $r=n$ 时，n 元非齐次线性方程组有唯一解； 当 $r<n$ 时，n 元非齐次线性方程组有无穷多解； 若 $\lvert\boldsymbol{A}\rvert\neq0$，则 $\boldsymbol{Ax}=\boldsymbol{0}$ 有唯一解，且解为 $\boldsymbol{x}=\boldsymbol{A}^{-1}\boldsymbol{b}$。